人工智能程序员面试笔试宝典

猿媛之家　组编

凌　峰　等编著

机械工业出版社

本书是一本讲解人工智能面试笔试的百科全书，在写法上，除了讲解常见的面试笔试知识点，还引入了相关示例和笔试题辅以说明，让读者能够更加容易理解。

本书将人工智能面试笔试过程中各类知识点一网打尽，在内容的广度上，通过各种渠道，搜集了近 3 年来顶级 IT 企业针对人工智能岗位面试涉及的知识点，包括但不限于人工智能、计算机网络、操作系统、算法等，所选择的知识点均为企业招聘考查的知识点。在讲解的深度上，本书由浅入深分析每一个知识点，并提炼归纳，同时，引入相关知识点，并对知识点进行深度剖析，让读者不仅能够理解这个知识点，还能在遇到相似问题的时候，也能游刃有余地解决。本书对知识点进行归纳分类，结构合理，条理清晰，对于读者进行学习与检索意义重大。

本书是一本计算机相关专业毕业生面试、笔试的求职用书，同时也适合期望在计算机软、硬件行业大显身手的计算机爱好者阅读。

图书在版编目（CIP）数据

人工智能程序员面试笔试宝典 / 猿媛之家组编；凌峰等编著. —北京：机械工业出版社，2019.12

ISBN 978-7-111-64154-4

Ⅰ. ①人… Ⅱ. ①猿… ②凌… Ⅲ. ①人工智能—程序设计 Ⅳ. ①TP18

中国版本图书馆 CIP 数据核字（2019）第 251648 号

机械工业出版社（北京市百万庄大街 22 号　邮政编码 100037）

策划编辑：尚　晨　　责任编辑：尚　晨
责任校对：张艳霞　　责任印制：孙　炜

天津嘉恒印务有限公司印刷

2020 年 1 月第 1 版·第 1 次印刷

184mm×260mm·16.75 印张·413 千字

0001—3000 册

标准书号：ISBN 978-7-111-64154-4

定价：69.00 元

电话服务　　　　　　　　　　　　　　网络服务

客服电话：010-88361066　　　　机 工 官 网：www.cmpbook.com

　　　　　010-88379833　　　　机 工 官 博：weibo.com/cmp1952

　　　　　010-68326294　　　　金 书 网：www.golden-book.com

封底无防伪标均为盗版　　　　　　机工教育服务网：www.cmpedu.com

前　言

在国务院印发的《新一代人工智能发展规划》中的战略目标明确指出，希望到 2030 年中国的人工智能理论、技术与应用总体能够达到世界领先水平，成为世界主要人工智能创新中心，人工智能核心产业规模能够超过 1 万亿元，带动相关产业规模超过 10 万亿元。随着人工智能领域的蓬勃发展并逐渐影响到各行各业，机器学习算法工程师如今已经是校招时最热门的专业之一，本书的诞生也是为了尽可能多地搜集面试笔试经验并为求职者提供参考。

本书中的面试笔试题目开始主要搜集于近年来年清华、复旦、上交、中科大等多所学校应届毕业生求职时的面试笔试题目，后来为了突出多样性，通过多个平台征集各大高校毕业生的算法工程师面试经验。题目的设计尽可能地满足了高频考查、高质量的要求。

相比同类型的书，本书的主要特点有：1）选取的面试笔试题目更加新颖，更切合工业界的真实需求；2）详细讲解了若干重要的 AI 前沿算法，例如图卷积神经网络、多头自注意力机制和时间卷积网络等；3）对很多算法都附加了代码展示，因为代码可以更直观地帮助读者理解算法，并且面试笔试中也会非常注重面试者的编写代码能力。

本书内容主要分为两部分：

第一部分是机器学习相关的算法总结（前 6 章），这部分重点介绍了人工智能领域常见的算法，同时也介绍了机器学习与深度学习相关的知识点。在这 6 章中 3.5、3.6、3.7 节由沈安若编写完成；4.1、4.2 节部分由中国科学院硕士言有三完成，言有三有着六年多丰富的计算机视觉业界经验；6.5 节由算法工程师王晶完成；其余部分由凌峰和其他作者协力完成。

第二部分则是介绍了计算机专业的一些非常基础的知识，例如数据库和算法等，这部分基础知识也是在面试或笔试过程中重点考查的内容。

随着机器学习的蓬勃发展，很多非常复杂的算法都可以通过简单的函数调用完成，这也大大降低了机器学习入门的门槛。但如果想在求职者中脱颖而出，仅仅熟练调用函数是远远不够的，还需要求职者有比较扎实的数学基础与编程能力，熟悉常见数据结构算法与机器学习算法，有工业界机器学习项目的实践经历，由于人工智能是个飞速发展的领域，所以能够紧跟并复现 AI 前沿顶级会议论文也是非常重要的竞争能力。

本书在撰写过程中得到了很多校友的鼓励和支持，在此非常感谢校友们提供的面试经验与信息。由于本人能力有限，书稿虽经反复编校，但难免仍有疏漏之处，希望能够得到读者的谅解。最后欢迎读者们关注微信公众号：AI 之城（id: MachineLearning-DL），本公众号由来自清华大学、复旦大学、中国科大的多名研究生创建，主要用于介绍机器学习中的算法与Python 编程，研读最新 AI 顶级会议论文以及与人工智能相关的新闻等。

在阅读过程中有任何疑问，都可以发邮件联系作者（yuancoder@foxmail.com）。

目　录

第1章　走进人工智能的世界

1.1　人工智能的发展历程

现如今有太多关于机器学习算法应用的新闻报道,例如癌症检查预测、图像理解、聊天机器人和机器理解等。人工智能正在赋能并改变着这个世界。人工智能的发展经历过几次起伏,近来在深度学习技术的推动下又迎来了一波新的前所未有的高潮。业界关于人工智能的发展有个比较广泛的认识,即人工智能一共经历了三次浪潮。

第一次浪潮是在 20 世纪五六十年代。被称为人工智能之父的人有马文·明斯基、图灵、约翰·麦卡锡等。1950 年世界上第一台神经网络计算机诞生,同年图灵提出了图灵测试:如果一台机器能够与人类对话而不被辨别出机器身份,那么这台机器就具有智能。1956 年,麦卡锡提出"人工智能"的概念,从此涌现出了最早的一批专攻人工智能的学者。第一次浪潮也被称为人工智能的"推理时代"。但其实机器只具备逻辑推理能力的话,还远远达不到智能化的水平。从 20 世纪 70 年代开始,人工智能的发展停滞不前。

第二次浪潮大约是在 20 世纪的 80 年代。由于计算机的计算与存储能力有限,所以学者们用专家系统的方式实现人工智能:例如将医学、法律知识变成一条条的判断语句输入计算机。当时利用这些规则产生的"人工智能专家系统"非常流行。第二次浪潮也被称为知识工程时代。人们总结了大量的规律和知识存入计算机,而计算机就是执行知识库的自动化工具。不过这并不是真正意义上的智能水平,机器智能显得非常死板,完全遵循已有的规律和知识。

第三次浪潮进入了人工智能的"数据挖掘"时代。研究者们希望通过大数据来自动学习出知识并实现智能化水平,也就是所谓的机器学习、深度学习。阿尔法围棋(AlphaGo)是第一个击败人类职业围棋选手,第一个战胜围棋世界冠军的人工智能机器人,由谷歌(Google)旗下 DeepMind 公司戴密斯·哈萨比斯领衔的团队开发,AlphaGo 就是最经典的人工智能代表。

也有人将第一次浪潮和第二次浪潮合并起来认为是一次,并把第三次浪潮分成两个阶段,认为 2006 年 Hinton 提出的深度学习技术属于第一阶段,2012 年 ImageNet 竞赛在图像识别领域带来的突破和近年来数据和计算力大爆炸导致的神经网络研究属于第三次浪潮的第二阶段。总而言之,以上就是人工智能发展的大致历程。

人工智能的发展深刻改变着人们的生活方式和思维模式并将推动社会各领域从数字化、网络化向智能化跃升。由于很多行业已经实现了数字化并且各行各业的海量数据可以一直保留下去,所以人工智能的发展已经让人类开始跨越时间的维度,未来的世界会更加智能化。

曾经有一道有趣的面试题:先前人工智能已经火过两次了,那这一波人工智能浪潮和先前两波的区别是什么呢?这个问题其实并非一句两句能够回答清楚的,它涉及了大数据的采集,深度学习算法的发展,GPU 的算力增长等,但有个比较重要的原因就是:以前的人工智能尚处在能看不能用的状态,而这次已经在某些行业里基本踏入了能用的行列。以人脸识别为例:原先人脸识别可能准确率是 90%,当然这是个非常好的成就,但其实仍然会犯很多低级的错误，无法大规模商用。在 2014 年，商汤科技创始团队成员在国际权威人脸数据库 LFW 中，其人脸识别准确率首次超越人眼，突破了大规模工业应用的红线。商汤科技推出的静态人脸比对系统——SenseTotem（图腾）是一套以图搜图系统，可通过采集监控录像中的人脸截图，比对搜索目标库中标准人脸照片，帮助警方快速确认涉案嫌疑人员的身份。图腾支持千万级目标库中 300ms 内获得识别比对结果，支持 1:N 与 N:N 验证，其 1:1 人脸验证的图片相似度验证准确率在 99% 以上，1:N 人脸搜索，返回 TOP5 相似结果的准确度超过 98.5%，返回 TOP10 相似结果的准确度超过 99.6%。由此可见这次人工智能的发展已经到了一个新的阶段，在不少行业里，人工智能已经到了可以取代人力的水平，这具有开创性的意义。

我国人工智能的发展令人瞩目，清华大学 2018 年人工智能发展报告指出中国在论文总量和高被引论文数量上都排在世界第一，中科院系统 AI 论文产出全球第一；专利上，中国已经成为全球人工智能专利布局最多的国家，数量略微领先于美国和日本；产业上，中国的人工智能企业数量排在全球第二，北京是全球人工智能企业最集中的城市；风险投资上，中国人工智能领域的投融资占到了全球的 60%。不过目前中国人工智能领域里更多注重于应用层面，而在基础研究、底层架构、芯片制造上仍然落后于美国，这还需要长期的投入和积累。

1.2 人工智能在各行业的应用现状

美剧《真实的人类》里有个经典的一幕：霍金斯家的男主人因为智能机器人的低成本、工作时长多等特点失去了工作。虽然如今的科技水平离影视作品里人工智能抢走人类大量工作的情况还比较遥远，但是智能化发展使各行各业提高了工作效率，未来将使一部分重复性工作退出历史舞台。由于各行业平时积累了大量的数据，这些数据往往有一部分可以用于总结规律，预测未来，所以可以说各行各业中都有着人工智能的影子。

人工智能在金融、安防、医疗、教育、交通、农业、物流、金融等行业和领域都有应用，下面部分内容整理自中华人民共和国国务院的《新一代人工智能发展规划》。如果你的专业不与计算机相关，而是生物，医学，农学，金融等，那么可以通过表 1-1 来粗略看出人工智能在不同领域的重要应用，并通过自学相关技术，尽早做好职业规划。

表 1-1　AI 在各行各业中的应用

	建立推荐系统	利用大数据对金融用户进行画像，提升相关产品推荐成功率
AI+金融	身份验证	在支付场景中，通过图像识别、声纹识别、指纹识别等手段验真用户身份，降低核验成本
	反欺诈	搭建反欺诈、信用风险识别等模型避免资产损失
	智能投顾	对用户与资产信息进行标签化，精准匹配用户与资产
	智能客服	基于自然语言处理能力和语音识别能力，利用机器人替代客服或辅助客服提高效率，大幅降低服务成本
	建立金融大数据系统	提升金融多媒体数据处理与理解能力。鼓励金融行业应用智能客服、智能监控等技术和装备。建立金融风险智能预警与防控系统
	知识计算引擎与知识服务	推广基于人工智能的新型商务服务与决策系统。建设涵盖地理位置、网络媒体和城市基础数据等跨媒体大数据平台，支撑企业开展智能商务

（续）

AI+医疗	智能医疗	推广应用人工智能治疗新模式新手段，建立快速精准的智能医疗体系。开展大规模基因组识别、蛋白组学、代谢组学等研究和新药研发
	智慧医院建设	开发人机协同的手术机器人、智能诊疗助手，研发柔性可穿戴、生物兼容的生理监测系统，研发人机协同临床智能诊疗方案，实现智能影像识别、病理分型和智能多学科会诊
	监测防控	流行病智能监测和防控，推进医药监管智能化
	智能健康管理	健康大数据分析、物联网等关键技术，研发健康管理可穿戴设备和家庭智能健康检测监测设备
	建设智能养老社区和机构	老年人产品智能化和智能产品适老化，开发视听辅助设备、物理辅助设备等智能家居养老设备。开发面向老年人的移动社交和服务平台、情感陪护助手，提升老年人生活质量
AI+政务	适于政府服务与决策的人工智能平台	研制面向开放环境的决策引擎，在复杂社会问题研判、政策评估、风险预警、应急处置等重大战略决策方面推广应用
	智慧法庭数据平台	建设集审判、人员管理、数据应用、司法公开和动态监控于一体的智慧法庭数据平台，促进人工智能在证据收集、案例分析、法律文件阅读与分析中的应用
	大数据平台	打通数据孤岛现状，建立"最多跑一次"等相关政策服务
AI+城市	建设城市大数据平台	构建多元异构数据融合的城市运行管理体系，实现对城市基础设施和城市绿地、湿地等重要生态要素的全面感知以及对城市复杂系统运行的深度认知
	研发构建社区公共服务信息系统	促进社区服务系统与居民智能家庭系统协同；推进城市规划、建设、管理、运营全生命周期智能化
	建立营运车辆自动驾驶与车路协同的技术体系	研发复杂场景下的多维交通信息综合大数据应用平台，实现智能化交通疏导和综合运行协调指挥，建成覆盖地面、轨道、低空和海上的智能交通监控、管理和服务系统
	智能监控大数据平台体系	建立涵盖大气、水、土壤等环境领域的智能监控大数据平台体系，建成陆海统筹、天地一体、上下协同、信息共享的智能环境监测网络和服务平台
AI+制造业	智能运载工具	自动驾驶汽车和轨道交通系统，加强车载感知、自动驾驶、车联网、物联网等技术集成和配套，开发交通智能感知系统，探索自动驾驶汽车共享模式
	智能机器人	研制智能工业机器人、智能服务机器人，实现大规模应用并进入国际市场。研制和推广空间机器人、海洋机器人、极地机器人等特种智能机器人
	虚拟现实与增强现实	高性能软件建模、内容拍摄生成、增强现实与人机交互、集成环境与工具等关键技术
	智能终端	智能终端核心技术和产品研发，发展新一代智能手机、车载智能终端等移动智能终端产品和设备，开发智能手表、智能耳机、智能眼镜等可穿戴终端产品
	物联网基础器件	发展新一代物联网的高灵敏度、高可靠性智能传感器件和芯片；射频识别、近距离机器通信等物联网核心技术和低功耗处理器等关键器件
AI+农业	农业大数据智能决策分析系统	农业智能传感与控制系统、智能化农业装备、农机田间作业自主系统等；天空地一体化的智能农业信息遥感监测网络
AI+物流	智能配货调度体系	智能化装卸搬运、分拣包装、加工配送等智能物流装备研发和推广应用，建设感知智能仓储系统

1.3　人工智能的职业发展

人工智能的迅速发展将深刻改变人类社会生活、改变世界，也是我国重点布局的国家战略。

（1）从政府层面来讲

在 2017 年的两会上，人工智能首次出现在政府工作报告中，包括马化腾、李彦宏和刘强东在内的多位企业家代表都提交了关于人工智能的议案。国务院为了抢抓人工智能发展的重大战略机遇，构筑我国人工智能发展的先发优势，加快建设创新型国家和世界科技强国，于 2017 年 7 月 8 日印发《新一代人工智能发展规划》，其中强调了我国新一代人工智能发展"分三步走"的战略目标：

到 2020 年，人工智能核心规模将超过 1500 亿元，带动相关产业规模超过 1 万亿元。

到 2025 年，人工智能核心规模将超 4000 亿元，带动相关产业规模超过 5 万亿元。

到 2030 年，人工智能核心规模将超 1 万亿元，带动相关产业规模超过 10 万亿元。

（2）从学校层面来讲

这几年有大量的人工智能学院如雨后春笋般涌现出来，如下所示：

2015 年 10 月 8 日，复旦大学大数据学院正式揭牌成立，范剑青教授任院长。

2017 年 5 月 28 日，中国科学院大学发文成立人工智能技术学院。

2018 年 1 月 18 日，上海交通大学人工智能研究院在上海交通大学闵行校区揭牌成立。

2018 年 3 月 6 日，南京大学正式成立人工智能学院。

2018 年 3 月，中国科学技术大学大数据学院正式成立，鄂维南院士担任院长。

2018 年 6 月 28 日，清华大学人工智能研究院在李兆基科技大楼揭牌成立。

2019 年 1 月 21 日，西安交通大学和中国人民大学正式成立人工智能学院

由此看出，人工智能是当代科技的最新前沿，也是未来科技发展的战略制高点。人工智能基础理论创新和基本方法创新的重任落在了大学肩上。

（3）从业界来讲

创新工场掌门人李开复认为：下一个革命是人工智能，这也是创新工场的投资重点。目前，创新工场已经投资了包括美国在内的多家人工智能公司。未来 10 年，人工智能将催生数个千亿美元甚至万亿美元规模的产业。这一股人工智能的风潮，将不仅局限于创新工场，滴滴启动无人驾驶汽车项目，百度将人工智能定为重要战略，全面布局无人驾驶领域，而专注于服务和软件领域的腾讯，也成立了人工智能实验室，开始将目光投到包括机器学习、语音识别和自然语言处理的人工智能领域。国际著名市场调查公司埃森哲曾提出：到 2035 年，人工智能将帮助美国、日本等国家提高 40% 左右的生产率。人工智能革命，应该是继十八世纪工业革命之后又一场新的社会变革，技术驱动型的公司势必会获得更大的优势。

由于大数据、机器学习算法、计算力的发展为人工智能技术的发展奠定了基础，所以人工智能逐渐融入各个行业之中是必然的趋势。人工智能既是发展趋势也是社会进步需求，工程经验丰富且擅长理论的人工智能算法工程师的薪水往往都是 50 万元以上，并且由于这个行业需要扎实的数理基础和编程能力，所以从业人员缺口很大。

算法类工程师薪资在 2018 年秋招中再次独领风骚，并且占据了高薪板块的绝对份额。近几年来，随着人工智能的发展，不少企业为了抢夺未来发展制高点纷纷转战人工智能，算法类工程师的需求和薪资也一路水涨船高。从各大互联网公司先后创建人工智能研究院，以及表 1-2 中的高薪便可略窥一二。

表 1-2　若干公司算法工程薪资水平

公司（名字做敏感处理）	岗位	年薪/（元）
GGZG	人工智能（ssp）	56 万
WR	算法工程师	51 万
TX	基础应用研究（ssp）	45～50 万
DJ	算法工程师	30～40 万
HW	算法工程师(硕士 sp)	42 万
WYYX	算法工程师（sp）	36 万
ALBB	算法工程师	38.4 万
DD	算法工程师(新锐)	30～37.5 万
BD	算法工程师	32 万
JRTT	算法工程师(sp)	33 万
JD	算法工程师(sp)	31 万
SXF	算法工程师	31 万
HWL	数据挖掘工程师	35 万
YMX	算法工程师	35 万

注：以上薪资整理自网络，仅供参考。

高端 AI 人才是一人一价的，例如阿里星计划：年薪至少 60 万元，上不封顶，每年招 10 人，将在美国培训半年。百度少帅计划：IDL 部门，主攻机器学习、深度学习，年薪 100 万元以上，每年培训 9 人，30 岁以下，工作一年后硅谷或常青藤名校访问至少半年，三年后带领 20～30 人团队。

由于如今人工智能领域竞争比较激烈，所以大可不必完全把自己固定在某个方向上，并不是说在学校研究计算机视觉之后在工作中就只能够做计算机视觉，也不是说在学校从事自然语言处理研究的人到了公司之后就无法做语音识别，更不是说做推荐系统的人以后就无法做其他业务线。用机器学习技术来改变传统的一些业务，给传统的一些业务带来新的活力也是机器学习从业者的价值所在。无论是互联网公司里面的安全、运维、测试，还是金融公司里面的投资、量化、期货交易，或是物流、政务和农业等，其实都可以尝试着用机器学习的方法来改进。

将来估计不仅仅是计算机、自然语言处理、语音、推荐系统等方向才能够使用机器学习，而是会有越来越多的领域融入机器学习的大环境中形成 AI+，机器学习加上领域知识感觉才是未来机器学习从业者的竞争力。下面可以参考某两个互联网公司的相关人才招聘计划。

1．互联网公司 1：机器智能技术-算法技术专家

职位描述：

负责大规模高性能安全机器学习平台的建设以及机器学习前沿算法的探索。

负责以下具体职责之一，包括但不限于：

1）负责大规模机器学习平台的建设，包括实现离线在线训练、在线预测服务、模型管理、任务调度、资源管理等。

2）负责机器学习算法框架的高性能优化，包括机器学习框架的训练、预测模块的性能优化等。

3）负责机器学习安全领域技术的研发，包括模型加密、数据加密、反模型萃取、反模型攻击、密码学、安全编译、多语言编译器等。

4）负责机器学习、深度学习、强化学习、迁移学习、主动学习等前沿相关技术在特定场景的应用和科学研究。

岗位要求：

1）在机器学习算法方面有较好的广度和一定的深度，包括熟悉经典算法 LR、SVM、GBDT、CNN、DNN、LSTM、GAN 等，以及掌握基本机器学习原理。

2）熟悉至少一种机器学习框架，包括 Caffe/Caffe2、TensorFlow、PyTorch、Deep Learning4j 等。

3）熟悉分布式、并行、CPU/GPU 编程等至少一种技术。

4）精通至少一门语言，Java/C++/Python 等，具有扎实的代码功底和实战能力。

5）较好的英文阅读能力。

6）具有较强的问题发现能力、分析能力和解决能力；有通用化和产品化思维。

7）较强的沟通能力和团队协作能力，善于学习新知识、乐于接触新场景、关注前沿新技术。

2. 互联网公司 2：机器学习算法工程师招聘

职位描述：

1）使用机器学习算法分析海量数据，负责用户建模核心算法相关工作。

2）挖掘和识别海量数据中的用户异常行为，提升产品的用户体验。

3）构建和改进数据挖掘和机器学习算法与技术，支撑业务发展。

4）实习时间半年及以上。

职位要求：

1）本科及以上学历，计算机相关专业，1 年以上工作经验优先。

2）扎实的计算机基本功，对数据结构和算法有深入理解；熟练掌握 Python、Java、Scala、C 中一门编程语言，理解面向对象等基本编程模式。

3）熟悉常用的机器学习模型，如 GBDT、LR、SVM；熟悉常用的特征工程方法。

4）有 NLP、推荐、排序、文本挖掘、异常检测等方向的实际工程和项目经验。

5）较强的逻辑分析能力，较好的沟通和表达能力，具备良好的团队合作精神和主动沟通意识。

6）有深度学习开发经验，熟悉 paddlepaddle、tensorflow 等深度学习平台的优先。

7）熟悉分布式数据处理，有 hadoop/spark/mpi 或其他分布式系统开发经验者优先。

从以上的招聘需求可以看出需要求职者有比较扎实的数学基础与编程能力，熟悉常见数据结构算法与机器学习算法，有工业界机器学习项目的实践经历，由于人工智能是个飞速发展的领域，所以能够紧跟并复现 AI 前沿顶级会议论文也是非常重要的竞争能力。

1.4 学习资源

首先欢迎关注微信公众号：AI 之城，该公众号由清华、复旦、中科大等多名研究生联合创办，主要负责更新最新的 AI 顶级会议研究、AI 新闻、实习机会、面试笔试总结等。

下面整理了一些免费的顶级 ML 和 AI 课程以供参考。

（1）机器学习 Coursera 联合创始人吴恩达的为期 11 周的课程

这个机器学习课程比较偏应用，它讲述了有监督和无监督学习、线性和逻辑回归、正则化和朴素贝叶斯等其他算法。该课程还有丰富的案例研究和一些实际应用。要求学生了解概率、线性代数和计算机科学的基础知识，完全可以作为入门课程。此外吴恩达还有一些新课程以供深入学习。

课程链接：https://www.coursera.org/learn/machine-learning。

（2）Udacity 的机器学习课

Udacity 的课程比较适合初学者，讲解了使用机器学习处理数据集所需的所有知识，例如聚类、决策树、Adaboost、SVM 等机器学习算法。此外还有数据操作、数据分析、信息可视化、数据通信以及大规模数据处理等内容。

课程链接：https://www.udacity.com/course/intro-to-machine-learning--ud120。

（3）Google 人工智能课

Google 的课程不太适合初学者。它包括了深度学习基础、深度神经网络、卷积网络以及文本和序列的深层模型。这门课需要学习者具有 Python 编程经验和一些 GitHub 经验，了解机器学习、统计学、线性代数和微积分的基本概念。

课程链接：https://www.udacity.com/course/deep-learning--ud730。

（4）Tom Mitchell 机器学习课程

这门课覆盖面比较全，难度也略大一点。主要讲解了代数和概率论、机器学习的基础工具、概率图模型、AI、神经网络、主动学习、增强学习。课程内容简洁，概念解释也比较清楚。其中 Tom Mitchell 的《Machine Learning》是最经典的机器学习教科书之一。这门课程与之类似，能帮助学习者理清机器学习的发展脉络。

课程链接：http://www.cs.cmu.edu/~tom/10701_sp11/。

（5）斯坦福：人工智能（原理和技术）

这个课程非常著名，网上都很多中文讲解和习题答案。主要讲述了机器学习概念、树搜索、动态规划、启发式、马尔可夫决策过程、约束满足问题、贝叶斯网络、逻辑和任务等各个方面的基础知识。

课程链接：http://web.stanford.edu/class/cs221/。

此外还有我国台湾大学林轩田老师的机器学习基石，Yann Lecun 深度学习公开课，Geoffrey Hinton 深度学习课程等。总之网上的公开课学习资源非常充足。

人工智能是一个日新月异的学科，现在学生所学的数据结构和十年前的变动并不大。但是人工智能每年都有非常新颖和高效的算法提出，所以如果想深入人工智能这一行业发展的话，就一定要及时阅读最新的 AI 顶级会议论文，下面介绍一些常见的 AI 顶级会议。

AAAI 是人工智能领域的主要学术会议，由美国人工智能促进协会主办。AAAI 成立于 1979 年，最初名为"美国人工智能协会"（American Association for Artificial Intelligence），2007 年才正式更名为"人工智能促进协会"（Association for the Advancement of Artificial Intelligence）。近年的 AAAI 会议不乏中国学者的身影，南京大学计算机系主任、人工智能学院院长周志华教授，与美国密歇根大学 Pascal Van Hentenryck 教授一起，担任 AAAI 2019 大会的程序委员会主席。值得一提的是 AAAI 2019 的论文摘要提交达到 7745 篇，创下新纪录。

官网：https://aaai.org/Conferences/。

AISTATS（International Conference on Artificial Intelligence and Statistics）是始于 1985 年的人工智能与统计学的国际会议，主要关注人工智能、机器学习、统计学及相关领域。2018年 AISTATS 与 ALT（算法学习理论）联合举办会议。

官网：http://www.aistats.org/。

ICLR（International Conference on Learning Representations）由 Yann LeCun 和 Yoshua Bengio 等"大牛"发起，虽然是一个很"年轻"的会议，但已经成为深度学习领域不容忽视的重要会议。ICLR 2019 共接收 1591 篇投稿，创下历年新高。投稿论文涉及最多的关键词是强化学习、GAN、生成模型、优化、无监督学习、表示学习等。

官网：http://www.iclr.cc。

COLT 全称是计算学习理论年会（Annual Conference on Computational Learning Theory），这是计算学习理论最重要的会议，由 ACM 每年举办。会议关注学习理论的广泛主题，包括学习算法的设计和分析、学习的统计和计算复杂性、学习的优化方法、无监督、半监督、在线和主动学习等。

官网：http://www.learningtheory.org/colt2019。

ICML（国际机器学习会议）是 International Conference on Machine Learning 的缩写，即国际机器学习大会，始于 1980 年。如今，ICML 已发展为由国际机器学习学会（IMLS）主办的年度机器学习国际顶级会议。

官网：https://icml.cc/。

IJCAI（国际人工智能联合会议）是人工智能领域最主要的综合性学术会议之一，由于领域热度上涨，从 2016 年起，IJCAI 从原来的每两年举办一次改为每年举办一次，南京大学的周志华教授将担任 IJCAI-21 的程序主席，成为 IJCAI 史上第一位华人大会程序主席。2019 年 IJCAI-19 将在中国的澳门举行。

官网：https://www.ijcai19.org/。

NeurIPS 的全称是神经信息处理系统会议（Conference and Workshop on Neural Information Processing Systems），始于 1987 年，是神经计算和机器学习领域的顶级会议。近年的 NIPS 会议一直以机器学习、人工智能和统计学的论文为主。NIPS 会议固定在每年的 12 月举行，由 NIPS 基金会主办。NeurIPS 2018 一共收到 4856 篇投稿，创下了历年来的最高记录，最终被录取的论文有 1011 篇。

官网：https://nips.cc/。

CVPR（IEEE Computer Vision and Pattern Recognition conference）是由 IEEE 主办的计算机视觉和模式识别领域的顶级会议，始于 1983 年，每年举办。CVPR 颁布的主要奖项有最佳论文奖、最佳学生论文奖、Longuet-Higgins 奖（十年时间检验奖）和 PAMI 青年科学家奖。CVPR2019 一共有 7144 篇论文提交，其中 5165 篇有效投递论文，比去年 CVPR2018 增加了 56%。

官网：http://cvpr2019.thecvf.com/。

ACL（The Association for Computational Linguistics）是自然语言处理领域的顶级会议，成立于 1962 年，最初名为机器翻译和计算语言学协会（AMTCL），在 1968 年更名为 ACL。

官网：http://acl2019.org/。

ACM SIGKDD 国际会议（简称 KDD）是由 ACM 的知识发现及数据挖掘专委会（SIGKDD）主办的数据挖掘研究领域的顶级年会。KDD 大会涉及的议题大多跨学科且应用广泛，吸引了来自统计、机器学习、数据库、互联网、生物信息学、多媒体、自然语言处理、人机交互、社会网络计算、高性能计算以及大数据挖掘等众多领域的专家和学者参会。作为数据挖掘的国际顶级会议，每年都会吸引包括谷歌、微软、阿里巴巴等世界顶级的科技公司参与。

官网：http://www.kdd.org/。

第2章 算法工程师基础

机器学习已经有着几十年的发展历史，横跨了数学、计算机等多个学科领域，包罗万象。这其中高等数学、线性代数、统计学等是最重要的数学基础；模型评价标准、偏差方差、损失函数、优化算法等都是必须掌握的算法基础。在求职过程中，这些基础概念在笔试或者面试中都是最重要的组成部分。所以本章将着重讲解机器学习领域的数学基础、算法概念等。

2.1 机器学习简介

机器学习即 Machine Learning，涉及概率论、统计学、逼近论、凸分析、算法复杂度理论等多门学科。目的是让计算机模拟或实现人类的学习行为，以获取新的知识或技能，重新组织已有的知识结构使之不断改善自身的性能。简单来讲，机器学习就是人们通过提供大量的相关数据来训练机器。例如，为了让机器算法明白什么是猫，则只需要通过提供数百万张猫的图片来训练它，算法在这些图像中找到重复的模式，并为自己确定如何定义猫的外观。在此之后，当有新照片出现时，它可以区分照片中是否含有猫。

2.1.1 机器学习如何分类

机器学习有多种分类，例如按任务类型可以分为回归模型、分类模型和结构化学习模型。回归模型是预测某个无法枚举的数值，例如明天的股价。分类模型顾名思义就是将样本分为两类或者多类，例如信用风险识别中的异常识别。结构化学习模型的输出不再是向量，而是其他结构，例如将给定的长文本聚集成短的总结。

机器学习也可以按照学习理论划分，则此时机器学习模型可以分为有监督学习、半监督学习、无监督学习、强化学习、迁移学习等。

1）如果训练样本带有标签即为有监督学习，即通过已有的训练样本（即已知数据以及其对应的输出）来训练网络从而得到一个最优模型，再利用这个模型将所有新的数据样本映射为相应的输出结果，对输出结果进行简单的判断从而实现分类的目的，那么这个模型也就可以对未知数据进行分类。

2）如果训练样本部分有标签，部分无标签则是半监督学习。半监督学习在训练阶段结合了大量未标记的数据和少量标签数据。与使用所有标签数据的模型相比，使用训练集的训练模型在训练时可以更为准确，而且训练成本更低。

3）如果训练样本全部无标签，则是无监督学习。例如聚类算法。详细地讲，就是根据样本间的相似性对样本集进行聚类试图使类内差距最小化，类间差距最大化。

4）强化学习是智能体（Agent）通过与环境进行交互获得的奖赏来指导自己的行为，最终目标是使智能体获得最大的奖赏。与监督学习不同的是，强化学习中由环境提供的强化信号是对产生动作的好坏作一种评价，而不是告诉强化学习系统如何去产生正确的动作。

5）迁移学习是运用已存有的知识或者数据对不同但有关联的领域问题进行求解的机器学习方法。主要目的是通过迁移已有的知识或者数据来解决目标领域中有标签样本数据比较少甚至没有的学习问题。

2.1.2　什么是判别式模型和生成式模型

判别方法：由数据直接学习决策函数 $Y=f(X)$，或者由条件分布概率 $P(Y|X)$ 作为预测模型为判别模型。常见的判别模型有线性回归、boosting、SVM、决策树、感知机、线性判别分析（LDA）、逻辑斯蒂回归等算法。

生成方法：由数据学习 x 和 y 的联合概率密度分布函数 $P(Y, X)$，然后通过贝叶斯公式求出条件概率分布 $P(Y|X)$ 作为预测的模型为生成模型。常见的生成模型有朴素贝叶斯、隐马尔可夫模型、高斯混合模型、文档主题生成模型（LDA）等。

2.2　性能度量

衡量模型泛化能力的评价标准就是性能度量，在对比不同模型的能力时，使用不同的性能度量往往会导致不同的评判结果。在性能度量时，回归问题和分类问题用的指标往往不同，所以需要分开讨论。

2.2.1　回归问题常用的性能度量指标有哪些

1）均方误差。

$$\mathrm{MSE} = \frac{1}{n}\sum_{i=0}^{n}(f(x_i) - y_i)^2$$

2）Root Mean Squared Error（RMSE）均方根误差是观测值与真值偏差的平方和与观测次数 m 比值的平方根，用来衡量观测值同真值之间的偏差。

$$\mathrm{RMSE} = \sqrt{\mathrm{MSE}} = \sqrt{\frac{1}{n}\sum_{i=0}^{n}(f(x_i) - y_i)^2}$$

3）和方误差。

$$\mathrm{SSE} = \sum_{i=0}^{n}(f(x_i) - y_i)^2$$

4）Mean Absolute Error（MAE）直接计算模型输出与真实值之间的平均绝对误差。

$$\mathrm{MSE} = \frac{1}{n}\sum_{i=0}^{n}\left|f(x_i) - y_i\right|$$

5）Mean Absolute Percentage Error（MAPE）不仅考虑预测值与真实值的误差，还考虑了误差与真实值之间的比例。

$$\mathrm{MAPE} = \frac{1}{n}\sum_{i=0}^{n}\frac{\left|f(x_i) - y_i\right|}{y_i}$$

6）平均平方百分比误差。

$$\text{MASE} = \frac{1}{n} \sum_{i=0}^{n} \left(\frac{|f(x_i) - y_i|}{y_i} \right)^2$$

7）决定系数。

$$R^2 = 1 - \frac{\text{SSE}}{\text{SST}}, \quad \text{其中 SST} = \sum_{i=0}^{n} (y_i - \bar{y})^2$$

2.2.2 分类问题常用的性能度量指标有哪些

常用的性能度量指标有精确率、召回率、F_1、TPR、FPR。

表 2-1 中 TP 表示正样本被预测为正样本（真正例，true positive）。

表 2-1　TP、FN、FP 和 TN 定义

	预测为真	预测为假
真实为真	TP	FN
真实为假	FP	TN

FN 表示正样本被预测为负样本（假负例，false negative）。

FP 表示负样本被预测为正样本（假正例，false positive）。

TN 表示负样本被预测为负样本（真负例，true negative）。

精确率 $\text{Precision} = \dfrac{\text{TP}}{\text{TP} + \text{FP}}$。

召回率 $\text{Recall} = \dfrac{\text{TP}}{\text{TP} + \text{FN}}$。

真正例率即为正例被判断为正例的概率 $\text{TPR} = \dfrac{\text{TP}}{\text{TP} + \text{FN}}$。

假正例率即为反例被判断为正例的概率 $\text{FPR} = \dfrac{\text{FP}}{\text{TN} + \text{FP}}$。

精确率又称查准率，顾名思义适用于对准确率要求高的应用，例如网页检索与推荐。召回率又称查全率，适用于检测信贷风险信息、逃犯信息等。由于精确率与召回率是一对矛盾的度量，所以需要找一个平衡点，研究者们往往使用 F_1，F_1 是精确率与召回率的调和平均值：

$$\frac{1}{F_1} = \frac{1}{2} * \frac{1}{P} + \frac{1}{2} * \frac{1}{R}$$

（1）错误率和准确率

错误率 $e = \dfrac{1}{n} \sum_{i=1}^{n} I(f(x_i \neq y_i))$。

准确率 $acc = 1 - e$。

（2）AUC 与 ROC 曲线

对于 0、1 分类问题，一些分类器得到的结果并不是 0 或 1，如神经网络得到是 0.5、0.6

等。此时就需要取一个阈值 cutoff，那么小于 cutoff 的归为 0 类，大于等于 cutoff 的归为 1 类，可以得到一个分类结果。取不同的阈值，最后得到的分类情况也不同。

ROC 曲线（Receiver Operational Characteristic Curve）是以 False Positive Rate 为横坐标，True Positive Rate 为纵坐标的绘制的曲线。曲线的点表示了在敏感度和特殊性之间的平衡，例如越往左，也就是假阳性越小，则真阳性也越小。曲线下方的面积越大，则表示该方法越有利于区分两种类别。AUC 即为 ROC 曲线所覆盖的区域面积。AUC 值是一个概率值，当随机挑选一个正样本以及一个负样本，当前的分类算法根据计算得到的 Score 值将这个正样本排在负样本前面的概率就是 AUC 值。所以 AUC 值越大，当前的分类算法越有可能将正样本排在负样本前面，即能够更好的分类。而如果 AUC = 0.5，跟随机猜测一样（例如丢硬币），模型没有预测价值。如图 2-1 所示。

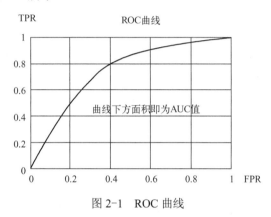

图 2-1　ROC 曲线

ROC 曲线的主要意义是方便观察阈值对学习器的泛化性能影响，所以有助于选择最佳的阈值。ROC 曲线越靠近左上角，模型的查全率就越高。最靠近左上角的 ROC 曲线上的点是分类错误最少的最好阈值，其假正例和假反例总数最少。

代码如下：

```
from sklearn import metrics
from sklearn.metrics import roc_auc_score
roc_auc_score(y_true, y_scores)
#求出 auc 指标
fpr, tpr, thresholds = metrics.roc_curve(y_true, y_scores, pos_label=1)
#pos_label=1，表示值为 1 的实际值为正样本
#求出了 FPR、TPR 与阈值
```

2.3　特征工程

在机器学习算法工程师的日常工作中有个非常重要的总结："数据和特征决定了机器学习的上限，而模型和算法只是逼近这个上限而已。"由此可见特征工程在一个机器学习项目中的重要地位。特征工程是一个庞大的工程，主要分为四块：数据预处理、特征选择、特征降维、特征构造。

在面试过程中，面试官不会仅仅提问这些问题，更多的会结合求职人员以往的工作经验

或者项目经验，例如数据预处理、特征选择、特征降维每部分都有大量的现有算法可使用，如何根据项目属性选择算法，请简单举几个实例。例如结合做过的项目举例特征工程中如何构造出重要的特征等。

2.3.1 数据预处理主要包括什么

1. 无量纲化

无量纲化主要是用来解决数据的量纲不同的问题，使不同的数据转换到同一规格。常见的无量纲化方法有标准化和区间缩放法。标准化的假设前提是特征值服从正态分布，标准化后，其转换成标准正态分布。区间缩放法利用了边界值信息，将特征的取值区间缩放到某个特点的范围，例如[0, 1]等。

（1）标准化

理论上，标准化适用于服从正态分布的数据，目前很多工程都依赖大数据，所以在样本足够多的情况下，工程师往往直接使用标准化对数据进行无量纲化预处理。在深度学习里，将数据标准化到一个特定的范围能够在反向传播中保证更好的收敛。如果不进行数据标准化，有些特征（值很大）将会对损失函数影响更大，使得其他值比较小的特征重要性降低。因此数据标准化可以使得每个特征的重要性更加均衡。公式表达为：

$$x' = \frac{x - \mu}{\sigma}$$

代码如下：

```
from sklearn.preprocessing import StandardScaler
x1=StandardScaler().fit_transform(x)
```

（2）归一化/区间缩放法

归一化适用于数据量较小的工程。顾名思义就是利用两个最值进行缩放，公式表达为：

$$x' = \frac{x - \min}{\max - \min}$$

代码如下：

```
from sklearn.preprocessing import MinMaxScaler
x1= MinMaxScaler().fit_transform(x)
```

2. 哑编码与独热编码

如果某一列数据是一些特征，例如中国、美国、德国这种国家属性，那就无法直接将这种信息应用到回归或者分类里，所以需要对数据进行哑编码或者独热编码，目的就是针对定性的特征进行处理然后得到可以用来训练的特征。哑编码与独热编码的区别主要就是哑编码任意去除了一个状态位。这两种方式将离散特征的取值扩展到了欧式空间，离散特征的某个取值就对应欧式空间的某个点，使得特征之间的距离计算更加合理。

具体例子，假设国家这个特征有中国、美国、德国、法国四种可能的取值，那么独热编码就会用一个四维的特征向量表示该特征，其中每个维度对应一个国家，也叫作状态位，独热编码保证四个状态位有一个位置是 1，其余是 0。而哑编码的只需要 3 个状态位，当三个状态为都是 0 时，根据既不是中国又不是美国、德国的逻辑，就可以确认是法国了。

代码如下：

```
from sklearn.preprocessing import OneHotEncoder
OneHotEncoder().fit_transform(x)#独热编码
```

3．缺失值补充

缺失值补充最常用的方法是使用均值、就近补齐、K 最近距离填充等方法。特别需要注意的是，有的时候缺失值也是一种特征，可以补充一列将数据缺失与否赋值为 0、1，但这个需要根据具体的项目判断。

如果缺失值较多时，可以直接舍弃该列特征，否则可能会带来较大的噪声，从而对结果造成不良影响。如果缺失值较少时（如少于 10%），可以考虑对缺失值进行填充，以下是几种常用的填充策略。

1）用一个异常值填充并将缺失值作为一个特征处理（比如 0 或-9999）。

2）用均值或者条件均值填充，如果数据是不平衡的，那么应该使用条件均值填充，条件均值指的是与缺失值所属标签相同的所有数据的均值。

3）用相邻数据填充。

4）利用插值算法。

5）数据拟合，就是将缺失值也作为一个预测问题来处理。简单来讲就是将数据分为正常数据和缺失数据，对有值的数据采用随机森林等方法拟合，然后对有缺失值的数据用预测的值来填充。

2.3.2　特征选择主要包括什么

特征选择是非常关键的步骤，选入大量的特征不仅会降低模型效果，也会耗费大量的计算时间。而漏选的特征也会直接影响到最终的模型效果。一般情况下主要利用以下办法进行特征选择。

1．方差选择法

假如某列特征数值变化一直平缓，说明这个特征对结果的影响很小，所以可以计算各个特征的方差，选择方差大于自设阈值的特征。

代码如下：

```
from sklearn.feature_selection import VarianceThreshold
VarianceThreshold(threshold=10).fit_transform(x) #threshold 为自设阈值
```

2．相关系数,统计检验

相关系数或者统计检验都可以用来特征选择，常用的有 pearson 相关系数和卡方检验，前者主要应用于连续变量，后者用于离散变量等。pearson 相关系数代码如下：

```
from sklearn.feature_selection import SelectKBest
from scipy.stats import pearsonr
#pearson 相关系数
from sklearn.feature_selection import chi2
#卡方检验
SelectKBest(lambda X, Y: array(map(lambda x:pearsonr(x, Y), X.T)).T, k=5).fit_transform(x, y)
#k 即指想选择的特征维数
```

```
SelectKBest(chi2, k=5).fit_transform(x, y)
```

3．互信息法

互信息也经常被用来评价自变量对因变量的相关性，互信息计算公式如下：

$$I(X;Y) = \sum_{x \in X} \sum_{y \in Y} p(x,y) \log \frac{p(x,y)}{p(x)p(y)}$$

4．基于机器学习的特征选择法

这种方法主要是针对特征和响应变量建立预测模型，例如用基于树的方法（决策树、随机森林、GBDT），或者扩展的线性模型等。代码如下：

```
from sklearn.feature_selection import SelectFromModel
from sklearn.ensemble import GradientBoostingClassifier
SelectFromModel(GradientBoostingClassifier()).fit_transform(x, y)
```

下面简要介绍一种利用随机森林算法降维的算法。

随机森林算法将在第 3 章详细介绍，此处仅介绍如何利用随机森林算法进行降维。随机森林算法具有很强大的随机性，因此相对于其他许多模型算法，它的系统误差更小，同时具有更好的分类性能。这主要是由以下两个原因决定的：第一，在根据原始样本总体随机抽取训练样本时采用随机有放回的抽样，从而使得训练样本的随机性得以保障；第二，基分类器中每颗决策树在延伸的同时对变量特征的选择采用随机的方法。

在利用随机森林算法评估特征变量重要性时，主要依据每个特征变量在随机森林中的每棵树上做了多大的贡献，然后取平均值，最后比较不同特征之间的贡献值大小。本文以基尼系数（Gini）作为评价指标来衡量特征变量的贡献。

变量的重要性评分用 V 表示，假设有 m 个特征 X_1, X_2,…, X_m，则每个特征 X_j 的 $Gini$ 指数评分 V_j，即第 j 个特征在随机森林所有决策树中结点分裂不纯度的平均改变量，$Gini$ 指数的计算公式如下表示：

$$Gini_m = 1 - \sum_{k=1}^{K} p_{mk}^2$$

其中 k 表示第 k 个类别，p_{mk} 表示结点 m 中类别 k 所占比例，K 表示分类个数。

特征变量 X_j 在结点 m 的重要性，即结点 m 分支前后的 $Gini$ 指数变化量为：

$$V_{jm}^{Gini} = Gini_m - Gini_t - Gini_r$$

其中 $Gini_t$ 和 $Gini_r$ 分别表示分支后两个新点的 $Gini$ 指数。

如果特征 X_j 在决策树 i 中出现的结点在集合 M 中，那么 X_j 在第 i 棵树的重要性为：

$$V_{jm}^{Gini} = \sum_{m \in M} V_{jm}^{Gini}$$

假设随机森林共有 n 棵树，那么：

$$V_{jm}^{Gini} = \sum_{i=1}^{n} V_{ij}^{Gini}$$

最后将所有求得的重要性评分进行归一化处理得到重要性评分：

$$V_j^* = \frac{V_j}{\sum_{i=1}^{c} V_i}$$

利用 Python 计算随机森林模型返回特征的重要性的代码也非常简单，如下所示：

```
from sklearn.cross_validation import train_test_split
from sklearn.ensemble import RandomForestClassifier
x_train, x_test, y_train, y_test = train_test_split(x, y, test_size = 0.2, random_state = 0)
forest = RandomForestClassifier(n_estimators=1000, random_state=0, n_jobs=-1)
forest.fit(x_train, y_train)
importances = forest.feature_importances_
#importances 即为需要的重要性评估
```

2.3.3　特征降维主要包括什么

如果特征矩阵过大，就会导致训练时间过长，所以需要降低特征矩阵维度。降维是指通过保留重要的特征，减少数据特征的维度。而特征的重要性取决于该特征能够表达多少数据集的信息，也取决于使用什么方法进行降维。特征降维方法包括 PCA、LDA、奇异值分解 SVD 和局部线性嵌入 LLE。而降维的好处有节省存储空间，加快计算速度，避免模型过拟合等。

1．主成分分析法（PCA）

PCA 是一个将数据变换到一个新的坐标系统中的线性变换，使得任何数据投影的第一大方差在第一个坐标（称为第一主成分）上，第二大方差在第二个坐标（第二主成分）上，依次类推。PCA 主要目的是为让映射后得到的向量具有最大的不相关性。详细地讲就是 PCA 追求的是在降维之后能够最大化保持数据的内在信息，并通过衡量在投影方向上的数据方差的大小来衡量该方向的重要性。算法步骤：

（1）计算相关系数矩阵

$$R = \begin{bmatrix} r_{11} & \cdots & r_{1p} \\ \vdots & & \vdots \\ r_{p1} & \cdots & r_{pp} \end{bmatrix}$$

$r_{ij}(i, j = 1, 2, \cdots, p)$ 为原变量 x_i 与 x_j 的相关系数，其计算公式为：

$$r_{ij} = \frac{\sum_{k=1}^{n}(x_{ki} - \overline{x}_i)(x_{kj} - \overline{x}_j)}{\sum_{k=1}^{n}(x_{ki} - \overline{x}_i)^2(x_{kj} - \overline{x}_j)^2}$$

（2）计算特征值与特征向量

解特征方程 $|\lambda I - R| = 0$，用雅可比法（Jacobi）求出特征值，并使其按大小顺序排列 $\lambda_1 \geqslant \lambda_2 \geqslant \cdots \geqslant \lambda_p \geqslant 0$；特征值 λ_i 对应的特征向量为 e_i，且 $\|e\| = 1$。

（3）计算主成分贡献率及累计贡献率

对应的单位特征向量 e_i 就是主成分 z_i 的关于原变量的系数，即 $z_i = xe_i^T$。

贡献率：

$$\alpha_i = \frac{\lambda_i}{\sum_{k=1}^{p}\lambda_k} \qquad i = 1, 2, \cdots, p$$

累计贡献率：

$$\frac{\sum_{k=1}^{i} \lambda_k}{\sum_{k=1}^{p} \lambda_k} \qquad i = 1, 2, \cdots, p$$

一般取累计贡献率达85%~95%的特征值$\lambda_1, \lambda_2, \cdots, \lambda_m$所对应的第1、第2、…、第$m(m \leqslant p)$个主成分$z_1, z_2, \cdots, z_m$。

（4）计算主成分载荷

主成分载荷是反映主成分z_i与原变量x_j之间的相互关联程度。

$$l_{ij} = p(z_i, x_j) = \sqrt{\lambda_i} e_{ij} (i, j = 1, 2, \cdots, p)$$

需要的注意的是实际应用时，指标的量纲往往不同，所以在主成分计算之前应先消除量纲的影响。将变量标准化后再计算其协方差矩阵。

代码如下：

```
from sklearn.decomposition import PCA

PCA(n_components=k).fit_transform(x)#k 为主成分的数目
```

2. 线性判别分析法（LDA）

LDA 是一种有监督的降维方法，主要是将高维的模式样本投影到最佳鉴别的空间。其目的是投影后保证模式样本在新的子空间有最大的类间距离和最小的类内距离，即同类的数据点尽可能地接近而不同类的数据点尽可能地分开。

LDA 和 PCA 的区别是一个很重要的知识点，它们主要有以下区别。

1）LDA 是有监督的降维方法，而 PCA 是无监督的。

2）LDA 降维最多降到类别数 k-1 的维数，而 PCA 没有限制。

3）LDA 选择分类性能最好的投影方向，而 PCA 选择样本点投影具有最大方差的方向。换句话说就是 PCA 是为了让映射后的样本发散性最大；而 LDA 是为了让映射后的样本分类性能最好。

代码如下：

```
from sklearn.lda import LDA
LDA(n_components=2).fit_transform(iris.data, iris.target)
```

3. 局部线性嵌入（LLE）

局部线性嵌入算法认为每个数据点可以由其近邻点的线性加权组合构造得到，能够使降维后的数据较好地保持原有流形结构。主要算法步骤是寻找每个样本点的 k 个近邻点，由每个样本点的近邻点计算出该样本点的局部重建权值矩阵，由该样本点的局部重建权值矩阵和其近邻点计算出该样本点的输出值。

在真实工业场景中，局部线性嵌入用得较少。

2.3.4 特征构造主要包括什么

特征构造主要是针对具体的项目属性，数据特点来构造出可能的重要特征。特征构造是非常关键的步骤，对模型效果的提升帮助巨大。而这一部分的知识积累很难从书本中获得，要从真实项目中多积累经验。以下举 3 个简单的例子。

例如预测某商场未来的销售量，那么是不是周末、节假日就是很重要的特征，应当利用独特编码将其列为单独一个特征。

例如客户关系管理的项目中，有 3 个指标就很重要：最近一次消费间隔时长、消费频率、消费金额。如果原始数据中没有这些特征，则需要根据原始数据计算出来。

例如预测交通流量，那么是不是早晚高峰时期、道路的宽度、红绿灯个数就是非常重要的特征。

2.4　过拟合、欠拟合与正则化

在训练时经常会出现过拟合的问题，具体表现是在训练数据上误差渐渐减小，可是在验证集上的误差反而却渐渐增大。详细来讲就是在训练初期，由于训练不足，学习器的拟合能力不够强，偏差比较大。随着训练程度的加深，学习器的拟合能力逐渐增强，训练数据的扰动也能够渐渐被学习器学到。而充分训练后，学习器的拟合能力已非常强，训练数据的轻微扰动都会导致学习器发生显著变化，进而产生过拟合。

2.4.1　过拟合与欠拟合的区别是什么，什么是正则化

欠拟合指模型不能在训练集上获得足够低的训练误差，往往是由于特征维度过少，导致拟合的函数无法满足训练集，导致误差较大。

过拟合指模型的训练误差与测试误差（泛化误差）之间差距过大；具体来讲就是模型在训练集上表现良好，但是在测试集和新数据上表现一般（泛化能力差）。

所有为了减少测试误差的策略统称为正则化方法，不过代价可能是增大训练误差。

2.4.2　解决欠拟合的方法有哪些

降低欠拟合风险主要有以下 3 类方法。

1）加入新的特征，对于深度学习来讲就可以利用因子分解机、子编码器等。

2）增加模型复杂度，对于线性模型来说可以增加高次项，对于深度学习来讲可以增加网络层数、神经元个数。

3）减小正则化项的系数，从而提高模型的学习能力。

2.4.3　防止过拟合的方法主要有哪些

1．正则化

正则化包含 L_1 正则化、L_2 正则化、混合 L_1 与 L_2 正则化。

L_1 正则化目的是减少参数的绝对值总和，定义为：

$$\|x\|_1 = \sum_i |x_i|$$

L_2 正则化目的是减少参数平方的总和，定义为：

$$\|x\|_2 = \sum_i {x_i}^2$$

混合 L_1 与 L_2 正则化是希望能够调节 L_1 正则化与 L_2 正则化，定义为：

$$\alpha\|x\|_1 + \frac{1-\alpha}{2}\|x\|_2$$

因为最优的参数值很大概率出现在坐标轴上，这样就会导致某一维的权重为 0，产生稀疏权重矩阵。

由 L_1 正则化的定义可看出最优的参数值很大概率出现在坐标轴上，这样就会导致某一维的权重为 0，产生稀疏权重阵，而 L_2 正则化的最优的参数值很小概率出现在坐标轴上，因此每一维的参数都不会是 0。

所以由于 L_1 正则化导致参数趋近于 0，因此它常用于特征选择设置中。而机器学习中最常用的正则化方法是对权重施加 L_2 范数约束。

L_1 正则化与 L_2 正则化还有个重要区别是 L_1 正则化可通过假设权重 w 的先验分布为拉普拉斯分布，由最大后验概率估计导出。L_2 正则化可通过假设权重 w 的先验分布为高斯分布，由最大后验概率估计导出。

事实上，后验概率函数是在似然函数的基础上增加了 $\log P(w)$：

$$MAP = \log P(y\mid X, w)P(w) = \log P(y\mid X, w) + \log P(w)$$

$P(w)$ 的意义是对权重系数 w 的概率分布的先验假设，在收集到训练样本后，则可根据 $\{X, y\}$ 下的后验概率对 w 进行修正，从而做出对 w 的更好地估计。

假设权重 w 的先验分布为 0 均值的高斯分布，即：

$$w_j \sim N(0, \sigma^2)$$

则有：

$$\log P(w) = \log \prod_j p(w_j) = \log \prod_j \left[\frac{1}{\sqrt{2\pi}\sigma}e^{-\frac{w_j^2}{2\sigma^2}}\right] = \frac{1}{-2\sigma^2}\sum_j w_j^2 + C$$

可以看到，此时 $\log P(w)$ 的效果等价于在代价函数中增加 L_2 正则项。

假设权重 w 的先验分布是均值为 0，参数为 a 的拉普拉斯分布，即：

$$P(w_j) = \frac{1}{\sqrt{2a}}e^{-\frac{|w_j|}{a}}$$

则有：

$$\log P(w) = \log \prod_j p(w_j) = \log \prod_j \left[\frac{1}{\sqrt{2a}}e^{-\frac{|w_j|}{a}}\right] = -\frac{1}{a}\sum_j |w_j| + C$$

可以看到，此时 $\log P(w)$ 的效果等价于在代价函数中增加 L_1 正则项。

2. Batch Normalization

Batch Normalization 是一种深度学习中减少泛化误差的正则化方法，主要作用是通过缓解梯度消失加速网络的训练，防止过拟合，降低了参数初始化的要求。

由于训练数据与测试数据的分布不同会降低模型的泛化能力。因此，应该在开始训练前对所有输入数据做归一化处理。而由于神经网络每个隐层的参数不同，所以下一层的输入发生变化会导致每一批数据的分布也发生改变，从而导致了网络在每次迭代中都会去拟合不同的数据分布，增大了网络的训练难度与过拟合的风险。

Batch Normalization 会针对每一批数据在网络的每一层输入之前增加归一化处理，归一代的目的是为了使输入均值为 0，标准差为 1。这样能将数据限制在统一的分布下。利用公式表示就是针对每层的第 k 个神经元，计算这一批数据在第 k 个神经元的均值与标准差，然后将归一化后的值作为该神经元的激活值。

$$\hat{x}_k = \frac{x_k - E[x_k]}{\sqrt{\mathrm{var}[x_k + \varepsilon]}}$$

Batch Normalization 通过对数据分布进行额外的约束增强模型的泛化能力，同时由于破坏了之前学到的特征分布，从而也降低了模型的拟合能力。所以为了恢复数据的原始分布，Batch Normalization 引入了一个重构变换来还原最优的输入数据分布：

$$y_k = BN(x_k) = \gamma \hat{x}_k + \beta = \gamma \frac{x_k - E[x_k]}{\sqrt{\mathrm{var}[x_k] + \varepsilon}} + \beta$$

其中 γ 和 β 为可训练参数。

3．Dropout

Dropout 是避免神经网络过拟合的技巧来实现的。Dropout 并不会改变损失函数而是修改网络结构本身。通过对神经网络中的神经元做随机删减，从而降低了网络的复杂度。Dropout 在训练大型深度神经网络时非常有用。

Dropout 具体过程表现为：第一次迭代时随机地删除一部分的隐层单元，保持输入输出层不变，更新神经网络中的权值。第二次迭代也是随机地去删掉一部分，跟上一次删除掉的是不一样的。第三次以及之后都是这样，直至训练结束。

运用 dropout 相当于训练了非常多个仅有部分隐层单元的神经网络，每个这种神经网络，都能够给出一个分类结果，这些结果有的是正确的，有的是错误的。随着训练的进行，大部分网络都能够给出正确的分类结果。

4．迭代截断

迭代截断主要是在模型对训练数据集迭代收敛之前停止迭代来防止过拟合。方法就是在训练的过程中，记录到目前为止最好的准确率，当连续 n 次 Epoch 没达到最佳准确率时，就可以停止迭代了。n 可以根据实际情况取，如 100、200 等。

5．交叉验证

k-fold 交叉验证是把训练样例分成 k 份，然后进行 k 次交叉验证过程，每次使用不同的一份样本作为验证集合，其余 k-1 份样本合并作为训练集合。每个样例会在一次实验中被用作验证样例，在 k-1 次实验中被用作训练样例。每次实验中，使用上面讨论的交叉验证过程来决定在验证集合上取得最佳性能的迭代次数，并选择恰当的参数。

6．常见面试笔试题

机器学习中 L_1 正则化和 L_2 正则化有什么区别（　　　）。

A．使用 L_1 可以得到平滑的权值，使用 L_2 可以得到平滑的权值

B．使用 L_1 可以得到稀疏的权值，使用 L_2 可以得到平滑的权值

C．使用 L_1 可以得到平滑的权值，使用 L_2 可以得到稀疏的权值

D．使用 L_1 可以得到稀疏的权值，使用 L_2 可以得到稀疏的权值

分析：选（B）。这个问题非常重要，L_1 正则化偏向于稀疏，即将这些特征对应的权重置为 0。L_2 主要功能是为了防止过拟合，偏向于选更多的参数，至于这其中的原理更是机器学习面试的常考题，详见 2.5.3。可以尝试试从几何、凸优化、梯度等多个角度解释为何 L_1 相比 L_2 更容易得到稀疏解。L_1 正则化通过假设权重 w 的先验分布为拉普拉斯分布，由最大后验概率估计导出。L_2 正则化可通过假设权重 w 的先验分布为高斯分布，由最大后验概率估计导出。

2.5　偏差与方差

偏差度量了学习算法的期望预测与真实结果的偏离程度，即刻画了学习算法本身的拟合能力，方差度量了同样大小的训练集的变动所导致的学习性能的变化，即刻画了数据扰动所造成的影响。偏差与方差可以结合图 2-2 来理解。

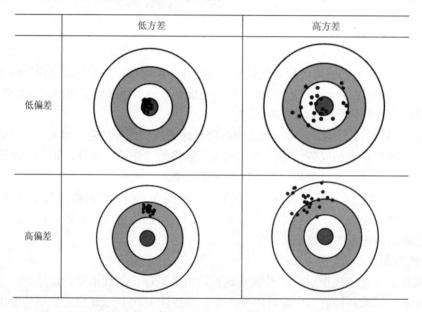

图 2-2　偏差与方差

偏差用于描述模型的拟合能力；方差用于描述模型的稳定性。给定学习任务后，当训练不足时，模型的拟合能力不够（数据的扰动不足以使模型产生显著的变化），此时偏差主导模型的泛化误差；随着训练的进行，模型的拟合能力增强（模型能够学习数据发生的扰动），此时方差逐渐主导模型的泛化误差；当训练充足后，模型的拟合能力过强（数据的轻微扰动都会导致模型产生显著的变化），此时即发生过拟合（训练数据自身的、非全局的特征也被模型学习了）。

2.5.1　试推导泛化误差、偏差、方差与噪声之间的关系

为了推导泛化误差、偏差、方差与噪声之间的关系，首先需要做一些定义，如表 2-2 所示。

表 2-2　各种符号的定义

符号	含义
D	训练集
y	x 的真实标记
y_D	x 在训练集 D 中的标记
F	通过训练集 D 学到的模型
$f(x;D)$	由训练集 D 学的模型 f 对 x 的预测输出
$\bar{f}(x)$	模型 f 对 x 的期望预测输出

学习器在训练集上的误差被称为"训练误差"或"经验误差"。在新样本上的误差被称为"泛化误差"。对于泛化误差，以回归任务为例，期望泛化误差为：

$$Err(x) = E[(y_D - f(x;D))^2]$$

方差公式：

$$var(x) = E[(f(x;D) - \bar{f}(x))^2]$$

噪声即为真实标记与数据集中的实际标记间的偏差，公式为：

$$\varepsilon = E[(y_D - y)^2]$$

假定噪声期望为 0，即 $E(y_D-y)=0$

偏差即为期望预测与真实标记的误差称为偏差，偏差平方的公式为：

$$bias^2(x) = (\bar{f}(x) - y)^2$$

下面为推导公式：

$$
\begin{aligned}
Err(x) &= E[(y_D - f(x;D))^2] \\
&= E[(y_D - \bar{f}(x) + \bar{f}(x) - f(x;D))^2] \\
&= E[(y_D - \bar{f}(x))^2] + E[(\bar{f}(x) - f(x;D))^2] \quad (注：E(f(x;D)) = \bar{f}(x)) \\
&= E[(y_D - y + y - \bar{f}(x))^2] + E[(\bar{f}(x) - f(x;D))^2] \\
&= E[(y - \bar{f}(x))^2] + E[(y_D - y)^2] + E[(\bar{f}(x) - f(x;D))^2] \quad (注：E(f(x;D)) = \bar{f}(x)) \\
&= bias^2(x) + \varepsilon + var(x)
\end{aligned}
$$

由此可知泛化误差可分解为偏差、方差和噪声之和。

2.5.2　导致偏差和方差的原因是什么

偏差是由于模型的复杂度不够或者对学习算法做了错误的假设。比如真实模型是一个三次函数，而假设模型为二次函数，这会导致欠拟合，即偏差的增大；所以训练误差主要是由偏差造成的。

而方差通常是由于模型的复杂度过高导致的；比如真实模型是一个简单的二次函数，而假设模型是一个五次函数，这就会导致过拟合，即方差的增大；由方差引起的误差通常体现在测试误差相对训练误差的变化上。

2.6　常用梯度下降法与优化器

机器学习中的大部分问题都是优化问题，而绝大部分优化问题都可以使用梯度下降法处理，其数学原理是函数沿梯度方向具有最大的变化率，那么在优化目标函数时沿着负梯度方向去减小函数值，以此达到优化目标。

梯度方向如下：

$$grad f(x_0, x_1, \cdots, x_n) = \left(\frac{\partial f}{\partial x_0}, \frac{\partial f}{\partial x_1}, \cdots, \frac{\partial f}{\partial x_n} \right)$$

沿着负梯度方向去减小函数值用表达如下：

$$x_0 = x_0 - \alpha \frac{\partial f}{\partial x_0}, x_1 = x_1 - \alpha \frac{\partial f}{\partial x_1}, \cdots, x_n = x_n - \alpha \frac{\partial f}{\partial x_n}$$

以上公式就执行了一步梯度下降，在算法中会重复到满足收敛条件为止。

所以梯度下降是一种优化算法，通过迭代的方式寻找模型的最优参数；最优参数即指使目标函数达到最小值时的参数。如果目标函数是凸函数，那么梯度下降的解是全局最优解，不过在一般情况下，梯度下降无法保证全局最优。

2.6.1　随机梯度下降与小批量随机梯度下降

上面介绍的梯度下降法每次使用所有训练样本的平均损失来更新参数，所以每次对模型参数进行更新时需要遍历所有数据。但如果训练样本的数量太大会消耗相当大的计算资源，所以随机梯度下降（SGD）每次使用单个样本的损失来近似平均损失。

由于随机梯度下降（SGD）只采用一部分样本来估计当前的梯度，所以对梯度的估计准确度不高，常常出现偏差，并导致目标函数收敛不稳定，甚至不收敛。

小批量随机梯度下降就是为了降低随机梯度的方差，使模型迭代更加稳定，所以使用一批随机数据的损失来近似平均损失。通过批量训练还有个优点就是利用高度优化的矩阵运算以及并行计算框架。同时需要注意的是，由于批的大小为 2 的幂时能充分利用矩阵运算操作，所以批的大小一般取 32、64、128、256 等。

2.6.2　动量算法

动量方法有点类似于二阶梯度算法，参数更新公式如下：

$$g \leftarrow \frac{1}{m} \nabla_\theta \sum_i L(f(x_i; \theta), y_i)$$

$$v_t = a v_{t-1} - \varepsilon g_t$$

$$\theta_{t+1} = \theta_t + v_t$$

从形式上看，动量算法引入了变量 v 充当速度角色，以及相关的超参数 α。α 一般取 0.5、0.9、0.99，分别对应最大 2 倍、10 倍、100 倍的步长。

动量算法可以用来解决鞍点问题；也可以用于 SGD 加速，特别是针对高曲率、小幅但是方向一致的梯度对象。动量方法的训练过程更加稳定；同时在鞍点处因为惯性的作用，更有可能离开平缓的梯度部分。

随机梯度下降法每次更新的步长只是梯度乘以学习率；而动量算法的步长还取决于历史梯度序列的大小和排列；当若干连续的梯度方向相同时，步长会被不断增大。

2.6.3　NAG 算法（Nesterov 动量）

NAG 是对参数施加当前速度后才进行梯度计算的。这个设计让算法有了对前方环境预判的能力，换句话讲，NAG 算法相当于在标准动量方法中添加了一个修正因子，并且在计算参数的梯度时，在损失函数中减去了动量项。参数更新公式如下：

$$\hat{\theta} = \theta + av$$

$$g \leftarrow \frac{1}{m} \nabla_{\hat{\theta}} \sum_i L(f(x_i; \hat{\theta}), y_i)$$

$$v_t = av_{t-1} - \varepsilon g_t$$

$$\theta_{t+1} = \theta_t + v_t$$

2.6.4　自适应学习率算法

学习率决定了参数空间搜索的步长，所以非常重要，但也比较难设置。过大的学习率会导致优化的方向变化不稳定，过小的学习率会容易使得模型收敛于局部最优解，因此学习率的设置对模型的性能有显著的影响。而自适应学习率算法就可以根据参数更新的次数来自动调整学习率。在刚开始学习时，由于参数的值距离最优值较远所以使用较大的学习率，后来随着参数值越来越逼近最优值，应使用比较小的学习率。以下介绍 3 种重要的自适应率学习算法。

（1）AdaGrad

AdaGrad 算法虽然可以自动适应学习率，但还需设定一个全局的学习率 ε，这并非实际的学习率，而是与以往参数的模的和成反比的，具有损失最大偏导数的参数学习率下降比较快，而具有小偏导数的参数在学习率上下降比较小。具体见公式：

$$\varepsilon_n = \frac{\varepsilon}{\delta + \sqrt{\sum_{j=1}^{n-1} g_i \odot g_i}}$$

算法的具体步骤如下：

需要预先设定的值：全局学习率 ϵ，初始参数 θ，数值稳定量 δ；

中间变量：梯度累积量 r；

迭代过程如公式：

$$\tilde{g} \leftarrow \frac{1}{m} \nabla_{\theta} \sum_i L(f(x_i; \theta), y_i)$$

$$r \leftarrow r + \tilde{g} \odot \tilde{g}$$

$$\theta \leftarrow \theta - \frac{\varepsilon}{\delta + \sqrt{r}} \odot \tilde{g}$$

Adagrad 更新参数的过程如下:

$$w_{t+1} \leftarrow w_t - \frac{\eta}{\sqrt{\sum_{t=0}^{t}(g_i)^2}} g_t$$

其中,g_t 为参数的梯度。

（2）RMSProp

RMSProp 算法是 AdaGrad 算法的升级版,在非凸优化问题上表现很好,因为它使用指数衰减来处理历史信息,可以使得模型在找到凸结构后快速收敛。RMSProp 与 AdaGrad 的区别在于用来控制历史信息获取的衰减系数,算法的具体步骤如下:

需要预先设定的值:全局学习率全局学习率 ε,初始参数 θ,数值稳定量 δ,衰减系数 ρ;

中间变量:梯度累积量 r;

迭代过程如公式:

$$\tilde{g} \leftarrow \frac{1}{m}\nabla_\theta \sum_i L(f(x_i;\theta), y_i)$$

$$r \leftarrow \rho r + (1-\rho)\tilde{g} \odot \tilde{g}$$

$$\theta \leftarrow \theta - \frac{\varepsilon}{\delta + \sqrt{r}} \odot \tilde{g}$$

RMSProp 可以解决 AdaGrad 在多隐层网络中过早结束训练的缺点,适合处理非平稳的目标,但同时也引入了新的超参数衰减系数,并且依旧依赖于全局学习率。

（3）Adam

Adam（Adaptive Moment Estimation）是非常常见的深度学习训练时使用的优化器。相比于 AdaGrad 算法,Adam 能让每次迭代的学习率处在一定范围内,因而比较稳定。

算法的具体过程如下:

需要预先设定的值:步长因子 ε,初始参数 θ,数值稳定量 δ,一阶动量衰减系数 ρ_1,二阶动量衰减系数 ρ_2（其中默认的取值:$\varepsilon=0.001$,$\delta=10-8$,$\rho_1=0.9$,$\rho_2=0.999$）。

中间变量:一阶动量 s,二阶动量 r;

迭代过程如下:

$$\tilde{g} \leftarrow \frac{1}{m}\nabla_\theta \sum_i L(f(x_i;\theta), y_i)$$

$$s \leftarrow \rho_1 s + (1-\rho)\tilde{g}$$

$$r \leftarrow \rho_2 r + (1-\rho_2)\tilde{g} \odot \tilde{g}$$

$$\theta \leftarrow \theta - \varepsilon \frac{\frac{s}{1-\rho_1}}{\delta + \sqrt{\frac{r}{1-\rho_2}}} \odot \tilde{g}$$

优化算法的选择并没有绝对的原则,没有哪个算法具有绝对优势,应根据具体任务来选择。事实上在面对具体问题时可以将 Adam 和 RMSprop 都训练一次,比较结果差距,再选择恰当的优化器。

2.6.5　试比较牛顿迭代法与梯度下降法

首先介绍牛顿迭代法的基本思想：在现有极小点的估计值 x_k 的附近，对 $f(x)$ 做二阶泰勒展开，从该点的附近找到极值点的下一个估计值。这里设 x_k 为当前的估计值，那么 $f(x)$ 在 x_k 附近的二阶泰勒展开式为（省略关于 $x-x_k$ 的高阶项）：

$$\varphi(x) = f(x_k) + f'(x_k)(x - x_k) + \frac{1}{2}f''(x_k)(x - x_k)^2$$

由于求的是最值，由极值的必要条件可知，$\varphi(x)$ 应该满足：

$$\varphi'(x) = 0$$

即

$$f'(x_k) + f''(x_k)(x - x_k) = 0$$

从而求得

$$x = x_k - \frac{f'(x_k)}{f''(x_k)}$$

于是给定初始值 x_0，就可以得到如下的迭代式

$$x_{k+1} = x_k - \frac{f'(x_k)}{f''(x_k)} \qquad k = 0,1,\cdots$$

由此产生序列 $\{x_k\}$ 可以逼近 $f(x)$ 的极小点。

在二维的情况下，二阶泰勒展开式可以推广，此时

$$\varphi(X) = f(X_k) + \nabla f(X_k)(X - X_k) + \frac{1}{2}(X - X_k)^T \nabla^2 f(X_k)(X - X_k)$$

其中 ∇f 为 f 的梯度方向，$\nabla^2 f$ 为 f 的海森矩阵（Hessian matrix），它们的定义分别是

$$\nabla f = \begin{bmatrix} \dfrac{\partial f}{\partial x_1} \\[2mm] \dfrac{\partial f}{\partial x_2} \\[1mm] \cdots \\[1mm] \dfrac{\partial f}{\partial x_n} \end{bmatrix}$$

$$\nabla f = \begin{bmatrix} \dfrac{\partial^2 f}{\partial x_1^2} & \cdots & \dfrac{\partial^2 f}{\partial x_1 \partial x_n} \\[2mm] \vdots & & \vdots \\[2mm] \dfrac{\partial^2 f}{\partial x_n \partial x_1} & \cdots & \dfrac{\partial^2 f}{\partial x_n^2} \end{bmatrix}$$

$\nabla f(X_k)$ 和 $\nabla^2 f(X_k)$ 则表示取 $X = X_k$ 时得到的实值向量和矩阵，简记 g_k 和 H_k（这里的 g 表示 gradient，H 表示 Hessian）。由于极值的必要条件是极值点是 $\varphi(X)$ 的驻点，即

$$\nabla \varphi(X) = 0$$

$$g_k + H_k \cdot (X - X_k) = 0$$

所以若矩阵 H_k 非奇异，则有

$$X = X_k - H_k^{-1} \cdot g_k$$

当给定初始值 X_0，可以得到如下的迭代式

$$X_{k+1} = X_k - H_k^{-1} \cdot g_k \quad k = 0, 1, \cdots$$

迭代式中的 $d_k = -H_k^{-1} \cdot g_k$，称为牛顿方向，下面给出完整的牛顿迭代算法：

1）给定初值 X_0 和精度的阈值 ε，并令 $k=0$。

2）计算 g_k 和 H_k。

3）若 $\|g_k\| < \varepsilon$，则停止迭代，否则确定搜索方向 $d_k = -H_k^{-1} \cdot g_k$。

4）计算新的迭代点 $X_{k+1} = X_k + d_k$。

5）令 $k=k+1$，转到步骤 2）。

由上可得梯度下降法与牛顿下降法最大区别是梯度下降法使用的梯度信息是一阶导数，而牛顿法除了一阶导数外，还会使用二阶导数的信息。

牛顿法的优点是收敛速度快，能用更少的迭代次数找到最优解，缺点是每一步都需要求解目标函数的 Hessian 矩阵的逆矩阵，计算量非常大。

常见面试笔试题：

以下说法错误的一项是（   ）。

A．相比起 AdaGrad 算法，RMSProp 算法在非凸优化中效果更好

B．当目标函数是凸函数时，梯度下降法的解是全局最优解

C．梯度下降法比牛顿法收敛速度快

D．拟牛顿法不需要计算 Hesse 矩阵

分析：选 C。牛顿法需要二阶求导，梯度下降法只需一阶，因此牛顿法比梯度下降法的收敛速度更快。

2.7　其他问题

2.7.1　常用的损失函数有哪些

（1）0-1 loss

记录分类错误的次数。

（2）Hinge Loss

最常用在 SVM 中的最大化间隔分类中。对可能的输出 $t = \pm 1$ 和分类器分数 y，预测值 y 的 hinge loss 定义如下：

$$L(y) = \max(0.1 - t * y)$$

（3）Log Loss 对数损失

对于对数函数，由于其具有单调性，在求最优化问题时，结果与原始目标一致，在含有

乘积的目标函数中（如极大似然函数），通过取对数可以转化为求和的形式，从而大大简化目标函数的求解过程。

（4）Squared Loss 平方损失

即真实值与预测值之差的平方和。通常用于线性模型中，如线性回归模型。

（5）Exponential Loss 指数损失

指数函数的特点是越接近正确结果误差越小，Adaboost 算法即使用的指数损失目标函数。但是指数损失存在的一个问题是误分类样本的权重会指数上升，如果数据样本是异常点，会极大地干扰后面基本分类器学习效果。

2.7.2 如何判断函数凸或非凸

首先定义凸集，如果 x, y 属于某个集合 $\mathbf{M}$，并且所有的 $\theta x + (1-\theta)y$ 也属于 $\mathbf{M}$，那么 $\mathbf{M}$ 为一个凸集。如果函数 f 的定义域是凸集，并且满足

$$f(\theta x + (1-\theta)y) \leqslant \theta f(x) + (1-\theta)f(y)$$

则该函数为凸函数。上述条件还能推出更普适的结果，

$$f\left(\sum_{i=1}^{k} \theta_i x_i\right) \leqslant \sum_{i=1}^{k} \theta_i f(x_i)$$

$$\sum_{i=1}^{k} \theta_i = 1, \theta_i \geqslant 0$$

如果函数存在二阶导数且为正，或者多元函数的 Hessian 矩阵半正定则均为凸函数

2.7.3 什么是数据不平衡问题，应该如何解决

数据不平衡，又称样本比例失衡。对于二分类问题来说，在一般情况下，正样本与负样本的比例应该是差不多的，但是在某些特殊项目中下，正负样本的比例却可能相差很大，如淘宝电商领域中的恶意差评检测，银行金融风控领域中的欺诈用户判断或医疗领域的肿瘤诊断等。

常见的解决数据不平衡问题的方法如下。

1）数据采样。

数据采样分为上采样和下采样。上采样是将少量数据类别的数据重复复制使得各类别的比例维持在正常水平，不过这种方法容易导致过拟合，所以需要在生成新数据的时候加入较小的随机扰动。下采样则相反，从多数数据类中筛选出一部分从而使各类别数据比例维持在正常水平，但是容易丢失比较重要的信息，所以需要多次随机下采样。

2）数据合成是利用已有样本的特征相似性生成更多新的样本。

3）加权是通过对不同类别分类错误施加不同权重的代价，使得机器学习时更侧重样本较少且容易出错的样本。

4）一分类。

当正负样本比例严重失衡时，采样和数据合成会导致原始数据的真实分布产生变化太大，从而导致模型训练结果并不能真正反映实际的情况，训练时会产生很大的偏差。那么此时可以用一分类的方法解决。例如 One-class SVM，该算法利用高斯核函数将样本空间映射到核空间，在核空间中找到一个包含所有数据的高维球体。如果测试数据位于这个高维球体之中，

则归为多数类，否则就归为少数类。

2.7.4 熵、联合熵、条件熵、KL 散度、互信息的定义

熵在物理中是用于衡量一个热力学系统的无序程度，由德国物理学家鲁道夫·克劳修斯提出的熵的表达式为：

$$\Delta S = \frac{Q}{T}$$

其中 Q 是吸收或者释放的热量，T 是温度。

计算机领域将其定义为离散随机事件的出现概率。一个系统越是有序，信息熵就越低；反之，系统越是混乱，信息熵就越高。所以信息熵用来衡量系统有序化程度。如果一个随机变量 X 的可能取值为 $X=\{x_1, x_2,\cdots, x_k\}$，概率分布为 $P(X=x_i)=p_i(i=1,2,\cdots, n)$，则随机变量 X 的熵定义为：

$$H(X) = -\sum_x p(x)\log p(x)$$
$$= \sum_x p(x)\log \frac{1}{p(x)}$$

联合熵：两个随机变量 X, Y 的联合分布可求得联合熵：

$$H(X,Y) = -\sum_x p(x,y)\log p(x,y)$$

条件熵：在随机变量 X 发生的前提下，随机变量 Y 带来的新的熵即为 Y 的条件熵：

$$H(X\,|\,Y) = -\sum_{x,y} p(x,y)\log p(y\,|\,x)$$

其含义是衡量在已知随机变量 X 的条件下随机变量 Y 的不确定性。

在定义完联合熵和条件熵后，即得：$H(Y|X)=H(X,Y)-H(X)$，推导如下：

$$H(X,Y) - H(X) = -\sum_x p(x,y)\log p(x,y) + \sum_x p(x)\log p(x)$$
$$= -\sum_{x,y} p(x,y)\log p(x,y) + \sum_{x,y} p(x,y)\log p(x)$$
$$= -\sum_{x,y} p(x,y)\log \frac{p(x,y)}{p(x)}$$
$$= -\sum_{x,y} p(x,y)\log p(x\,|\,y)$$

KL 散度：设 $f(x)$、$g(x)$ 是 X 中取值的两个概率分布，则 f 对 g 的相对熵是：

$$D(f \parallel g) = -\sum_x f(x)\log \frac{f(x)}{g(x)} = E_{f(x)}\log \frac{f(x)}{g(x)}$$

互信息：两个随机变量 X, Y 的互信息定义为 X, Y 的联合分布和各自独立分布乘积的 KL 散度：

$$I(X,Y) = \sum_{x,y} f(x,y)\log \frac{f(x,y)}{f(x)f(y)}$$

在定义完 KL 散度和互信息后，即得：$H(Y)-I(X,Y)=H(Y|X)$，推导如下：

$$H(Y) - I(X,Y) = -\sum_{y} f(x) \log f(y) - \sum_{x,y} f(x,y) \log \frac{f(x,y)}{f(x)f(y)}$$

$$= -\sum_{y} \left(\sum_{x} f(x,y) \right) \log f(x) - \sum_{x,y} f(x,y) \log \frac{f(x,y)}{f(x)f(y)}$$

$$= -\sum_{x} f(x,y) \log f(x) - \sum_{x,y} f(x,y) \log \frac{f(x,y)}{f(x)f(y)}$$

$$= -\sum_{x,y} f(x,y) \log f(y|x) = H(Y|X)$$

用韦恩图表示，如图 2-3 所示，互信息 $I(X,Y)$ 表示在 Y 给定下 X 的混乱程度的减少量，或 Y 给定下 X 的混乱程度的减少量。也就是 Y 或 X 信息增益。

图 2-3 中 $H(X,Y)$ 表示联合熵，满足 $H(X,Y)=H(X)+H(Y|X)$。另外可以看到，虽然信息增益互信息有等价关系，但熵与互信息的角度不同，前者侧重一个特征对象，后者侧重两两对象的关系。

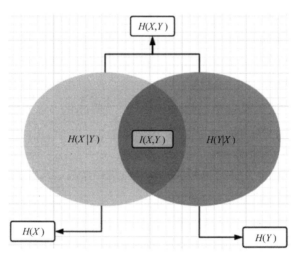

图 2-3　联合熵与熵的韦恩图

2.7.5　主成分分析和因子分析的区别

在做数据挖掘时，变量之间信息的高度重叠和高度相关会给结果分析带来许多障碍。所以需要在削减变量的个数的同时尽可能保证信息丢失和信息不完整。

主成分分析的具体算法步骤已经在"特征工程"一节中展示过，其基本思想是将具有一定相关性的指标 $x_1, x_2, \cdots, x_p$，重新组合成一组个数较少的互不相关的综合新指标。新指标应该既能最大程度反映原变量所代表的信息，又能保证新指标之间保持相互无关。

因子分析的基本思想是根据相关性大小把原始变量分组，使得同组内的变量之间相关性较高，而不同组的变量间的相关性则较低。原始变量进行分解后会得到公共因子和特殊因子。公共因子是原始变量中共同具有的特征，而特殊因子则是原始变量所特有的部分。

主成分分析与因子分析的区别如下。

1）主成分分析是从空间生成的角度寻找能解释诸多变量变异绝大部分的几组彼此不相关的主成分。而因子分析是寻找对变量起解释作用的公共因子和特殊因子，以及公共因子和特殊因子组合系数。

2）因子分析把变量表示成各因子的线性组合，而主成分分析中则把主成分表示成了各变量的线性组合。

3）主成分分析中不需要假设，因子分析有一些假设，例如公共因子和特殊因子之间不相关等。

4）主成分分析中，由于给定的协方差矩阵或者相关矩阵的特征值是唯一的，所以主成分一般是固定的；而因子分析可以通过旋转得到不同的因子。

2.7.6　什么是最小风险贝叶斯决策

贝叶斯定理会根据一件事发生的先验知识计算出它的后验概率。数学上，它表示为：一个条件样本发生的真正率占真正率和假正率之和的比例，即：

$$P(A \mid B) = \frac{P(B \mid A)P(A)}{P(B)}$$

最小风险贝叶斯决策的算法步骤描述如下。

1）在已知 $P(\omega_i)$，$P(X \mid \omega_i)$，$i=1,\cdots,c$ 及给出待识别的 X 的情况下，计算后验概率 $P(X \mid \omega_i)$。

2）利用计算出的后验概率及决策表，按下面的公式计算出采取 a_i 的条件风险。

$$R(a_i \mid X) = \sum_{j=1}^{c} \lambda(a_i, \omega_j) P(\omega_j \mid X)$$

3）对上面计算得到的 a 个条件风险值 $R(a_i \mid X)$ 进行比较，找出使其条件风险最小的决策 a_k，即 $R(a_k \mid x) = \min\limits_{i=1,\cdots,a} R(a_i \mid x)$。

此时则将 a_k 称为最小风险贝叶斯决策。

2.7.7　什么是贝叶斯最小错误概率和最小风险

为了能够更好地理解这两个概念，下面将通过一道题来理解：有一种病症，记正常的情形为 ω_1，不正常为 ω_2，且有 $P(\omega_1)=0.9$，$P(\omega_2)=0.1$，某人的检查结果为 x，由概率曲线查出：

$$P(x \mid \omega_1) = 0.2，P(x \mid \omega_2) = 0.4$$

风险代价矩阵为：

$$L = \begin{bmatrix} L_{11} & L_{12} \\ L_{21} & L_{22} \end{bmatrix} = \begin{bmatrix} 0 & 6 \\ 1 & 0 \end{bmatrix}$$

下面分别通过计算贝叶斯最小错误概率和贝叶斯最小风险的方式判别 x 是 ω_1 还是 ω_2。

解答：基于最小错误率的贝叶斯决策是利用概率论中的贝叶斯公式，得出使得错误率最小的分类规则。而基于最小风险的贝叶斯决策，引入了损失函数，得出使决策风险最小的分类。当在 0-1 损失函数条件下，基于最小风险的贝叶斯决策变成基于最小错误率的贝叶斯决策。

用贝叶斯最小错误概率的方式如下:

$$P(\omega_1 \mid x) \propto P(\omega_1)P(x \mid \omega_2)$$

$$P(\omega_2 \mid x) \propto P(\omega_2)P(x \mid \omega_2)$$

由于

$$l = \frac{P(x \mid \omega_1)}{P(x \mid \omega_2)} = \frac{1}{2} > \frac{P(\omega_2)}{P(\omega_1)} = \frac{1}{9}$$

所以 $x \in \omega_1$。

用计算贝叶斯最小风险的方式:

$$r_j(x) = \sum_{i=1}^{2} L_{ij} P(x \mid \omega_i) P(\omega_i), j = 1, 2$$

由于

$$l' = \frac{P(x \mid \omega_1)}{P(x \mid \omega_2)} = \frac{1}{2} > \frac{P(\omega_2)}{P(\omega_1)} \frac{L_{21} - L_{22}}{L_{12} - L_{11}} = \frac{1}{54}$$

所以 $x \in \omega_1$。

第3章　常见的机器学习算法

本章主要用于介绍常见的数据挖掘领域的机器学习算法，讲解次序从易到难，从最简单的线性回归、逻辑回归、K 均值聚类算法讲到较难的 xgboost、GBDT 算法等。这些算法都是工业界常用的算法，算法的原理、细节和区别都是笔试面试的重要考点。为了能够更准确地掌握这些内容，除了学习本章内容之外，还应当深入阅读相关算法（例如 XGBoost）所对应的论文以及在真实数据集上实现算法并深入了解参数细节。

3.1　线性回归与逻辑回归

3.1.1　线性回归及代码展示

在机器学习中，线性回归模型是探讨变量 y 和多个变量 $x_1, x_2, \cdots, x_n$ 间的关系，用已有的训练数据为基础，总结问题本身的规律变化，并建立相应的回归模型来以预测未知的样本数据。

假设有训练数据集数为 m 个，则 $(x^{(i)}, y^{(i)}), i = 1, 2, \cdots, m$ 为一个训练数据，其中 $x^{(i)} = (1, x_1^{(i)}, x_2^{(i)}, \cdots, x_n^{(i)})$ 和 $y^{(i)}$ 分别是第 i 个训练数据对应的自变量与因变量，则回归函数如下：

$$h_\theta(x) = \theta_0 + \theta_1 x_1 + \theta_2 x_2 + \cdots \theta_n x_n = \theta^T x$$

其中

$$x = \begin{pmatrix} 1 \\ x_1 \\ x_2 \\ \vdots \\ x_n \end{pmatrix}, \quad \theta = \begin{pmatrix} \theta_0 \\ \theta_1 \\ \vdots \\ \theta_n \end{pmatrix}$$

下面需要定义代价函数用来描述 $h_\theta(x^{(i)})$ 与对应的 $y^{(i)}$ 的接近程度：

$$J(\theta) = \frac{1}{2m} \sum_{i=1}^{m} (h_\theta(x^{(i)}) - y^{(i)})^2$$

$\frac{1}{2}$ 的作用在于求导时，消掉常数系数。梯度下降法、最小二乘法等方法便是求代价函数最小值的方法。

最小二乘法是比较直接的使用矩阵运算来取得 θ 的一种算法，算法步骤是对代价函数 $J(\theta)$ 求偏导并令其等于零，所得到 θ 即为模型参数，即

$$\frac{\partial}{\partial \theta_k} J(\theta) = \frac{1}{m} \sum_{i=1}^{m} (h_\theta(x^{(i)}) - y^{(i)}) x_k^{(i)} = 0$$

$$\sum_{i=1}^{m} y^{(i)} x_k^{(i)} = \sum_{j=0}^{n}\left(\sum_{i=1}^{m} x_j^{(i)} x_k^{(i)}\right)\theta_j$$

矩阵形式即为

$$X^T Y = X^T X \theta$$

参数即解得为：
$$\theta = (X^T Y)^{-1} X^T Y$$

梯度下降法须要选取恰当的学习速率 α 和多次迭代更新来求得最终结果，而最小二乘法不需要。但最小二乘法须要求解 $(X^T Y)^{-1}$，其计算量大约为 $O(n^3)$，当训练数据集过大时求解过程非常耗时。

Python 中线性回归的使用代码展示如下。

```
# 首先从 sklearn 库中导入划分函数
from sklearn.model_selection import train_test_split
# 然后执行函数获得结果
x_train, x_test, y_train, y_test = train_test_split(X, y, random_state=0)
# 首先从 sklearn 库中导入线性回归函数
from sklearn.linear_model import LinearRegression
# 执行函数获得一个线性回归模型
model = LinearRegression()  # 这是一个未经训练的机器学习模型
# 对模型传入输入数据 x_train 和输出数据 y_train
model.fit(x_train, y_train)  # 这是一个经过训练的机器学习模型
'''输出线性回归的截距和各个系数'''
print(' model.intercept_:', linreg.intercept_)
print(' model.coef_:', linreg.coef_)
y_pred = model.predict(x_test)
# 引入 sklearn 模型评价工具库
from sklearn import metrics
print("MSE: ", metrics.mean_squared_error(y_test, y_pred))
print("RMSE: ", np.sqrt(metrics.mean_squared_error(y_test, y_pred)))
```

3.1.2 逻辑回归及代码展示

逻辑回归是一个分类算法，它可以处理二元分类以及多元分类。

线性回归的模型是求出输出特征向量 Y 和输入样本矩阵 X 之间的线性关系系数 θ，使得其满足 $Y = X\theta$。此时 Y 是连续的，那离散的情况如何解决呢？则可以将 Y 做一次函数转换：$g(Y)$。如果令 $g(Y)$ 的值在某个实数区间的时候是类别 1，在另一个实数区间的时候是类别 2，以此类推，该模型就可以分类了。这个函数 g 在逻辑回归中一般取为 sigmoid 函数，形式如下：

$$g(z) = \frac{1}{1+e^{-z}}$$

该函数有一个非常好的性质，即当 z 趋于正无穷时，$g(z)$ 趋于 1，而当 z 趋于负无穷时，$g(z)$ 趋于 0，这非常适合于分类概率模型，可以将 $(-\infty,\infty)$ 的结果映射到 $(0,1)$ 之间并作为概率，另外，它还有一个很好的导数性质：

$$g'(z) = g(z)(1 - g(z))$$

这个通过函数对 $g(z)$ 求导很容易得到，后面会用到这个公式。

如果令 $g(z)$ 中的 z 为：$z=x\theta$，这样就得到了二元逻辑回归模型的一般形式：

$$h(x) = \frac{1}{1+e^{-x\theta}}$$

其中 x 为样本输入，$h(x)$ 为模型输出，可以理解为某一分类的概率大小。而 θ 为分类模型的要求出的模型参数。$h(x)$ 的值越小，而分类为 0 的概率越高，反之，值越大分类为 1 的概率越高。如果靠近临界点，则分类准确率会下降。

按照二元逻辑回归的定义，样本输出是 0 或者 1 两类。那么有：

$$P(y=1\,|\,x,\theta) = h(x)$$

$$P(y=0\,|\,x,\theta) = 1-h(x)$$

y 的概率分布函数表达式用矩阵法表示，即为：

$$P(Y\,|\,X,\theta) = h(x)^y(1-h(x))^{1-y}$$

得到了 y 的概率分布函数表达式，就可以用似然函数最大化来求解需要的模型系数 θ。为了方便求解，这里用对数似然函数最大化。其中：

似然函数的代数表达式为：

$$L(\theta) = \prod_{i=1}^{m} (h(x^{(i)}))^{y^{(i)}} (1-h(x^{(i)}))^{1-y^{(i)}}$$

$$l(\theta) = \log L(\theta)$$

$$= \sum_{i=1}^{m} y^{(i)} \log h(x^{(i)}) + (1-y^{(i)}) \log(1-h(x^{(i)}))$$

$$\frac{\partial}{\partial \theta_j} l(\theta) = \left(y \frac{1}{g(\theta^T x)} - (1-y) \frac{1}{1-g(\theta^T x)} \right) \frac{\partial}{\partial \theta_j} g(\theta^T x)$$

$$= \left(y \frac{1}{g(\theta^T x)} - (1-y) \frac{1}{1-g(\theta^T x)} \right) g(\theta^T x)(1-g(\theta^T x)) \frac{\partial}{\partial \theta_j} \theta^T x$$

$$= (y(1-g(\theta^T x)) - (1-y)g(\theta^T x))x_j$$

$$= (y-h(x))x_j$$

根据上面的推导设立恰当的损失函数来方便逻辑回归的算法求解：

$$J(\theta) = \frac{1}{m} l(\theta)$$

此时训练时的梯度下降方向即为：

$$\theta_j := \theta_j - \alpha \frac{\partial}{\partial \theta_j} J(\theta) = \theta_j + \alpha \frac{1}{m} \sum_{i=1}^{m} (y-h(x^{(i)}))x_j^{(i)}$$

以上是不加正则项的推导，现实情况往往是需要加正则项的，具体加什么样的正则项需要根据具体任务判断。

逻辑回归是工业界非常常用也是非常基础的算法，应当动手推导一遍公式，并写代码实现，以保证完全熟悉该算法。下面是代码展示：

```
class Sigmoid:
    #function 定义了 simoid 函数，derivative 定义了它的导数
    def function(self, x):
        return 1/(1 + np.exp(-x))

    def derivative(self, x):
        return self.function(x) * (1 - self.function(x))
class LogisticRegression():
    #逻辑回归分类模型
    def __init__(self, learning_rate=.1):
        self.w = None #w 是需要训练的参数
        self.sigmoid = Sigmoid()
    def fit(self, X, y, iterations=1000):
    #输入格式恰当的训练值 x 和 y
    #训练截止条件是 1000 次迭代计算完毕，也可利用其他方法，例如计算每两次迭代得到
    #的 w 的差，如果小于某个条件，则可以停止训练，避免过拟合
        n_samples, n_features = np.shape(X)
        self.w = np.random.uniform(-1/math.sqrt(n_features), 1/math.sqrt(n_features), (n_features, 1))
    #参数初始化
        for i in range(iterations):
            y_pred = self.sigmoid.function(X.dot(self.w))
            #计算预测值
            self.w -=lr * X.T.dot(- (y - y_pred) * self.sigmoid.function(X.dot(self.w)) *
                        (1 - self.sigmoid.function(X.dot(self.w))))
            #利用梯度下降法更新参数，lr 是定义好的学习率
    def predict(self, X):
        y_predition = np.round(self.sigmoid.function(X.dot(self.w))).astype(int)
        #计算预测值
        return y_predition
model= LogisticRegression()
model.fit(X_train, y_train)
y_pred = model.predict(X_test)
```

逻辑回归也可直接调用函数直接实现：

```
sklearn.linear_model.LogisticRegression()
```

其中重要的参数如下。

（1）正则化 penalty

默认是 L_2 的正则化，也可以选择 L_1 正则化。如果在实际项目中发现过拟合情况严重或者由于模型特征过多，从而想让模型系数稀疏化可以选择 L_1 正则化。

（2）优化算法 solver

一共有 4 种选择：

1）linlinear：即坐标轴下降法；

2）lbfgs：拟牛顿法的一种；

3）newton-cg：牛顿法的一种；

4）sag：随机平均梯度下降，该算法每次仅使用了部分样本计算梯度迭代，适合样本数据量很大的情况，收敛速度优于 SGD 和其他 3 种算法。

需要注意的是正则化项的选择会影响损失函数优化算法的选择。4 种优化算法 newton-cg、lbfgs、liblinear 和 sag 都适用于 L_2 正则化，但是如果选择 L_1 正则化，则只能选择 liblinear。这是由于 L_1 正则化的损失函数不是连续可导的，而另外 3 种优化算法时要求损失函数的一阶可导或者二阶可导。

（3）分类方式 multi_class

multi_class 参数即指分类方式的选择，可以选择 one-vs-rest(OvR) 和 many-vs-many（multinomial）。需要注意的是 liblinear 无法用于 multinomial 这种分类方式。

（4）类型权重 class_weight

class_weight 参数是指分类模型中各种类型的权重。如果在 class_weight 选择 balanced，则会根据训练样本量来计算权重。某种类型样本量越多，则权重越低，样本量越少，则权重越高。提高了某种分类的权重，相比不考虑权重，会有更多的样本分类划分到高权重的类别中，从而可以解决样本不平衡的问题。sample_weight 也可以用于解决这类问题。

3.1.3 逻辑回归模型如何进行多分类

多元逻辑回归常见的有 one-vs-rest（OvR）和 many-vs-many（MvM）两种，OvR 指每次将一个类的样例作为正例，所有其他类的样例作为反例来训练 N 个分类器，在测试时若仅有一个分类器预测为正类，则对应的类别标记作为分类结果。MvM 指每次将若干个类作为正类，若干个其他类作为反类。

此处介绍一种比较简单的多分类算法：假设是 N 元分类模型，把所有第 N 类的样本作为正例，除了第 N 类样本以外的所有样本都作为负例，然后在上面进行二元逻辑回归，得到第 N 类的分类模型。其他类的分类模型获得以此类推。

可以使用多项式逻辑回归模型计算最后得出概率值：

$$P(Y=n \mid x) = \frac{e^{(\theta_n x)}}{1 + \sum_{n=1}^{N-1} e^{(\theta_n x)}} \qquad n = 1, 2, \cdots, N-1$$

$$P(Y=N \mid x) = \frac{e^{(\theta_n x)}}{1 + \sum_{n=1}^{N-1} e^{(\theta_n x)}}$$

3.1.4 逻辑回归分类和线性回归的异同点是什么

逻辑回归的模型本质上是一个线性回归模型，是以线性回归为理论支持的。但线性回归模型由于没有 sigmoid 函数的非线性形式，所以不易处理 0/1 分类问题。

另外一方面经典线性模型的优化目标函数是最小二乘，而逻辑回归则是似然函数，另外线性回归的预测值是整个实数域范围内，而逻辑回归的预测值是[0,1]。

3.2　常用聚类算法

聚类算法是机器学习中非常重要的算法，聚类是将大量数据以相似度为基础形成若干类，使得类内之间的数据最为相似，各类之间的数据相似度差别尽可能大。聚类分析就是以相似性为基础，对数据集进行聚类划分，属于无监督学习。聚类分析可以直接比较各事物之间的性质，将性质相近的归为一类，将性质差别较大的归入不同的类。

聚类分析具有广泛的应用领域。对于网络流量的监控和数据挖掘，可以实现舆情分析，获知出现的前所未有的热点事件。在商业上，市场消费数据的聚类，可以使企业相关人员获知新的消费趋势和市场需求。而在城市规划领域，对于市政交通或者人口分布的聚类，可以帮助市政规划人员更好地进行城市分区和道路建设。

3.2.1　*K* 均值法及代码展示

K 均值算法应用非常广泛，可以将一个未标记的数据集聚类成不同的组。K-Means 算法通过迭代不断移动聚簇中心和簇类成员，直到得到理想的结果。通过 *K* 均值算法得到的聚簇结果，簇内项相似度很高，簇间项相似度很低，具有较好的局部最优特性，但并非是全局最优解。具体算法步骤如下：

1）随机选择 *K* 个聚类中心。

2）寻找每个数据点 {*x*} 距离最近的中心点，将两者关联，最后所有与同一中心点关联的点都聚成一类。

3）确定每组关联的中心点，并计算其均值。

反复操作 2～3 步，当中心点不发生变化时停止操作。

但 *K* 均值算法同样存在若干缺陷，例如需要事先确定 *K* 值，而 *K* 值的选择比较困难。在实际项目中，无法事先预估数据集最合适的类别个数。并且因为事先确定初始聚类中心，那么初始值选择好坏与否将对后面产生很大影响。此外，*K* 均值只能定义在数值类属性值上，无法处理其他类型的数据。

面试时涉及 *K* 均值算法时，往往会有一个问题：应该如何改进 *K* 均值算法，改进的方法非常多，下面简要介绍其中一种。

K 调和均值这个算法并不需要掌握，但是应当平时多接触更多的论文来准备好面试官的问题：某某算法应当如何改进？

K-Harmonic Means（*K* 调和均值）算法流程为根据簇均值将数据初始分为 *K* 个簇，通过目标函数和中心移动公式对簇成员和中心点进行移动，算法迭代执行至不再有点移动即停止。其评价函数为所有点到所有中心的均方距离的调和平均值函数，平均值定义为 $HA = \dfrac{P}{\sum_{i=1}^{P} \dfrac{1}{a_i}}$。

然后将过于集中的中心点移到数据附近没有中心点的区域上。这种算法降低了对初始点选取的依赖，提高了算法的鲁棒性。

K 调和均值算法仍然可以改进。AKHM 算法使用了新的度量函数 $d(x,y)=1-\exp(-\beta\|x-y\|^2)$ 进行了改进。得到新的目标函数如下：

$$AKHM(X,C) = \sum_{i=1}^{N} \frac{K}{\sum_{j=1}^{K} \dfrac{1}{1 - \exp(-\beta\|x_i - x_j\|^2)}}$$

以及由此可得新的中心更新公式：

$$w_j = \frac{\sum_{i=1}^{N} \dfrac{\exp(-\beta \|x_i - x_j\|^2)}{(1-\exp(-\beta \|x_i - x_j\|^2))^2 \left(\sum_{i=1}^{K} \dfrac{1}{1-\exp(-\beta \|x_i - x_j\|^2)}\right)^2} x_i}{\sum_{i=1}^{N} \dfrac{\exp(-\beta \|x_i - x_j\|^2)}{(1-\exp(-\beta \|x_i - x_j\|^2))^2 \left(\sum_{i=1}^{K} \dfrac{1}{1-\exp(-\beta \|x_i - x_j\|^2)}\right)^2}}$$

AKHM 调和均值的特性可以根据数据点特征赋予其不同权重,抗噪声性明显优于 K-means 算法。

K 均值的代码实现如下。

```python
def kmeans(data, k):
    n,dim = data.shape
    result = mat(zeros((n, 2)))
    #result 共两列,存储了该数据所属的中心点以及到中心点的距离
    clusterstop = True
    center = zeros((k, dim))
    # 产生 k 行,dim 列零矩阵
    for i in range(k): #这个循环用来随机样例初始化质心
        index = int(random.uniform(0, n))
        # 产生一个服从均匀分布的在 0~n 之间的整数
        center[i, :] = data[index, :]
    # 第 index 行即可以用作质心
    while clusterstop:
        clusterstop = False
        ## for each sample
        for i in xrange(n): #寻找最近的质心
            dmin = 10000.0
            Imin = 0
            for j in range(k):
                distance = sqrt(sum(pow((center[j, :]-data[i, :],2)))
                 # 计算欧式距离
                if distance < dmin:
                    dmin = distance
                    Imin = j
            if result[i, 0] != Imin:    # 如当前数据不属于该点群,则仍需继续聚类
                clusterstop = True
            result[i, :] = Imin, dmin**2

        for j in range(k): #更新中心
            pointsInCluster = data[nonzero(result[:,0].A == j)[0]]
            center[j, :] = mean(pointsInCluster, axis=0)
    # 最后结果为两列,每一列为对应维的算术平方值
    return center, result
```

Kmeans 也可直接通过调用 python 函数实现,即 sklearn.cluster.KMeans(),调用该函数也需要理解其中的参数含义,例如 n_clusters 是簇的个数,init 是初始簇中心的获取方法,max_iter:是最大迭代次数,参数需要根据实际需要来调用。

在面试中经常会问到 KNN 与 kmeans 算法的不同点。KNN 是监督学习算法，而 kmeans 是非监督的。这两种算法的相同点是都需要计算样本之间的距离。KNN 算法需要事先已有标注好的数据，当对未标注的数据进行分类时，只需统计它附近最近的 k 个样本并划分为样本数最多的类别中。kmeans 聚类并不需要事先标注好的数据，算法会逐渐将样本点进行分成族类。

3.2.2 谱聚类及代码展示

谱聚类是基于谱图理论的聚类算法，其原理是根据数据集相似性矩阵以聚类。相比于传统的 K 均值聚类法，谱聚类具有更强的数据分布适应性，好比 K 均值聚类法仅用于区分线性可分的类别，而谱聚类则不仅限于此，即便是非凸的模型同样也可很好地实现聚类。

以下简要介绍聚类数目为 K 的算法步骤。

1）计算相似度矩阵 $P \in R^{n*n}$。

2）计算度矩阵 D，D 是对角矩阵，对角线上的元素就是相似矩阵 P 的每行元素之和：

$$d_i = \sum_{j=1}^{n} P_{ij}$$

3）计算拉普拉斯矩阵 $L=D-W$。

4）计算矩阵 L 的特征值，从小到大排序，通过前 K 个特征值计算特征向量 $X_1, X_2, \cdots, X_k$，构造新的矩阵：

$$X = [X_1, \cdots, X_N] \in R^{n*k}$$

5）将 X 的行向量规范化，得到矩阵：

$$Y = X_{ij} \left/ \left(\sum_j X_{ij}^2 \right)^{1/2} \right.$$

6）Y 是 K 维空间中的点矩阵，后面通过用 Kmeans 等聚类算法聚成 K 类，即可得到 K 个聚类中心点。

以上只是谱聚类的简单介绍。谱聚类算法本质上是将聚类问题转化为图的最优划分问题，属于对点聚类算法。谱聚类最重要的问题就是由于数据量太大，所以谱聚类中的很多大规模矩阵运算都无法很快完成。

谱聚类的代码展示如下。

```
import numpy as np
from sklearn.cluster import KMeans
from sklearn.datasets import make_blobs
from sklearn.metrics.pairwise import rbf_kernel
from sklearn.preprocessing import normalize
def spectral_clustering(points, k):
    #points 是样本点，k 是聚类个数
    P= rbf_kernel(points)
    #利用径向基核函数计算相似性矩阵，对角线元素置为 0
    for i in range(len(res)):
        P[i, i] = 0
    #对角元素归零
    Dn = np.diag(np.power(np.sum(W, axis=1), −0.5))
    #获取度矩阵
    L = np.eye(len(points)) - np.dot(np.dot(Dn, W), Dn)
```

```
#获取拉普拉斯矩阵
eigvals, eigvecs = LA.eig(L)
indices = np.argsort(eigvals)[:k]
# 利用 argsort 函数获取前 k 小的特征值对应的索引
k_smallest = normalize(eigvecs[:, indices])
# 获取前 k 小的特征值对应的特征向量并将其正则化
# 利用 KMeans 算法进行聚类
return KMeans(n_clusters=k).fit_predict(k_smallest)#返回最终的聚类结果
```

3.2.3　幂迭代算法

幂迭代聚类算法（PIC）是一种运算效率更高的算法。该算法的计算效率高，因为它只涉及矩阵的向量迭代乘法和原始数据嵌入后的低维聚类，尤其是对大型稀疏矩阵，向量迭代乘法的计算量更小。幂迭代聚类（PIC）在数据归一化的逐对相似矩阵上，使用截断的幂迭代寻找数据集的一个超低维嵌入，该算法在真实数据集上总是好于广泛使用的谱聚类方法。

幂迭代聚类算法基本思想是：求某个 n 阶方阵 A 的特征值和特征向量时，先任取一个非零初始向量 $v(0)$，进行如下的迭代计算，直到收敛：

$$v^{(k+1)} = Av^{(k)} \qquad k = 0,1,2,\cdots$$

当 k 增大时，序列的收敛情况与绝对值最大的特征值有密切关系，分析这一序列的极限，即可求出按模最大的特征值和特征向量。在这个算法中还用到了一个小技巧：使用了早期截断，即不像常规迭代过程一直要迭代至最终收敛，而是迭代到一定程度就停止迭代，具体算法步骤如下。

1）输入按行归一化的关联矩阵 W 和期望聚类数 k。

2）随机选取一个非零初始向量 $V^{(0)}$。

3）计算 $V^{(t+1)} = \dfrac{Wv^{(t)}}{\left\| Wv^{(t)} \right\|_1}$，$O^{(t+1)} = \left| v^{(t+1)} - v^{(t)} \right|$。

4）重复迭代上式，直到 $O^{(t+1)}$ 满足早起截断条件。

5）使用 K 均值对向量 $v^{(t)}$ 中的点进行聚类。

6）输出最终得到的 K 类。

PIC 算法一般针对数据量非常大的任务，此时可通过分布式计算工具 spark 2.0 中的 org.apache. spark.mllib. clustering. PowerIterationClustering 实现。

3.2.4　相似度度量公式

K-means 常用欧氏距离来计算最近的邻居之间的距离，但有时也用曼哈顿距离，请对比下差别。

欧氏距离是最常见的两点之间或多点之间的距离表示法，如点 $x=(x_1,\cdots,x_n)$ 和 $y=(y_1,\cdots,y_n)$ 之间的距离为：

$$d(x,y) := \sqrt{(x_1 - y_1)^2 + (x_2 - y_2)^2 + \cdots + (x_n - y_n)^2} = \sqrt{\sum_{i=1}^{n}(x_i - y_i)^2}$$

曼哈顿距离的意义为 L_1-距离或城市区块距离，也就是在欧几里得空间的固定直角坐标系

上两点所形成的线段对轴产生的投影的距离总和。例如在平面上，坐标(x_1,y_1)的点 P_1 与坐标 (x_2,y_2)的点 P_2 的曼哈顿距离为：$|x_1 - x_2| + |y_1 - y_2|$。

此外常见的相似度度量公式还有 Jaccard 系数：$J(A,B) = \dfrac{|A \cap B|}{|A \cup B|}$，常用于二值型数据的相似度计算。在数据挖掘中将属性值二值化，通过计算 Jaccard 相似度，可以简单快速地得到两个对象的相似程度。

余弦相似度：$\cos\theta = \dfrac{a^T b}{|a| \cdot |b|}$，可以简单地描述为空间中两个对象的属性所构成的向量之间的夹角大小。

皮尔森系数：$\rho_{XY} = \dfrac{COV(X,Y)}{\sigma_X \cdot \sigma_Y}$，可以描述为不同对象偏离拟合的中心线程度。

相对熵（K-L 距离）：$D(p \parallel q) = E_{p(x)} \log \dfrac{p(x)}{q(x)}$。

3.3　EM 算法

EM 算法是数据缺失问题中的常用迭代算法，即似然函数未知或者非常复杂导致难以使用传统的极大似然方法进行估计。

3.3.1　试详细介绍 EM 算法

EM 算法使用启发式的迭代方法来解决问题，由于模型分布参数未知，所以先猜想隐含数据（EM 算法的 E 步），接着基于观察数据和猜测的隐含数据一起来极大化对数似然，求解模型参数（EM 算法的 M 步），这两步需要迭代下去直到模型分布参数基本没有变化，直到找到合适的模型参数。简单来说就是 E 步是选取一组参数，求出在该参数下隐含变量的条件概率值；而 M 步是结合 E 步求出的隐含变量条件概率，求出似然函数下界函数的最大值。

E 步公式为：

$$Q_i(z^{(i)}) := p(z^{(i)} \mid x^{(i)}; \theta)$$

M 步公式为：

$$\theta := \arg\max_\theta \sum_i \sum_{z^{(i)}} Q_i(z^{(i)}) \log \frac{p(x^{(i)}, z^{(i)}; \theta)}{Q_i(z^{(i)})}$$

其中 x 是样本观察数据，z 是未观察到的隐含数据，θ 为需要求的模型参数。那么为什么 EM 算法保证可以收敛到似然函数下界函数的极大值呢？具体原因见公式推导如下：

$$
\begin{aligned}
\sum_i \log p(x^{(i)}; \theta) &= \sum_i \log \sum_{z^{(i)}} p(x^{(i)}, z^{(i)}; \theta) \\
&= \sum_i \log \sum_{z^{(i)}} Q_i(z^{(i)}) \frac{p(x^{(i)}, z^{(i)}; \theta)}{Q_i(z^{(i)})} \\
&\geqslant \sum_i \sum_{z^{(i)}} Q_i(z^{(i)}) \log \frac{p(x^{(i)}, z^{(i)}; \theta)}{Q_i(z^{(i)})}
\end{aligned}
$$

为了更准确地解释 EM 算法，下面举一个例子：设某种实验共可能产生有 4 个结果发生的概率分别为 $\frac{1}{2}-\frac{\theta}{4}$，$\frac{1-\theta}{4}$，$\frac{1+\theta}{4}$，$\frac{\theta}{4}$ 其中 $\theta\in(0,1)$，现进行了多次试验，4 种结果的发生次数分别为 n_1,n_2,n_3,n_4，求 θ 的 MLE。

由于直接通过似然函数求解 θ 的 MLE 过程比较麻烦：

$$L(\theta;n)=\left(\frac{1}{2}-\frac{\theta}{4}\right)n_1\left(\frac{1-\theta}{4}\right)n_2\left(\frac{1+\theta}{4}\right)n_3\left(\frac{\theta}{4}\right)n_4$$

所以利用 EM 算法，具体步骤如下：

将第一种结果分成两种，发生的概率分别为 $\frac{1-\theta}{4}$ 和 $\frac{1}{4}$，这样这两种方式发生的概率之和仍为 $\frac{1}{2}-\frac{\theta}{4}$。设 z_1 和 n_1-z_1 为这两种可能发生的的次数，此时则有 $z_1\sim b\left(y_1,\frac{1-\theta}{2-\theta}\right)$。再假设第三种结果分成两种，发生的概率分别为 $\frac{\theta}{4}$ 和 $\frac{1}{4}$，令 z_2 和 n_3-z_2 为这两种可能发生的次数。此时则有 $z_2\sim b\left(y_3,\frac{\theta}{1+\theta}\right)$。

似然函数为：

$$L(\theta;n,z)=\left(\frac{1}{4}\right)n_1-z_1\left(\frac{1-\theta}{4}\right)n_2+z_1\left(\frac{1}{4}\right)n_3-z_2\left(\frac{\theta}{4}\right)z_2+n_4$$
$$\propto \theta^{z_2+n_4}(1-\theta)^{z_1+n_2}$$

对数似然函数为：

$$l(\theta;n,z)=(z_2+n_4)\ln(\theta)+(z_1+n_2)\ln(1-\theta)$$

下面利用 EM 算法分两步计算：

E 步：在已有观测数据 y 和第 i 步估计值 $\theta^{(i)}$ 的条件下，求基于完全数据的对数似然函数的期望：

$$Q(\theta\,|\,y,\theta^{(i)})=E_z l(\theta;y,z)$$

M 步：求 $Q(\theta\,|\,y,\theta^{(i)})$ 关于 θ 的最大值 $\theta^{(i+1)}$：

$$Q(\theta^{(i+1)}\,|\,y,\theta^{(i)})=\max_\theta Q(\theta\,|\,y,\theta^{(i)})$$

上两步反复迭代计算，收敛时即求得了 θ 的 MLE。

3.3.2 利用 EM 算法进行 Gauss 混合分布的参数估计

混合高斯模型有 M 个部分，每个部分的权重为 a_k。则随机变量 X 的概率密度函数为：

$$p(x\,|\,\theta)=\sum_{k=1}^{M}a_k p_k(x\,|\,\theta_k),\sum_{k=1}^{M}a_k=1$$

其中 $\theta=(\alpha_1,\alpha_2,\cdots,\alpha_M,\theta_1,\theta_2,\cdots,\theta_M)$

设样本观测值为 $X=\{x_1,x_2,\cdots,x_N\}$，则 GMM 的对数似然函数为：

$$\ln(L(\theta\,|\,X)) = \ln\prod_{i=1}^{N} p(x_i\,|\,\theta) = \sum_{i=1}^{N}\sum_{k=1}^{M}\alpha_k p_k(x_i\,|\,\theta_k)$$

$$= \sum_{i=1}^{N}\sum_{k=1}^{M}\alpha_k \frac{1}{\sqrt{2\pi}\sigma}\exp\left(-\frac{(x_i-\mu_k)}{2\sigma_k^2}\right)$$

此时极大似然估计不易求得参数 $\theta = (\alpha_1,\alpha_2,\cdots,\alpha_M,\theta_1,\theta_2,\cdots,\theta_M)$ 的估计，所以利用 EM 引入潜变量 $Y = \{y_1, y_2, \cdots, y_N\}$，且 $y_i \in \{1,2,\cdots,M\}$，$i = 1,2,\cdots,N$。$y_i = k$ 是指第 i 个观测样本是 GMM 的第 k 部分产生的，则引入潜变量后的对数似然函数为：

$$\ln(L(\theta\,|\,x,y)) = \ln\prod_{i=1}^{N} p(x_i, y_i\,|\,\theta) = \sum_{i=1}^{N}\ln(\alpha_{y_i} p_{y_i}(x_i\,|\,\theta_{y_i}))$$

下面用 EM 算法进行参数估计。

E 步，求 Q 函数：

$$Q(\theta\,|\,\theta^{(t-1)}) = E_Y\{\ln[L(\theta\,|\,X,Y)]\}$$
$$= \sum_y \ln[L(\theta\,|\,X,y)]p(y\,|\,X,\theta^{(t-1)})$$
$$= \sum_{k=1}^{M}\sum_{i=1}^{N}\ln(\alpha_k p_k(x_i\,|\,\theta_k))p(k\,|\,x_i,\theta^{(t-1)})$$

其中：

$$p(k\,|\,x_i,\theta^{(t-1)}) = \frac{p(x_i\,|\,y_i=k,\theta_k^{(t-1)})p(y_i=k)}{\sum_{k=1}^{M} p(x_i\,|\,y_i=k,\theta_k^{(t-1)})p(y_i=k)}$$
$$= \frac{\alpha_k p_k(x_i\,|\,\theta_k^{(t-1)})}{\sum_{k=1}^{M}\alpha_k p_k(x_i\,|\,\theta_k^{(t-1)})}$$

M 步：求 $Q(\theta\,|\,\theta^{(t-1)})$ 关于 θ 的最大值 $\theta^{(t+1)}$，更新参数：

$$\theta^{(t)} = \arg\max_\theta Q(\theta\,|\,\theta^{(t-1)})$$

对 μ_k, σ_k^2 求偏导并令其为 0，得到：

$$\mu_k = \frac{\sum_{i=1}^{N} x_i p(k\,|\,x_i,\theta^{(t-1)})}{\sum_{i=1}^{N} p(k\,|\,x_i,\theta^{(t-1)})}$$

$$\sigma_k^2 = \frac{\sum_{i=1}^{N}((x_i-\mu_k)^2 p(k\,|\,x_i,\theta^{(t-1)}))}{\sum_{i=1}^{N} p(k\,|\,x_i,\theta^{(t-1)})}$$

求出 μ_k, σ_k^2 的参数估计后即可求出：

$$\alpha_k = \frac{\sum_{i=1}^{N} p(k\,|\,x_i,\theta^{(t-1)})}{N}$$

3.3.3　利用 EM 算法模拟两个正态分布的均值估计

3.3.2 节介绍了如何利用 EM 算法做 Gauss 混合分布（GMM）的参数估计，而两个正态分布的均值估计即是这个问题的特殊情况，下面直接展示代码：

```python
from numpy import *
import numpy as np
import random
import copy
EPS = 0.00001#达到精度 Epsilon 时停止迭代
def EM():
var = 2
    Miu1 = 6
    Miu2 = 10
    N = 1000
    X = mat(zeros((N,1)))
    for i in range(N):#  生成方差相同，均值不同的样本
        num= random.uniform(0,1)
        if(num > 0.5):
            X[i] = temp*var + Miu1
        else:
            X[i] = temp*var + Miu2
    k = 2
    N = len(X)
    Miu = np.random.rand(k,1)
    Expectations = mat(zeros((N,2)))
    Mid1 = 0
    Mid2 = 0
    for iter in range(1000):
        #E 步，计算后验概率
        for i in range(N):
            Mid1 = 0
            for j in range(k):
                Mid1 += np.exp(-1.0/(2.0*var**2) * (X[i] - Miu[j])**2)
            for j in range(k):
                Mid2 = np.exp(-1.0/(2.0*var**2) * (X[i] - Miu[j])**2)
                Expectations [i,j] = Mid2 / Mid1
        oldMiu = copy.deepcopy(Miu)
        #M 步，最大化模型参数
        for j in range(k):
            Mid2 = 0
            Mid1 = 0
            for i in range(N):
                Mid2+ = Expectations [i,j] * X[i]
                Mid1 += Expectations[i,j]
            Miu[j] = Mid2 / Mid1
        if (abs(Miu - oldMiu)).sum() < EPS: #满足精度条件，则结束循环
            break
```

3.4 支持向量机

支持向量机（Support Vector Machines，SVM）是一种二分类模型。它的基本模型是定义

在特征空间上的间隔最大的线性分类器，可将问题化为一个求解凸二次规划的问题。

具体来说就是在线性可分时，在原空间寻找两类样本的最优分类超平面。在线性不可分时，加入松弛变量并通过使用非线性映射将低维输入空间的样本映射到高维空间使其变为线性可分，这样就可以在该特征空间中寻找最优分类超平面。

3.4.1   试介绍 SVM 算法中的线性可分问题，最大间隔法

下面只考虑将数据分为两类的问题，假设有 n 个训练点 x^i，每个训练点有一个指标 y^i。训练集即为：$T = \{(x^1, y^1), (x^2, y^2), \cdots, (x^n, y^n)\}$ 其中 $x^i \in R^N$ 为输入向量，其分量称为特征或者属性。$y^i \in Y = \{1, -1\}$ 是输出指标。问题是给定新的输入 x，如何推断它的输出 y 是 1 还是-1。

处理方法是找到一个函数 $g: R^N \to R$，然后定义下面的决策函数实现输出

$$f(x) = \text{sgn}(g(x))$$

其中 sgn(z)是符号函数，也就是当 $z \geqslant 0$ 时取值+1，否则取值-1。确定 g 的算法称为分类机。如果 $g(x) = w^T x + b$，则确定 w 和 b 的算法称为线性分类机。

1．线性可分问题

考虑训练集 T，若存在 $w \in R^n$，$b \in R$ 和 $\varepsilon > 0$ 使得：

对所有 $y^i = 1$ 的指标 i，有 $w^T x^i + b \geqslant \varepsilon$；而对所有 $y^i = -1$ 的指标 j，有 $w^T x^j + b \leqslant \varepsilon$ 则称训练集 T 线性可分。相应的分类问题也称为线性可分。

2．最大间隔法

假设两类数据可以被 $H = \{x : w^T x + b = 0\}$ 分离，垂直于法向量 w，移动 H 直到碰到某个训练点，可以得到两个超平面 H_1 和 H_2，两个平面称为支撑超平面，它们分别支撑两类数据。而位于 H_1 和 H_2 正中间的超平面是分离这两类数据最好的选择。

法向量 w 有很多种选择，超平面 H_1 和 H_2 之间的距离称为间隔，这个间隔是 w 的函数，目的就是寻找这样的 w 使得间隔达到最大。直接计算可知，两个支撑超平面之间的距离为 $\frac{2}{\|w\|}$。

最大化间隔即为一个凸二次规划问题：

$$\max \frac{2}{\|w\|}$$

$$\text{s.t. } y^i(w^T x^i + b) \geqslant 1, \quad i = 1, \cdots, n$$

则线性可分问题的最大间隔问题可总结为求解上面的凸二次规划得解 $w*, b*$。令 $g(x) = (w*)^T x^i + b*$ 则决策函数为 $f(x) = \text{sgn}(g(x))$。

3．求解过程

利用 Lagrange 优化方法可以把上述最大间隔问题转化为较简单的对偶问题，首先定义凸二次规划的拉格朗日函数：

$$L(w, b, \alpha) = \frac{1}{2}\|w\|^2 - \sum_{i=1}^{n} \alpha_i [y^i(w^T x^i + b) - 1]$$

其中 $\alpha \in R^q$ 为拉格朗日乘子。分别对 w, b, α_i 求偏微分并令其为 0。得：

$$\frac{\partial L}{\partial w} = 0 \to w = \sum_{i=1}^{n} \alpha_i y^i x^i$$

$$\frac{\partial L}{\partial b} = 0 \rightarrow \sum_{i=1}^{n} \alpha_i y^i = 0$$

$$\frac{\partial L}{\partial \alpha_i} = 0 \rightarrow \alpha_i [y^i (w^T x^i + b) - 1] = 0$$

则凸二次规划的对偶问题为：

$$\max -\frac{1}{2} \sum_{i=1}^{n} \sum_{j=1}^{n} y_i y^j <x^i, x^j> \alpha_i \alpha_j + \sum_{j=1}^{n} \alpha_j$$

$$\text{s.t.} \quad \sum_{i=1}^{n} y^i \alpha_i = 0$$

$$\alpha > 0$$

这是一个不等式约束下的二次函数极值问题，存在唯一解。根据 KKT 条件，解中将只有一部分（通常是很少一部分）不为零，这些不为 0 的解所对应的样本就是支持向量。

假设 $\alpha*$ 是上面凸二次规划问题的最优解，则 $\alpha* \neq 0$。假设指标 j 满足 $\alpha_j^* > 0$，按下面方式计算出的解为原问题的唯一最优解：

$$w^* = \sum_{i=1}^{n} \alpha_i^* y_i x_i$$

$$b^* = y^j - \sum_{i=1}^{n} \alpha_i^* y_i <x^i, x^j>$$

需要注意的是对于一个一般的带等式和不等式约束的优化问题，KKT 条件是取得极值的必要条件而不是充分条件，而对于凸优化问题，KKT 条件则是充分条件，SVM 是凸优化问题。

4. SVM 的代码实现

Python 中的 SVM 算法是基于 sklearn 中的 SVC 函数实现的，重要的参数设置如下。

（1）错误项惩罚系数 C

该系数默认值为 1.0，惩罚系数越大，则对分错样本的惩罚程度越大，这样会在训练数据集中准确率高，但是测试集中准确率低。同样地，如果 C 比较小，泛化能力会强一点，但也不能太小。

（2）核函数 kernel

默认为 rbf，即高斯核函数，除此之外还可选择 linear：线性核函数，poly：多项式核函数，sigmod：sigmod 核函数，precomputed：核矩阵。

（3）核函数阶数 degree

默认为 3，这个参数只针对多项式核函数，是指多项式核函数的阶数 n。

（4）核函数系数 gamma

默认为 auto，这个参数只针对 rbf，poly，sigmod 三种核函数，默认值是指值为样本特征数的倒数，即 1/n_features。

（5）核函数系数 coef0

默认为 0.0，这个参数只针对 poly 和 sigmod 核函数有用，是指其中的参数 C。

（6）启发式收缩方式 shrinking

（7）类别权重 class_weight

默认值是所有类别相同，该参数目的是给每个类别分别设置不同的惩罚参数 C。如果选择 balance，则是指利用 y 的值自动调整与输入数据中的类频率成反比的权重。

除以上参数外，还有其他参数，暂不赘述，需要根据项目的具体要求选择恰当的参数。

3.4.2 线性不可分问题

线性不可分即指部分训练样本不能满足 $y^i(w^T x^i + b) \geqslant 1$ 的条件。由于原本的优化问题的表达式要考虑所有的样本点，在此基础上寻找正负类之间的最大几何间隔，而几何间隔本身代表的是距离，是非负的，像这种有噪声的情况会使得整个问题无解。

解决方法比较简单，即利用松弛变量允许一些点到分类平面的距离不满足原先的要求。具体约束条件中增加一个松弛项参数 $\varepsilon_i \geqslant 0$，变成：

$$y^i(w^T x^i + b) \geqslant 1 - \varepsilon_i \qquad i = 1, \cdots, n$$

显然当 ε_i 足够大时，训练点就可以满足以上条件。虽然得到的分类间隔越大，好处就越多。但需要避免 ε_i 取太大的值。所以在目标函数中加入惩罚项，得到下面的优化问题：

$$\min \frac{1}{2} \|w\|^2 + C \sum_{i=1}^{n} \varepsilon_i$$

$$\text{s.t.} \quad y^i(w^T x^i + b) \geqslant 1 - \varepsilon_i \qquad i = 1, \cdots, n$$

$$\varepsilon_i \geqslant 0 \qquad i = 1, \cdots, n$$

其中 $\varepsilon \in R^n$，C 是一个惩罚参数。目标函数意味着既要最小化 $\|w\|^2$（即最大化间隔），又要最小化 $\sum_{i=1}^{n} \varepsilon_i$（即约束条件 $y^i(w^T x^i + b) \geqslant 1$ 的破坏程度），参数 C 体现了两者总体的一个权衡。

求解这一优化问题的方法与求解线性问题最优分类面时所用的方法几乎相同，都是转化为一个二次函数极值问题，只是在凸二次规划问题中条件变为：$0 \leqslant \alpha_i \leqslant C$，$i = 1, \cdots, n$。具体推导如下：

定义拉格朗日函数：

$$L(w, b, \varepsilon, \alpha, \beta) = \frac{1}{2} \|w\|^2 + C \sum_{i=1}^{n} \varepsilon_i - \sum_{i=1}^{n} \alpha_i [y^i(w^T x^i + b) - 1] - \sum_{i=1}^{n} \beta_i \varepsilon_i$$

则凸二次规划的对偶问题为：

$$\max -\frac{1}{2} \sum_{i=1}^{n} \sum_{i=1}^{n} y^i y^j <x^i, x^j> \alpha_i \alpha_j + \sum_{i=1}^{n} \alpha_i$$

$$\text{s.t.} \quad \sum_{i=1}^{n} y^i \alpha_i = 0$$

$$C - \alpha_i - \beta_i = 0, \qquad i = 1, \cdots, n$$

$$\alpha > 0$$

利用等式约束 $C - \alpha_i - \beta_i = 0$, $i = 1, \cdots, n$ 可以简化该对偶问题消去 β，变成只有变量 α 的等价问题：

$$\max -\frac{1}{2} \sum_{i=1}^{n} \sum_{i=1}^{n} y^i y^j <x^i, x^j> \alpha_i \alpha_j + \sum_{j=1}^{n} \alpha_j$$

$$\text{s.t.} \quad \sum_{i=1}^{n} y^i \alpha_i = 0$$

$$0 \leqslant \alpha_i \leqslant C, \quad i = 1, \cdots, n$$

假设 α^* 是上面凸二次规划问题的最优解，则 $\alpha^* \neq 0$。假设指标 j 满足 $0 < \alpha_j^* < C$，按下面方式计算出的解为原问题的最优解：

$$w^* = \sum_{i=1}^{n} \alpha_i^* y_i x_i$$

$$b^* = y^j - \sum_{j=1}^{n} \alpha_i^* y^i <x^i, x^j>$$

3.4.3 SVM 的非线性映射问题

上面讨论的情形中，寻优目标函数和分类函数都只会涉及训练样本之间的内积运算，但这样难以处理好非线性问题。所以非线性问题需要通过非线性交换转化为某个高维空间中的线性问题，在新的高维空间求最优分类超平面。而非线性变换的方式就是利用核函数。

根据泛函分析中的相关理论，当核函数 $K(x^i \cdot x^j)$ 满足 Mercer 条件，它就对应某一变换空间中的内积。因此，在最优超平面中采用适当的内积函数 $K(x^i \cdot x^j)$ 就可以实现线性分类。此时目标函数变为：

$$Q(\alpha) = \sum_{i=1}^{n} \alpha_j - \frac{1}{2} \sum_{i,j=1}^{n} \alpha_i \alpha_j y^i y^j K(x^i \cdot x^j)$$

而相应的分类函数也变为：

$$f(x) = \text{sgn} \left\{ \sum_{i=1}^{n} \alpha_i^* y^i K(x^i \cdot x^j) + b^* \right\}$$

目前研究最多的核函数主要有以下 3 类。

（1）多项式核函数

$$K(x, x_i) = [(x \cdot x_i) + 1]^q$$

其中 q 是多项式的阶次，所得到的是 q 阶多项式分类器。

（2）高斯核函数（RBF）

$$K(x, x_i) = \exp\{-\gamma |x - x_i|^2\}$$

（3）S 形核函数

$$K(x, x_i) = \tanh[v(x \cdot x_i) + c]$$

在上述几种常用的核函数中，最为常用的是多项式核函数和径向基核函数。除了上面提到的 3 种核函数外，还有指数径向基核函数、小波核函数等其他一些核函数，应用相对较少。

3.4.4 SVM 的优点和缺点

（1）优势

支持向量机算法可以解决小样本情况下的机器学习问题，简化了通常的分类和回归等问题。

由于采用核函数方法克服了维数灾难和非线性可分的问题，所以向高维空间映射时没有增加计算的复杂性。换句话说，由于支持向量机算法的最终决策函数只由少数的支持向量所确定，所以计算的复杂性取决于支持向量的数目，而不是样本空间的维数。

支持向量机算法利用松弛变量可以允许一些点到分类平面的距离不满足原先的要求，从而避免这些点对模型学习的影响。

（2）劣势

支持向量机算法对大规模训练样本难以实施。这是因为支持向量机算法借助二次规划求解支持向量，这其中会涉及 m 阶矩阵的计算，所以矩阵阶数很大时将耗费大量的机器内存和运算时间。

经典的支持向量机算法只给出了二类分类的算法，而在数据挖掘的实际应用中，一般要解决多类的分类问题，但支持向量机算法对于多分类问题解决效果并不理想。

SVM 算法效果性与核函数的选择关系很大，往往要尝试多种核函数，即使选择了效果比较好的高斯核函数，也要调参选择恰当的γ参数。另一方面就是现在常用的 SVM 理论都是使用固定惩罚系数 C，但是正负样本的两种错误造成的损失是不一样的。

3.5 决策树与随机森林

已知输入变量与输出变量均为连续变量的预测问题被称为回归问题；输出变量为有限个离散变量的预测问题称为分类问题。决策树是一种常见的分类与回归方法，因其模型呈树状结构而得名。决策树算法的思路简明易懂，但也包含丰富的内容：随机森林、GBDT、Xgboost 等流行算法都是在其模型上的延伸。本节主要介绍简单分类决策树的概念、树的实施方法以及基本的算法实现。

3.5.1 简要介绍决策树是什么

决策树是一种描述对实例进行分类的结构。以判断一个人爱不爱吃四川火锅为例，这样的思考过程就像一个决策树，如图 3-1 所示。

通俗地讲，其中每个分支代表一个新的决策事件，从根部开始，每条分支都会在最终走到"爱吃火锅"或"不爱火锅"的分类标签里。

严格来说，决策树由结点与有向边共同构成树形结构；其中结点又分为内部结点（如图 3-1 中的圆形

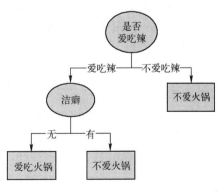

图 3-1　决策树分类举例

结点）、叶结点（如图 3-1 中的方形结点），它们分别表示特征、类别。决策树要解决的问题，本质上就是从训练数据中找到一组"最佳"的分类规则，这个树可能有多个，也可能没有，"最佳"则用损失函数来靠近。决策树的核心思想就是，找到一个最优特征，对该特征进行最好的划分，并且重复上述步骤，不断丰富内部结点，直到满足指定条件。那么如何定义并找到最优特征？如何进行最好的划分？这些就是决策树实施过程需要考虑的主要问题。

决策树的实施包括什么？

决策树的实施过程主要包括特征选择、决策树的生成与树的修剪。

1．特征选择

由于通常实际项目中的特征变量数都会远远大于两个，此时对多个特征进行先后顺序不同的决策时会有不同的结果与准确率，所以就需要"特征选择"来决定当前应选用哪个特征来划分。直观来讲，当下特征中对分类"最有效"的特征应该优先选择；如四川火锅的案例中，"是否爱吃辣"明显比"是否有洁癖"在判断是否爱吃火锅的问题上更有代表性，所以"是否爱吃辣"这个特征应在"是否有洁癖"的前面。

从定量的角度，信息增益与信息增益比就是可以表示特征"有效性"的指标。

（1）熵。

熵在第 2 章已经叙述过了，现在重新从决策树的角度讲解一遍。热力学中用"熵"的概念表示体系混乱程度；在概率统计中，"熵"可以用来表示随机变量不确定性的度量。

香农曾说过，信息是用来消除随机不确定性的东西。回到分类问题本身，对于用决策树分类前的数据，因为没有其类别的任何信息，此时数据的不确定性是最大的，熵也是最大的；对于决策树分类后的数据，理论上，特征信息被最有效地利用了，数据的随机不确定性也得到最大程度的消除，数据最后被安排在几种类别中，此时数据的不确定性是最小的，即熵是最小的；而过程中每用一个特征进行一次决策，就能降低一次数据的熵。自然地，当下最优的特征就是使熵降低最多的特征。这就是信息增益的主要思想。

对于一个离散的随机变量 X，其概率分布（P）与熵（H）的定义为：

$$P(X = x_i) = \alpha_i, \qquad i = 1, 2, \cdots, n$$

$$H(X) = -\sum_{i=1}^{n} \alpha_i \log \alpha_i$$

通常上式中的 log 底取为 2 或自然对数 e。由公式可以看到，熵是一个恒为非负的值。当变量 X 为常数时，$H(X)=0$（因为这时 $P(X)=1$），表示常数信息混乱程度是最小的。

若另有一随机变量 Y，$H(Y|X)$ 则表示在已知随机变量 X 的条件下随机变量 Y 的不确定程度，称为条件熵，定义为：

$$H(Y \mid X) = -\sum_{i=1}^{n} \alpha_i H(Y \mid X = x_i)$$

在实际中，熵与条件熵是用样本数据矩估计计算的，被称为经验熵与条件经验熵。需要注意的是，若随机变量 X 存在概率 $\alpha_i = 0$，为了可计算性，直接令其对数值为 0。

（2）信息增益。

某一特征 A 对数据集 D 的信息增益 $g(D, A)$ 定义为：

$$g(D, A) = H(D) - H(D \mid A)$$

其中的熵均为经验熵。因为 $H(D \mid A) \leqslant H(D)$ 恒成立，所以信息增益 $g(D,A)$ 一定是非负的。

那么如何理解信息增益呢？根据定义，信息增益可以视作某一特征对数据集混乱程度降低的贡献程度：即当某个特征确定下来后，数据集熵的降低得越明显，说明该特征对数据集提供了更多的信息，贡献度越大。

一般地，这个差值也称为互信息。

根据信息增益的准则，对于（$C_1, C_2, \cdots, C_k$）共 k 种类别的决策树问题，假设当下还剩余（$A_1, A_2, \cdots, A_s$）共 s 种特征，则特征筛选实施步骤如下：

a）用矩估计法计算当下数据集 D 的经验熵：

$$H(D) = -\sum_{i=1}^{k} \frac{|C_i|}{|D|} \log\left(\frac{|C_i|}{|D|}\right)$$

b）用矩估计法计算某一特征 A 对数据集 D 的条件熵：

$$H(D \mid A) = -\sum_{i=1}^{m} \frac{|D_i|}{|D|} H(D_i) = -\sum_{i=1}^{m} \frac{|D_i|}{|D|} \sum_{i=1}^{k} \frac{|D_{ik}|}{|D_i|} \log\left(\frac{|D_{ik}|}{|D_i|}\right)$$

其中 m 表示训练数据集中该特征所不同取值的数量，D_i 表示 D 中 $A=i$ 的数据量，D_{ik} 表示 D 中 $A=i$ 且属于 C_k 类的数据量。

c）对所有的特征（$A_1, A_2, \cdots, A_s$）计算 $H(D|A_i)$, $i=1,2,\cdots,s$，得到信息增益 $g(D|A_i)$, $i=1,2,\cdots,s$。选出使信息增益最大的特征 A_0：

$$A_0 = \arg\max(g(D, A_i))$$

（3）信息增益比。

与信息增益相仿，信息增益比也可以衡量某特征对数据的熵的影响大小。

某一特征 A 对数据集 D 的信息增益 $g(D|A)$ 定义为：

$$g_R(D, A) = \frac{g(D, A)}{H_A(D)}$$

其中 $H_A(D)$ 所有数据关于特征 A 的熵，即 $H_A(D) = -\sum_{i=1}^{m} \frac{|D_i|}{|D|} \log\left(\frac{|D_i|}{|D|}\right)$。特征 A 的取值越多（m 越大），$H_A(D)$ 往往越大。因此，信息增益比可以视为信息增益的"标准化"，相对于信息增益的准则，信息增益比可以减弱对取值较多的特征的偏好性。

2．决策树的生成

在确定了特征选择的方法后，树就可以一层一层生成了。本节介绍的 ID3 算法与 C4.5 算法是由 Quinlan 分别在 1986 年与 1993 年提出的。

（1）ID3 算法。

ID3 算法在特征选择的过程，用上文所述的信息增益原则进行；在树的生成过程，对所选取的特征的不同取值进行划分；最后建立一棵决策树。值得注意的是在决策树生成前要先设定好一个阈值，当余下所有特征的信息增益小于这个阈值时，树的生长就完成了。

（2）C4.5 算法。

C4.5 算法是 ID3 算法的延伸，在特征选择的过程中，用信息增益比的原则进行，这是与 ID3 算法不同的地方；在树的生成过程，对所选取的特征的不同取值进行划分；最后建立一棵决策树。

3．决策树的修剪

根据上述算法生成的决策树，由于考虑到每个特征的每种可能取值，容易出现过拟合，即对训练数据的分类准确率很高，对测试数据分类的准确率比较低。这是决策树的算法特征所决定的，所以对决策树的修剪就显得非常重要。

本文介绍的是用极小化损失函数进行剪枝的方法。损失函数如下所示：

$$C_a(T)\sum_{t=1}^{|T|} N_t H_t(T) + \alpha |T|$$

其中 T 表示确定的一棵决策树，该数共有 $|T|$ 个叶子结点，每个结点下包含训练样本 N_t 个，$H_t(T)$ 表示训练样本 N_t 的经验熵。

可以看到损失函数包括两部分：决策树分类结果的熵与决策树的叶子结点数量。极小化损失函数时，既需要使得决策树分类后的数据熵很小，同时也需要满足决策树的叶子结点不能太多，即决策树不能太大。其中系数 α 表示对两者的平衡，α 越大，就越倾向于牺牲一定的模型准确率以减少树的叶子结点数量；反之相反。

剪枝的具体步骤如下：

1）计算每个结点的经验熵。

2）计算损失函数；记当前树的某个叶子结点剪掉前后的树的损失函数，记为 $C_\alpha(T_{前})$ 与 $C_\alpha(T_{后})$，若 $C_\alpha(T_{前}) \geq C_\alpha(T_{后})$，则剪掉该叶子结点，其父结点成为新的叶子结点，得到一颗新的决策树。

3）对决策树的叶子结点重复2）的过程，直至不能再剪裁为止。

3.5.2　决策树算法的优点和缺点是什么

优点：

1）思路简明，计算速度快。

2）决策树的分类规则非常清晰，能够看到哪些特征比较重要，具有较强可解释性。能够同时处理数据型和常规型属性。很多算法要求数据属性是统一的。

3）对缺失值不敏感，可以处理不相关特征数据。

4）不需要任何参数假设。

缺点：

1）对连续的特征变量的处理效果不好，因为算法模型中主要都是对分类变量的特征讨论的，例如树的生成时将某一特征的所有属性都生成子叶。

2）在树的生成过程中，对某一特征进行划分时会将该特征每一可能的取值分为一类，就会使得树对取值较多的连续变量过于敏感；例如，如果某特征的每一取值的样本都是唯一的，即是同一类的，用该特征进行划分就会有明显的信息增益。但实际中，这并不是最有意义的特征。

3）非常容易过拟合。

3.5.3　试简要介绍随机森林

由于决策树分类器的缺点和分类方法自身较为单薄，Leo Breiman 和 Adele Cutler 于 2001 年提出了随机森林算法，随机森林，顾名思义，就是指利用多棵决策树对样本进行训练并预测的一种方法。

随机森林的思想可以用一个简单例子来解释。假设多位评委为饭店评定星级，每位评委都应独立地对餐品做出"五级"或"四级"的评价，最终该饭店的星级，则由所有评委的评价结果决定，最多评委评价的级别就是该饭店的星级。这里，整个评委团队就像是随机森林的算法模型，饭店则是待测对象，饭店的最终星级由评委团队中每一位评委的投票结果决定。

随机森林包含多个决策树，就算每棵树的分类能力比较弱，或者存在误差，但依靠大量决策树的投票结果，误差会相对抵消，从而使得效果较好的"决策树"的分类结果表现出来。这就是随机森林算法的思想。

同样是决策树，随机森林模型既可以处理回归问题，也可以处理分类问题。原因是在随机森林的实施过程中，使用的是不同于上述简单分类决策树的 CART 决策树。

简要介绍随机森林的实施步骤与特点。

1. CART 决策树

在介绍随机森林的实验步骤之前，需要先简要介绍一下 CART 决策树。CART 模型的全称是分类与回归树模型，是在 1984 年由 Breiman 提出。不同于简单分类决策树，CART 决策树是二叉树，即要求对每次某个特征划分时只能分为两类，但会对该特征的不同取值进行多次划分，以保证信息得到充分使用。

下面分别介绍回归树与分类树是如何进行特征选择与树的生成的。

（1）回归树

已知决策树本质上是建立一种划分特征空间的规则，一个特征空间对应着一个输出值。则回归树模型可写为：

$$f(x) = \sum_{k=1}^{K} c_k I_{(x \in R_k)}$$

其中 R_k 表示一划分好的特征空间域，一共有 K 个这样的划分，每一个划分的特征空间的输出值为 c_k，c_k 的取值为属于特征空间 R_k 的样本点的输出值的平均水平。$I_{(x \in R_k)}$ 则为示性函数。

特征选择和树的生成其实就是对特征空间建立划分规则的过程。不同于简单分类决策树，回归树始终满足如下损失函数，并以此为原则进行特征空间的划分：

$$\min_{j,s} \left[\min_{c_1} \sum_{x_i \in R_1(j,s)} (y_i - c_1)^2 + \min_{c_2} \sum_{x_i \in R_2(j,s)} (y_i - c_2)^2 \right]$$

那怎么认识这个损失函数呢？

首先，由于 CART 决策树是二叉树，所以每次划分会把特征空间划分为两部分，损失函数就是两部分数据的误差的和，这两部分特征空间分别记为 $R_1(j,s)$ 与 $R_2(j,s)$。为什么划分好的特征空间会与 (j,s) 有关呢？假设在一结点选择特征 x^j 以及其某一取值 s，划分时则将特征空间分为 $\{x^j \geq s\}$ 与 $\{x^j < s\}$ 两部分。所以特征空间是由 (j,s) 共同确定的。最小化损失函数是要

使得两部分的误差都很小。

然后，以第一个部分的误差为例（左右两部分的误差形式是一样的），来看怎么定义一个特征空间内的样本点的误差。根据回归决策树的性质，一个特征范围内的取值是一样的，所以误差才有 $\sum_{x_i \in R_1(j,s)}(y_i - c_1)^2$ 的形式。而最合理的 c_1 的取值应该是使得改组内方差最小的值（其实就是均值）。这也和回归树模型中 c_k 的取值方法是统一的。

算法步骤如下：

1）遍历特征 j，对每个特征 j，遍历其可能的取值 s，并求解以下损失函数：

$$\min_{c_1} \sum_{x_i \in R_1(j,s)}(y_i - c_1)^2 + \min_{c_2} \sum_{x_j \in R_2(j,s)}(y_i - c_2)^2$$

确定一对 (j,s) 使得损失函数最小。

2）用 a 中确定的 (j,s) 将数据集划分为两部分：

$$R_1(j,s) = \{x^j \geq s\}, \quad R_2(j,s) = \{x^j < s\}$$

并计算每部分的输出值：

$$c_k = \sum_{x_i \in R_k(j,s)} y_i$$

3）对两个新的结点重复 a、b 的步骤，直到满足停止条件。

（2）分类树

类似于简单分类决策树的熵，分类树用基尼指数来表示信息的混乱程度。基尼指数的定义如下：

$$Gini(p) = \sum_{k=1}^K p_k(1-p_k) = 1 - \sum_{k=1}^K p_k^2$$

其中 K 表示类数。可以看到，基尼指数可能的取值范围是 $[0,1)$，当 $p_k=1$ 时取到最小值 0，此时信息混乱程度是最低的。基尼指数越大，表示信息越混乱，这和熵的定义是一致的。

对应于经验熵，一个样本集合 D 的"经验"基尼指数为：

$$Gini(D) = 1 - \sum_{k=1}^K \left(\frac{|C_k|}{|D|}\right)^2$$

而对应于条件熵，集合 D 在特征 $j=s$ 给定下的"条件"基尼指数为：

$$Gini(D,j,s) = \frac{|R_1|}{|D|}Gini(R_1) + \frac{|R_2|}{|D|}Gini(R_2)$$

其中表示样本集 D 根据特征 $j=s$ 被分为 $R_1 = \{x^j \geq s\}$、$R_2 = \{x^j < s\}$ 两部分；其基尼指数就是两部分数据集的基尼指数的加权平均，其权重为数据集大小的占比。

算法步骤如下：

用基尼指数代替熵，用简单分类决策树同样的步骤就是 CART 分类树的实施步骤。具体如下。

1）遍历特征 j，对每个特征 j，遍历其可能的取值 s，并求解"条件"基尼指数。

2）选择 1）中使得"条件"基尼指数最小的 (j,s)，将样本集划分为两部分。

3）对两个结点的数据重复 1）和 2）的步骤，直至满足停止条件。最终每个特征空间的点中所含样本点最多的类别为该特征空间对应的类别。

2．随机森林的实施步骤

1）随机有放回地从 N 个训练样本中抽取 N 个样本，作为生成树的训练集。

2）对 K 个特征随机选 k 个作为特征子集，在对树做特征选择时，从特征子集中选择最优的特征。

3）让树做最大程度的生长，不做树的修剪。

4）重复 1）～3）的步骤 T 次，建立 T 棵决策树；若是分类问题，则某样本 T 棵决策树的投票结果即为最终类别；若是回归问题，则 T 棵决策树的回归结果的算术平均值即为最终结果。

3．随机森林的几个特点

1）采用 Bootstrap 抽样法。原因在于：若不如此，会使得每棵树的分类结果一样；这样失去了树之间的独立性，随机森林的"投票"思想也就失去了意义。

2）每次随机从特征中选取 $k \leqslant K$ 个作为特征子集建立决策树。一方面，可以降低复杂度，加快算法的实施过程；另一方面，可以保证树与树之间有更好的独立性。实际上 当 $k=K$ 时，这里的决策树就等价于普通的 CART 决策树；$k \leqslant K$ 亦可增强模型的泛化能力。

3）不需要对树进行剪裁。已知剪裁是为了避免决策树的过拟合；但由于随机森林的实施过程对样本和特征都进行了随机选择，再加上最终投票的形式，不剪枝也不会出现过拟合，所以就不必剪裁了。

随机森林的简单实现如下。

Python 中 sklearn 的 RandomForest 可以用来建立随机森林模型。具体如下。

```
from sklearn.ensemble import RandomForestRegressor
import numpy as np

from sklearn.datasets import load_iris
iris=load_iris()
#经典的鸢尾花（iris）数据集包含 4 个属性与 1 个花朵种类的标签。4 个属性分别是：萼片宽度
萼片长度　花瓣宽度　花瓣长度
print(iris['target'].shape)#查看数据集的维度
#建立模型
Rf_model=RandomForestRegressor()#这里使用了默认的参数设置
Rf_model.fit(iris.data[:150],iris.target[:150])
print(Rf_model..oob_score)#袋外分数
#样本内模型预测
instance=iris.data[[100,109]]
Rf_model.predict(instance[[0]])
```

其中 RandomForestRegressor() 包含的参数如下。

criterion："gini" or "entropy"，表示是使用 gini（基尼指数）还是 entropy（信息增益）来进行特征选择。默认为 "gini"。

max_depth: (default=None)，表示单棵决策树的最大深度，如果 max_leaf_nodes 参数指定，则忽略。默认 None 表示不会打断树的生长，直至每个叶结点的所有样本都属于同一类别。

min_samples_split：表示树的生成时，对特征划分结点时，每个划分的最少样本数。若样本点低于这个数目，则停止该结点的生长。与 max_depth 共同作用。

min_samples_leaf：表示叶子结点的最少样本数。

max_leaf_nodes：（default=None）表示叶子结点的最大样本数。

n_estimators：表示森林容量，决策树的个数。默认为 10。

bootstrap：表示是否有放回的采样。默认为=True，False 表示弃用所有子模型样本。

oob_score：表示是否计算袋外得分，默认为 False。

n_jobs=1：并行 job 个数（并行学习的内容下一章有介绍）。默认为 1，表示不并行；-1 表示 CPU 有多少 core，就启动多少 job；还可以设为自定义整数。

Verbose：表示是否显示任务进程。默认为 0，表示不显示模型训练过程；1 表示偶尔输出训练过程；>!表示每个子模型都输出；还可以设为自定义整数。

3.5.4　如何做随机森林参数的选择

在实施步骤中包含两个参数：特征子集的数量和需建立的决策树数量 T。

对于后者，由投票的思想，理论上 T 应该越大越好；但由于会影响算法的复杂度，应选择适当的 T 使得准确率与复杂度达到平衡。

对于前者，已知当 k 较大时，树与树相关性比较强，会影响模型的准确率；k 较小时，单棵树的分类能力太差，也会影响模型的准确率。经验上一般把特征数量的对数作为特征子集的数量。

为了更好地取得合适的 k，通常会用袋外错误率最低的方法。

实际上，使用 Bootstrap 法确定每棵树的训练集时，对于第 i 棵树，约有三分之一的样本没有参与树的生成；这些样本被称为这棵树的袋外样本（oob 样本）。由此，袋外错误率（out-of-bag error）的定义如下：

$$oob\ error = \frac{|N_1|}{|N|}$$

其中 N_1 表示对于某个样本，它作为 oob 样本的树对它的分类错误的棵数，N 表示对于某个样本，计算它作为 oob 样本的树的数量。可证明 oob error 是随机森林泛化误差的一个无偏估计。

3.5.5　试简要介绍随机森林的优缺点

优点：

1）在当前所有算法中，有较好的准确率。

2）可高度并行化，对于大数据大样本很有优势。

3）实现过程相对简单。

4）模型较稳健，对部分的特征缺失不敏感。

5）随机森林算法能够降低方差。为什么能降低方差呢？因为随机森林的预测输出值是多课决策树的均值，如果有 n 个独立同分布的随机变量 x_i，它们的方差都为 σ^2，则它们的均值的方差为 $\frac{\sigma^2}{n}$。

缺点:

1）对于噪音比较大的样本集，容易过拟合。

2）取值划分较多的特征容易对模型产生更大的影响，从而影响模型的效果。

常见面试笔试题: 随机森林的"随机性"表现在哪里？比决策树好在哪里？

分析:"随机性"表现在两方面:一方面，每棵决策树的样本是经过 Bootstrap 随机选取的；另一方，每棵决策树生成所用到的特征是从所有特征集中随机选取的。

相较于决策树，正因为随机森林的"随机性"，其在过拟合问题上有所改善，极大地提高了分类模型的准确率。

3.5.6　决策树中 C4.5 算法优化了 ID3 算法的什么缺点

ID3 算法使用信息增益来选择用于分组的变量，但是这样可能会出现偏向于取值比较多的变量的情况，并使得模型预测的准确率下降。而 C4.5 利用信息增益率能够有效地解决上述 ID3 使用信息增益时出现的问题。

C4.5 算法在构造决策树的过程中可以进行相应的剪枝，但是 ID3 算法没有。并且 C4.5 算法在对数据预处理的时候还会对连续型的变量进行离散化处理。

3.6　集成学习

3.6.1　什么是集成学习，主要由什么组成

通常把正确率比较高的分类算法称为强分类器，把正确率比较低的分类算法称为弱分类器。构建一个强分类器是最理想的情况，但现实中往往很难，相反，构建弱分类器是比较容易的。那么如何把弱分类"提升"为一个强分类器就是很有意义的问题。

俗话说得好，"三个臭皮匠抵一个诸葛亮"。集成（Ensemble）学习就是利用了这样的思想，通过把多个分类器组合在一起的方式，构建出一个强分类器；这些被组合的分类器也称为基分类器。

事实上，随机森林就属于集成学习的范畴。通常，集成学习具有更强的泛化能力，大量弱分类器的存在降低了分类错误率，也对于数据的噪声有很好的包容性。

集成学习的前提是构建大量的基分类器。很自然的要求是，这些基分类器不能是相同的，否则学习结果和单一的基分类器的结果一样，集成学习也就失去了"集成"的意义。但是，已知一个训练样本往往只能构建一个分类器，怎样从一个训练样本中构建出多个不同的基分类器？又如何将这些基分类器的结果组合在一起呢？Boosting 与 Bagging 就是两种常用的技巧。

3.6.2　试介绍并比较 Boosting 与 Bagging 方法

Bagging 方法是通过构造不同的训练样本集来构造不同的分类器。具体指利用自助采样法（boostrap sampling）——即多次、有放回地对训练样本进行采样；采取的样本间是相互独立的，而每一次的采样数据集都可以训练出一个基分类器，经过 M 次采样得到 M 个基分类器。在组合的部分，Bagging 是依据"少数服从多数"的原则组合多个基分类器的分类结果，即与

最多的基分类器一致的分类结果是最终的分类结果。

Boosting 方法没有改变训练样本集，但通过重赋权（re-weighting）的方式影响了基分类器的损失函数，从而构建出不同的基分类器。具体是指对每一轮的训练数据样本赋予一个权重，在上一轮分类错的点会获得更高的权重，这样进行 M 次迭代后就构建了 M 个基分类器。这样每一轮的基分类器依赖于前一轮的基分类器，在组合时也不是简单的投票，而是将 M 个基分类器根据其"好坏"程度（预测误差的大小程度）采用加权的方式进行组合，预测误差越小的分类器权重越大。

两种方法对比见表 3-1。

表 3-1　Bagging 与 Boosting 的算法对比

	样本选择	样本权重	预测函数	并行计算
Bagging	每一个基分类器的训练样本是独立的	随机抽样，权重相同	投票原则，每个基分类器权重相同	每个分类器可以同时构建，并行生成
Boosting	每个基分类器的训练样本是完全相同的，只是权重不同	对分类效果差的样本加大权重	加权组合，分类误差越小的基分类器的权重越高	这一轮的样本权重依赖于上一轮的分类器的结果，只能顺序生成

此外，还可以从方差和偏差的角度来理解 Bagging 与 Boosting，模型误差可以分解为估计值方差与偏差平方的和。Bagging 的方法将大量基分类器的结果平均化，类似于样本的方差是总体方差除以样本数量，起到了降低方差的作用；而 Boosting 的通过加大分错样本的权重，使分错的样本在下一轮训练时得到更大的关注，提高了模型的准确率，起到降低偏差的作用。

总之两种算法的区别如下：

1）在样本选择上，Bagging 使用 boostrap 从原始训练集中有放回地重复抽样构建样本，构建的每个训练集都是相互独立的。Boosting 的训练集是不变的。

2）在样本权重上，Bagging 的每个样本权重一样。Boosting 的样本权重则与基模型的分类相关，分类错误的样本具有更高的权重。

3）在预测函数上，Bagging 由所有基函数等权重投票组合。Boosting 的基函数则是加权相加的。

4）在并行计算上，Bagging 可以实现并行运算。Boosting 由于基模型的参数根据上一轮的模型结果而来，难以并行计算。

以决策树作为基分类器，这两个方法可以组合成多种集成学习算法。其中随机森林是 Bagging 方法的典型代表之一；AdaBoost 则是 Boosting 的典型方法之一。在某种程度上，这两种集成学习方法与机器学习算发的关系可以用下面 3 个式子来粗略表示。

Bagging + 决策树 = 随机森林

AdaBoost + 决策树 = 提升树

Gradient Boosting + 决策树 = GBDT

3.6.3　AdaBoost 算法介绍

以决策树作为基分类器，这两个方法可以组合成多种集成学习算法。其中随机森林是 Bagging 方法的典型代表之一；AdaBoost 则是 Boosting 的典型算法框架之一。该算法于 1995

年由 Freund 与 Schapire 提出，其中 Ada 是指"adaptive"，所以也被译为"提升"方法，正所谓将弱的学习算法"提升"为强的学习算法。如何理解 AdaBoost 的"提升"呢？以二分类问题为例，一个超平面将样本点划分在两个区域。那么可以想象，超平面内部的点很容易被分到正确的区域，得到正确的分类结果，而靠近超平面的点很容易被分错区域。Adaboost 算法就是利用 Boosting 的思想原理，将更多注意力放在这些被分错的点上，争取提升这些点的分类效果，以进行整体模型的分类算法。

AdaBoost 的一个重要特点是被基分类器分类错误的样本点的权值会扩大，而分类正确的样本点的权值会缩小——不改变训练数据，而不断改变训练数据权值的分布，使训练数据在基学习器的学习中起到不同的作用。在计算分类误差率时，也会利用样本点的权值，增大分类误差率小的弱分类器的权值，使其在表决中起较大作用，减小分类分类误差率大的弱分类器的权值，使其在表决中起较小的作用。一般在开始时，训练集中所有样本点具有相同的权值。

这里以 M 个单层决策树作为基分类器 $G_m(x)$ 的 Adaboost 算法为例，即每个基分类器只选取一个特征进行一次划分。具体实施步骤如下。

1）初始化样本的权值分布为均匀分布 $W_1 = (w_{1i})_{i \times N} = \left(\dfrac{1}{N}, \dfrac{1}{N}, \cdots, \dfrac{1}{N} \right)$，令 $m=1$。

2）遍历样本集的所有特征及其取值，并带入权重 W_m 计算相应的分类误差率：

$$e_m = \sum_{i=1}^{N} w_{mi} I(G_m(x_i) \neq y_i)$$

其中 w_{mi} 表示在第 m 轮建模时第 i 个样本的权重，满足 $\sum_{i=1}^{N} w_{mi} = 1$，故 e_m 的取值范围是 $[0,1]$。

选择使 2）中分类误差最小的特征及其取值，构建一个单层决策树，记为 $G_m(x)$，其分类误差率为 e_m。

计算基分类器 $G_m(x)$ 的权重系数：

$$\alpha_m = \frac{1}{2} \ln \frac{1 - e_m}{e_m}$$

更新样本的权值分布：

$$W_{m+1} = (w_{m+1,i})_{1 \times N} = \left(\frac{w_{mi}}{Z_m} \exp(-\alpha_m y_i G_m(x_i)) \right)_{1 \times N}$$

其中 Z_m 为规范化因子，使得权重满足分布条件（即 $\sum_{i=1}^{N} w_{m+1,i} = 1$）。

令 $m=m+1$，重复 2）～5）的步骤，得到 $G_m(x)$ 与 a_m，$m=1,2,\cdots,M$。

组合 M 个基分类器：

$$f(x) = \sum_{m=1}^{M} \alpha_m G_m(x)$$

得到最终的分类器：

$$G(x) = \text{sign}(f(x))$$

需要注意的是，Adaboost 实施过程有这样几个关键的地方：

1）Adaboost 涉及两个权重。一个是样本的权重，作用于计算基分类器的分类误差率；另一个是基分类器的权重，作用于最后将所有的基分类器进行线性组合。

2）初始化下的样本权值 W_1 为均匀分布，即所有样本点权重相同。这相当于在原始数据上构建一个没有权重的分类器。

3）理解模型权重 α_m 的意义。根据定义公式，α_m 反比于分类错误率 e_m，且当 $e_m \leq \frac{1}{2}$ 时（通常一定成立），$\alpha_m \geq 0$ 成立。这表明基分类器的分类错误率越小，组合的权重越大；当错误率大于 0.5，即比完全随机猜测的错误率还低时，说明此时模型将大部分数据分在了相反的类型，这时 α_m 取值小于 0，可以看作是把模型的分类结果先调整后再加权重。

4）理解样本权值 W_{m+1} 是如何迭代更新的。根据公式，迭代样本权值 W_{m+1} 时，若 x_i 被正确分类，则有 $w_{m+1,i} = \frac{w_{mi}}{Z_m}\exp(-\alpha_m y_i G_m(x_i)) = \frac{w_{mi}}{Z_m}e^{-\alpha_m} \propto w_{mi}\frac{e_m}{1-e_m}$，其中 $\frac{e_m}{1-e_m}$ 恒小于 1，即权重被缩小了；反之 $w_{m+1,i} \propto w_{mi}\frac{1-e_m}{e_m}$，即分类错误的样本的权值被放大了。

3.6.4 如何理解 Adaboost 的模型误差部分

Adaboost 算法框架成立的思想核心在于通过迭代加权，使得最终组合模型的分类误差率不断减少。本小节从理论的角度对模型误差做简要的分析。

事实上，Adaboost 的训练模型误差满足下面 3 个公式：

$$\frac{1}{N}\sum_{i=1}^{N}I(G(x_i)\neq y_i) \leq \frac{1}{N}\sum_{i=1}^{N}\exp(-y_i f(x)) = \prod_{m=1}^{M}Z_m \qquad 式（3-1）$$

$$\prod_{m=1}^{M}Z_m = \prod_{m=1}^{M}(2\sqrt{e_m(1-e_m)}) = \prod_{m=1}^{M}\sqrt{(1-4\gamma_m)^2} \leq \exp\left(-2\sum_{m=1}^{M}\gamma_m^2\right) \qquad 式（3-2）$$

$$\frac{1}{N}\sum_{i=1}^{N}I(G(x_i)\neq y_i) \leq \exp(-2M\gamma^2), \gamma_m \geq \gamma, \gamma > 0 \qquad 式（3-3）$$

上面式（3-3）可由式（3-1）与式（3-2）推理得到，而式（3-1）与式（3-2）本文不再加以证明。根据式（3-3），AdaBoost 的模型训练误差是以指数速率下降的。从理论上证明了该方法的有效性与准确性。

3.6.5 AdaBoost 模型的优缺点是什么

优点：

1）采用了权重思想的 AdaBoost 是一种准确率很高的分类器，能比较好地解决过拟合问题。

2）Adaboost 其实是运用 boosting 的一个学习算法框架，具有很好的包容性，其基分类器可以采用各种方法，甚至用构造非常简单的基分类器也能有不错的效果。

3）相较于随机森林，Adaboost 还考虑了基分类器的权重。

4）当采用简单的基分类器时，Adaboost 的模型结果具有可解释性。相较于随机森林，Adaboost 还考虑了基分类器的权重。

缺点：

1）加权的思想使得模型对离群点和噪声比较敏感。

2）模型训练较为耗时，每一次迭代依赖于上一次的结果，无法并行运算。

3）Adaboost 的迭代次数不好确认，一般用 CV 的方法。

3.6.6　什么是前向分步算法

上文里，AdaBoost 算法中 α_m、W_{m+1} 等的计算公式是直接给出的。实际上，这些公式的背后是有推导意义支撑的，都可以由前向分步算法推导出来，因为 AdaBoost 其实是前向分步算法的一个特例。而前向分步算法则是由加法模型而来。

1. 加法模型

加法模型的思想类似于随机森林，也是认为单个个体的能力较弱，于是通过将基分类器组合在一起的方式以增强模型的准确性和稳定性。而基分类器组合的方式就是如其名所示：加权相加。

模型具体如下：

$$f(x) = \sum_{m=1}^{M} \beta_m b(x; \gamma_m)$$

该模型表示总模型是由共 M 个基函数 $b(x; \gamma_m)$ 相加得到的，其中 β_m 表示基函数的权重，γ_m 表示基函数的参数。

值得一提的是，加法模型中的"加法"有加强的意义；理想的状况是，多个模型（基函数）的优缺点各异，某模型的缺点在一定程度上被大量其他模型抵消，而突出的优点则会得到加强。但是，若基函数的多样性不够，会有相同的缺点出现，就会造成模型冗余，无法提升性能。通俗地讲，最不理想的情况就是，让十个"臭皮匠"在一起最多也只是一个"臭皮匠"，不会变得更差。

为此，会用最小化损失函数的方式学习加法模型：

$$\min \sum_{i=1}^{n} L\left(y, \sum_{m=1}^{M} \beta_m b(x; \gamma_m) \right)$$

2. 前向分步算法

已知加法模型的损失函数包含大量的参数，最小化损失函数需要同时计算这么多参数，难度较大。为了解决该问题，可利用前向分步算法（Forward stagewise algorithm）。已知要同时求解 $2 \times m \times M$ 个未知参数，较为复杂，故前向分步算法的主要思想就在于，将叠加在一起的 M 个模型像拉拉面一样抖开，然后从左到右、从前到后、从第一个到第 M 个，每一步只关注一个基模型，求得基函数参数及其权重，最终得到多个基模型相加的总的模型。

具体实现步骤如下。

1）令初始基函数为 0：$f_0=0$，令 $m=1$。

2）极小化损失函数得到参数 β_m、γ_m：

$$(\beta_m, \gamma_m) = \min_{\beta, \gamma} \sum_{i=1}^{n} L(y, f_{m-1}(x) + \beta b(x; \gamma))$$

3）更新模型：

$$f_m(x) = f_{m-1}(x) + \beta_m b(x; \gamma_m)$$

4）令 $m=m+1$，重复 2）、3）的步骤；直到 $m=M+1$。

5）得到加法模型：

$$f(x) = f_M(x) = \sum_{m=1}^{M} \beta_m b(x; \gamma_m))$$

这样，前向分步算法就完成了先"拉拉面"再汇总的模型求解问题。

3．前向分步算法与 AdaBoost

事实上，AdaBoost 也是加法模型，它是前向分步算法的一个特例，当加法模型的基函数是 AdaBoost 算法的基分类器并把损失函数设为指数函数时，用前向分步算法求解加法模型就可以推导出 AdaBoost 算法。

已知，AdaBoost 算法的分类器为：

$$f(x) = \sum_{m=1}^{M} \alpha_m G_m(x)$$

由形式可知，这就是基函数为 $G_m(x)$、基函数权重为 α_m 的加法模型。下面只需证明该向前分步算法的损失函数为指数损失函数。

假设经过 $m-1$ 轮迭代的前向分步算法，要在第 m 轮迭代得到 α_m 和 G_m。其中，α_m 和 G_m 为：

$$(\alpha_m, G_m) = \min_{\alpha, G} \sum_{i=1}^{n} \exp\{-y_i(f_{m-1}(x) + \alpha G(x_i))\}$$

上式等价于

$$(\alpha_m, G_m) = \min_{\alpha, G} \sum_{i=1}^{n} s_{mi} \exp\{-y_i(\alpha G(x_i))\}$$

其中 $s_{mi} = \exp\{-y_i f_{m-1}(x)\}$，只依赖于 m 与 i。

先求 G_m

$$G_m = \arg\min_{G} \sum_{i=1}^{n} s_{mi} I(y_i \neq G(x_i))$$

再求 α_m

$$\alpha_m = \frac{1}{2} \log_e \frac{1 - e_m}{e_m}$$

二者都与 AdaBoost 模型中的结果完全一致，因此可以证明二者等价，即 AdaBoost 是前向分步算法的一个特例。

3.7　Xgboost 与 GBDT

3.7.1　什么是 GBDT 算法，与提升树的区别是什么

GBDT（Gradient Boosting Decision Tree）同 AdaBoost 相似，都是 boosting 方法与决策树的组合，只不过前者比一般的 boosting 方法多了"Gradient"，即说明是利用梯度去做提升。下面先介绍一般的提升树，再介绍梯度提升树（GBDT）

1．提升树

前文已经介绍过，AdaBoost 方法实质上是前向分步算法求解加法模型的一个特例。提升树依然与 AdaBoost 相似，亦是采用前向分步算法的一种加法模型，但限制了模型中的基分类器都是决策树。模型表示如下：

$$f_M = \sum_{m=1}^{M} T(x;\theta_m)$$

其中 M 表示基分类器——决策树的个数；$T(x;\theta_m)$ 表示第 m 棵决策树，θ_m 则是第 m 棵决策树的参数。

对于分类与回归这两个问题，提升树也有两种，区别在于基分类器和损失函数。对于分类问题，提升树的基分类器采用二叉分类树，常用指数函数作为损失函数；而对于回归问题，提升树的基分类器采用回归二叉树，常用平方误差作为损失函数。

（1）分类问题的提升树算法

以二分类问题为例，因为同样采用指数损失函数，只需将 AdaBoost 算法中的基分类器设定为二叉分类树，这时就得到了提升树算法。可以说，在这种情况下，提升树算法是 AdaBoost 算法的一个特例，具体的实现步骤可参考前文的 AdaBoost 算法。

（2）回归问题的提升树算法

根据前向分步算法，在第 m 次循环时，将决策树作为基函数带入求解公式得到：

$$\theta_m = \arg\min_{\theta} \sum_{i=1}^{n} L(y_i, f_{m-1}(x_i) + T(x;\theta_m))$$

将均方损失函数代入计算：

$$L(y_i, f_{m-1}(x) + T(x;\theta_m)) = (y_i - f_{m-1}(x) - T(x;\theta))^2 = (r - T(x;\theta))$$

其中 r 是 $f_{m-1}(x)$ 与真实值的差，即表示当前模型的拟合残差。欲使损失函数最小，等价于新的决策树模型 $T(x;\theta)$ 应逼近残差 r。

值得一提的是，这里体现出了加法模型与前向分步算法的思想与 Bagging 方法的典型代表随机森林的差异。随机森林希望基模型大都是准确的、逼近真实值的；而这里的决策树模型拟合的不是真实值，而是残差，强调各模型之间是互相补充、相得益彰的。

算法具体实现步骤如下。

1）令初始基函数为 0：$f_0=0$，令 $m=1$。

2）计算现有模型的残差：$r_{mi} = y_i - f_{m-1}(x_i), i=1,\cdots,n$

3）用残差 r_m 拟合得到回归树 $T(x;\theta_m)$。

4）更新模型：

$$f_m(x) = f_{m-1}(x) + T(x;\theta_m)$$

5）令 $m=m+1$，重复 2）～3）的步骤；直到 $m=M+1$。

6）得到提升树模型：

$$f(x) = f_M(x) = \sum_{m=1}^{M} T(x;\theta_m)$$

2．GBDT

上述提升树采用了指数损失函数与均方损失函数，计算求解公式的最优解时较为简单。但对于一般的损失函数，优化求解会比较复杂。随机森林发明者 Breiman 的好朋友，Friedman 于 2001 年提出了 Gradient Boosting（梯度提升）法。

该方法沿用回归问题提升树中用残差拟合新模型的思想，通过利用最速下降法的原理，用损失函数的负梯度作为残差的近似值，以此拟合新的模型。

算法具体实现步骤如下。

1）令初始基函数为 0：$f_0=0$，令 $m=1$。

2）计算现有模型的负梯度：

$$r_{mi} = \left[\frac{\partial L(y_i, f_{m-1}(x_i))}{\partial f_{m-1}(x_i)} \right]$$

3）用 r_{mi} 拟合得到回归树 $T(x;\theta_m)$。

4）更新模型：

$$f_m(x) = f_{m-1}(x) + T(x;\theta_m)$$

5）令 $m=m+1$，重复 2）～3）的步骤；直到 $m=M+1$。

6）得到梯度提升树模型：

$$f(x) = f_M(x) = \sum_{m=1}^{M} T(x;\theta_m)$$

对于这个算法，有以下两点说明：

1）$m=1$ 时，$f_{m-1}=f_0=0$，这时用 r_{mi} 拟合得到回归树就等价于用 y_i 拟合回归树。

2）有必要再次强调的是这里的决策树是回归决策树。根据回归树模型，梯度提升树模型可表示如下：

$$f(x) = f_M(x) = \sum_{m=1}^{M} \sum_{k=1}^{K} c_{mk} I_{\{x \in R_{mk}\}}$$

可以证明，GBDT 和 Adaboost 一样都是收敛的。

3．GBDT 模型优缺点

优点：

1）GBDT 预测结果准确，被认为是统计学习中性能最好的方法之一。

2）可以适应多种损失函数，例如指数损失函数等。

缺点：

1）计算量大，运行速度慢。

2）不适用于高维稀疏特征环境下。

R 语言中的 gbm 包的 gbm() 函数可以实现 GBDT。具体调用如下所示：

```
> gbm(formula = formula(data),distribution = "bernoulli",data = list(),
+ n.trees = 100,shrinkage = 0.001,...,
+ bag.fraction = 0.5,interaction.depth = 1)
```

其中 distribution 表示选择的损失函数形式，n.trees 表示循环迭代次数，shrinkage 表示学习速率等，更多的可参考该函数帮助文档。

Python 中也有对应包文件可以直接调用：

```
gbm= GradientBoostingClassifier(random_state=10)

gbm.fit(X,y)
```

3.7.2　什么是 Xgboost 算法

XGBoost（eXtreme Gradient Boosting）又称极端梯度提升模型，最早于 2014 年由美国华盛顿大学的博士陈天奇提出，并将其应用于比赛。由于准确率高和运算速度快等良好特性，XGBoost 迅速成为各种比赛的 "大杀器"，曾一度称霸 Kaggle 的 Top 排行榜。

XGBoost 脱胎于提升树模型（或者更具体地说是 GBDT 模型），也是 boosting 算法的一种。简单来说，相较于 GBDT，XGBoost 主要在两方面做了进一步提升，除了直接改进模型，还在计算效率等方面做了优化，正是这两方面提升的结合，才使得 XGBoost 具有又准又快的两大优点，故而拥有很高的普适性和易实践性，成为最流行的机器学习算法之一。

1. 模型改进

已知 GBDT 模型是以回归决策树为基函数，用已有模型的近似残差不断拟合新的模型，并加入现有模型进行更新。XGBoost 的逻辑亦是如此，但在两方面有所改进。

一方面，改进损失函数，在损失函数中加上了正则化项。

此时损失函数表达式如下：

$$L(\phi) = \sum_i L(y_i f_{m-1}(x_i) + T(x_i;\theta)) + \sum_k \Omega(f_k)$$

其中正则化项一般满足（但不是唯一形式）：

$$\Omega(f_k) = \gamma T + \frac{1}{2}\lambda\|\omega\|^2$$

这里 T 表示树的叶子结点的数量；ω 是一个向量，表示树的叶子结点值。

当树的结构越复杂、叶子结点数量越多时，正则化项有增大的倾向。因此，在最小化损失函数时由于正则化项同时会被尽可能地压缩，基函数树模型的复杂度就会得到一定限制。一定程度下避免了模型的过拟合，提高了准确率。

另一方面，改进残差的拟合算法，除了 GBDT 用到的一阶导数，还用了二阶导数以更精确地拟合残差。

已知泰勒二阶展开：

$$f(x) = f(x_0) + f'(x_0)(x - x_0) + \frac{1}{2}f''(x_0)(x - x_0)^2$$

应用于损失函数为：

$$L(\phi) = \sum_i [L(y_i f_{m-1}(x_i)) + g_i T(x_i; \theta) + h_i T(x_i; \theta)^2] + \sum_k \Omega(f_k)$$

其中 g_i、h_i 分别为一阶导数、二阶导数，表达式为：

$$g_i = \frac{\partial L(y_i, f_{m-1}(x_i))}{\partial f_{m-1}(x_i)}$$

$$h_i = \frac{\partial^2 L(y_i, f_{m-1}(x_i))}{\partial f_{m-1}(x_i)}$$

最小化损失函数即可得到新的模型。

2. 其他优化

已知前面介绍的 boosting 方法如 Adaboost 和 GBDT 有个共同的缺点就是难以实现并行运算，效率太低，不适用大数据。然而当下大数据的收集是非常普及的，这就影响了理论方法的普适性。而 XGBoost 一开始就源于比赛实战，具有很强的实用性，这就是本章所讲的优化体现的作用了。

传统决策树在搜寻某一特征的分割点时，使用枚举法计算所有可能分割点的损失函数值并进行比较，对于连续变量效率极低；XGBoost 为提升效率化简了枚举的过程，大致思想是将所有可能的分割点用百分位的一些点代替，从这些点中找到最佳分割点即可。

Boosting 算法的树与树是串行的，但 XGBoost 将特征排序后以块的形式存储在内存中，可以在循环时重复使用，一棵树同层的结点可并行运算。具体的对于某个结点，结点内选择最佳分裂点，候选分裂点计算增益用多线程并行。

XGBoost 还考虑了训练数据为稀疏值的情况，能极大提升算法效率（相关论文里显示可提升 50%）。

3. 模型优点

1）一定程度上可以实现并行化，训练速度快。

2）可以处理稀疏数据。

3）正则化项等策略可以更好地防止模型过拟合。

4. XGboost 代码展示

Xgboost 算法中有非常多的参数，比较重要的有：gamma 用于控制是否后剪枝的参数，lambda 控制模型复杂度的权重值的 L2 正则化项参数，max_depth 指构建树的深度，subsample 指采样训练数据的比例，min_child_weight 指结点的最少特征数，nthread 指 cpu 线程数。由于 XGboost 算法的参数非常多，一个一个调试调试非常麻烦，所以需要利用网格调参的方式选择恰当的参数，下面展示如何利用 XGboost 算法做网格调参和分类。

```
import pandas as pd
import numpy as np
import xgboost as xgb
from xgboost.sklearn import XGBClassifier
from sklearn import model_selection, metrics
```

```
from sklearn.grid_search import GridSearchCV
from sklearn.cross_validation import train_test_split
train_x, test_x, train_y, test_y = train_test_split(data, label,test_size=0.2, random_state=0)
#获得训练数据集，测试数据集
train=xgb.DMatrix(train_x,label=train_y)
# 将数据集转换为 xgboost 训练所需的 DMatrix 格式
test=xgb.DMatrix(test_x,label=test_y)
cv_params = {'max_depth': [3, 4, 5, 6, 7, 8, 9, 10], 'learning_rate': [0.1,0.01,0.001]}
#通过交叉验证的方式选择树的深度
other_params = {'min_child_weight': 3，'n_estimators': 4,'max_depth': 5, 'min_child_weight': 1, 'seed': 0}
model = xgb.XGBClassifier(**other_params)
best_model=GridSearchCV(estimator=model,    param_grid=cv_params,    scoring='accuracy',    cv=5,
verbose=1, n_jobs=4)
best_model.fit(train_x, train_y)
```

通过上面网格调参的方式即可获得最佳的 max_depth、learning_rate 值，然后定义好参数后，即可放入 xgb.train()中进行训练。

第4章　深度学习框架与 PyTorch 编程介绍

本章将介绍深度学习的发展历程、主要框架、基本原理、最简单的 RNN、CNN 算法原理以及在计算机视觉领域非常重要的 VGG16、Alxent 等算法。为了能够帮助读者深入掌握这些系列算法，本文均提供相对应的实现代码，所以在学习这些算法时可以结合代码与框架细节来培养自己搭建深度学习框架的能力。深度学习这几年的蓬勃发展直接推进了自然语言处理和计算机视觉的快速发展，所以应当结合自己所面临的领域学习相对应的主流深度学习算法。

4.1　深度学习基础知识

4.1.1　神经网络发展历程

首先以计算机视觉为例谈谈深度学习最早期的发展。自从图灵提出了"机器智能"，达特茅斯会议提出"人工智能"学科后，研究人员就开始活跃起来。正所谓有人的地方就有江湖，人工智能的研究派系主要分为两大阵营。

第一大阵营，被称为符号派，他们用统计逻辑和符号系统来研究人工智能，采用自顶向下的研究思路，也就是要先看懂人工智能是什么，再去一步一步实现它。符号派用人工智能技术来证明公式，发明专家系统，代表人物有纽厄尔（Newell）、西蒙（Simon）等。

第二大阵营是统计派，现在的深度学习就属于这一派，这一派研究问题的方法就是仿造大脑，采用自底向上的思路。通过一个一个简单逻辑的搭建，搭建成一个足够复杂的系统后，系统就自然会有智能了。代表人物为新时代的深度学习三大巨头 Yoshua Bengio、Hinton 和 LeCun。

应该说，符号派的研究方法最早也更加直观，典型的例子是专家系统，它的缺陷也非常明显，必须先对所研究的问题有完整的理解，然后再通过知识编码，这对于达到一定复杂程度的问题来说根本不可能实现，不是所有知识都能一下子说出来原因的。就好比在图像中识别一只猫，到底怎样的一幅图片才是猫的图像，传统的图像描述算子就很难完全定义并保证覆盖到各类场景。

统计派的思路就更加务实，摆事实讲道理，通过统计学习的方法来归纳出知识，不再完全由人工干预，和大数据的特性是天然契合的，这也是成功的必然性。

有学者一生站队在一派，也有的摇摆过，比如马文·明斯基，就从最开始的统计派在第二次 AI 浪潮中转变成为了符号派，并成为摆脱第二次低谷的重要推手。

统计派采用了模仿大脑的方式，人类花了亿万年的时间来进化，那生物的大脑究竟是如何处理视觉信息呢？

生物学家的研究表明大脑的基本感知单元就是神经元，一个神经元所影响的刺激区域就叫作神经元的感受野，即 receptive field，不同神经元感受野的大小和性质都不同。感受野的研究来自于美国神经科学家哈特兰（Keffer Hartline）和匈牙利裔美国神经科学家库夫勒（Stephen W. Kuffler），1953 年他们发现猫视网膜神经节细胞的感受野具有同心圆结构。第一种感受野由作用强的中心兴奋区域和作用较弱但面积更大的周边抑制区域构成了一个同心圆结构，称为 On 型感受野。第二类感受野是由中心抑制和周边兴奋的同心圆构成，称为 Off 型感受野。当刺激 On 型感受野中心时，细胞就兴奋，如第一列第一排的图。刺激周边时，细胞就被抑制，如第一列第二排的图，Off 型图则反之。不过尽管明白了感受野，视觉感知的机制仍然没有被得到更深刻的理解，直到视觉功能柱的发现。

加拿大神经生理学家 David Hunter Hubel 和瑞典神经科学家 Torsten Nils Wiesel 在 20 世纪 50 年代和 60 年代开始研究视觉机制，他们将图像投射到屏幕上，将测量神经元活动的电线插入猫的大脑，通过固定猫的头部来控制视网膜上的成像，测试生物细胞对线条、直角、边缘线等图形的反应。研究显示有些细胞对某些处在一个角度上的线条、垂直线条、直角或者明显的边缘线，都有特别的反应，这就是绝大多数视皮层细胞都具有的强烈的方位选择性。不仅如此，要引起这个细胞反应，直线的朝向还只能落在一个很小的角度范围里，也就是该细胞的感受野内。这样以上两个研究就统一起来了。

从 1960 年到 1980 年，两人合作了 20 年，细致科学地研究了人眼视觉的机制，因此他们被认为是现代视觉科学之父，并于 1981 年一起获得了诺贝尔生理学与医学奖。

这一项研究，直接催生了 David Marr 的视觉分层理论，也催生了计算机视觉学科，更是卷积神经网络的发源。

4.1.2　常见的深度学习框架都有哪些，它们都有什么特点

目前最常见的深度学习框架有 TensorFlow、Caffe、Keras、PyTorch、MXNet 等，本文中的代码均基于 PyTorch 实现，它们的对比如表 4-1 所示。

表 4-1　常见深度学习框架对比表

TensorFlow	2015 年 11 月 10 日，由 Google 宣布推出。最初是由 Google Brain 团队开发	Tensorflow 是最流行的深度学习框架，非常多的顶级会议论文都由 PyTorch 实现，但是也有若干缺点，例如接口设计过于复杂抽象，实际操作比较复杂
Keras	Keras 最初是 Theano 的高级 API，后来增加了 TensorFlow 和 CNTK 作为后端。Theano 已经停止更新，退出了历史舞台	Keras 简单易用，对于使用 TensorFlow 实现起来非常复杂的项目，在使用 Keras 时，可以调用底层函数即可快速实现，但这也是它的缺点，由于封装过多，研究员较难用其实现太复杂的目的，缺少灵活性
Caffe	Caffe 的作者是贾扬清，曾是加州大学伯克利的 ph.D，现就职于 Facebook	Caffe 缺点是缺少灵活性，例如在每一层里前向传播和反向传播实现非常复杂
PyTorch	PyTorch 诞生于 2017 年 1 月，由 Facebook 人工智能研究院（FAIR）团队创作	PyTorch 对 Tensor 之上的所有模块进行了重构，并新增了最先进的自动求导系统。Pytorch 运行速度较快，也灵活易用，是当下最流行的动态图框架之一

4.1.3　什么是人工神经网络

人工神经网络指由大量的神经元互相连接而形成的复杂网络结构。以人的视觉系统为例，人的视觉系统的信息处理是分级的，高层的特征是低层特征的组合，从低层到高层的特征表示越来越抽象，越来越能表现语义或者意图。人工神经网络提出最初的目的是为了模拟生物神经网络传递和处理信息的功能。它按照一定规则将许多神经元连接在一起，并行地处理外界输入的信息。人工神经网络的每一层都有若干神经元并用可变权重的有向弧连接，具体训

练过程是通过多次迭代对已知信息的反复学习并调整改变神经元连接权重。人工神经网络主要分为前向神经网络与反馈神经网络。前向神经网络包括单层感知器、自适应线性网络和 BP 神经网络等，典型的反馈神经网络有 Hopfield 网络等。

4.1.4 万能近似定理是什么

万能近似定理（Universal approximation theorem）是神经网络理论非常核心的定理，该定理是指如果前馈神经网络具有至少一个非线性输出层，那么只要有足够数量的隐藏单元，它就可以以任意的精度来近似任何从一个有限维空间到另一个有限维空间的函数，换句话说就是只含有一层隐藏层的有限神经元网络可以逼近在实数集上紧子空间的连续函数。

4.1.5 激活函数有什么作用，常见的激活函数都有哪些

激活函数的目的主要是为了在神经网络中加入非线性因素，这样就加强了网络的表示能力，获得更强大的学习和拟合能力。神经网络解决问题的能力与网络所采用的激励函数关系很大，常见的激活函数在 PyTorch 中都可以直接利用函数调用，例如 ReLU 函数中可以直接调用 torch.nn.ReLU 来实现。

（1）0-1 激活函数

0-1 激活函数将任意的输入转化成 0 或 1 的输出：

$$Y = f(W * X + b) = \begin{cases} 1, & (W * X + b > 0) \\ 0, & (W * X + b \leqslant 0) \end{cases}$$

（2）sigmoid 函数

$$\sigma(x) = \frac{1}{1 + e^{-X}}$$

sigmod 函数的输出是在(0,1)开区间内，从神经科学的角度理解来看，中间斜率较大部分即为神经元的敏感区，两边斜率较平缓的地方即为抑制区。

（3）tanh 函数

$$\tanh(x) = \frac{e^x - e^{-x}}{e^x + e^{-X}}$$

tanh 是双曲正切函数，tanh 的输出区间是在(-1,1)之间，而且整个函数是以 0 为中心的。tanh 有个良好的求导性质：

$$\tanh'(x) = 1 - \left(\frac{e^x - e^{-x}}{e^x + e^{-X}} \right)^2 = 1 - \tanh^2(x)$$

但是 sigmoid 和 tanh 都有个问题就是容易导致梯度消失的现象发生，这是由于两者的导函数在 x 很大或很小的时候，都容易趋近于 0，从而导致梯度消失的现象发生。

（4）ReLU 函数

$$f(x) = \max(0, x)$$

ReLU 函数相比于 sigmod 函数和 tanh 函数有两个优点：一方面在输入为正数的时候，不存在梯度饱和问题，另一方面计算速度要快很多，这是由于 ReLU 函数只有线性关系，不管

是前向传播还是反向传播，都比 sigmod 和 tanh 要快很多。

不过 ReLU 函数也有缺点，当输入是负数时，ReLU 是完全不被激活的，会丢失一部分信息。这就意味着反向传播过程中，输入负数则梯度就会为 0，不利于信息的学习。

这里可能会有一个问题，为什么 ReLU 函数在 0 点处不是可导的也可以用于梯度学习？这是由于实际情况中在 0 点通常会返回左导数或右导数的其中一个，从而避免了这个问题。

（5）ELU 函数

$$f(x) = \begin{cases} x, & (x > 0) \\ \alpha(e^x - 1), & (x \leqslant 0) \end{cases}$$

ELU 函数是针对 ReLU 函数的一个改进型，即使输入为负数也是有输出的，不过还是有梯度饱和指数运算的问题。

4.1.6　什么是 MP 模型与感知机

神经元之间相互连接，当某一神经元处于"兴奋"状态时，其相连神经元的电位将发生改变，若神经元电位改变量超过了一定的数值（也称为阈值），则被激活处于"兴奋状态"，向下一级连接的神经元继续传递电位改变信息。信息从一个神经元以电传导的方式跨过细胞之间的联结（即突触），传给另一个神经元，最终使肌肉收缩或腺体分泌。

神经元通过突触的连接使数目众多的神经元组成比其他系统复杂得多的神经系统。从神经元的结构特性和生物功能可以得出结论：神经元是一个多输入单输出的信息处理单元，并且对信息的处理是非线性的。

在这个基础上，就有科学家产生了模拟神经网络的想法。1943 年 McCulloch 和 Pitts 提出了 MP 模型，这是一种基于阈值逻辑的算法创造的神经网络计算模型，由固定的结构和权重组成。

在 MP 模型中，某个神经元接受来自其余多个神经元的传递信号，多个输入与对应连接权重相乘后输入该神经元进行求和，再与神经元预设的阈值进行比较，最后通过激活函数产生神经元输出。每一个神经元均为多输入单输出的信息处理单元，具有空间整合特性和阈值特性。

其实 MP 模型就已经是感知器的原型了，只是没有真正在计算机上实现而已。感知机（Perceptron）是 Frank Rosenblatt 在 1957 年提出的概念，其结构与 MP 模型类似，一般被视为最简单的人工神经网络，也作为二元线性分类器被广泛使用。通常情况下指单层的人工神经网络，以区别于多层感知机（Multilayer Perceptron）。尽管感知机结构简单，但能够学习并解决较复杂问题，结构如图 4-1 所示。

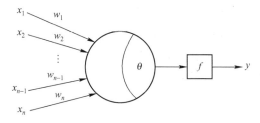

图 4-1　感知机结构

假设有一个 n 维输入的单层感知机，x_1 至 x_n 为 n 维输入向量的各个分量，w_1 至 w_n 为各个输入分量连接到感知机的权量（或称权值），θ 为阈值，f 为激活函数（又称为激励函数或传递函数），y 为标量输出。理想的激活函数 $f(\cdot)$ 通常为阶跃函数或者 sigmoid 函数。感知机的输出是输入向量 X 与权重向量 W 求得内积后，经激活函数 f 所得到的标量：

$$y = f\left(\sum_{i=1}^{n} w_i x_i - \theta\right)$$

单层感知器类似一个逻辑回归模型，可以做线性分类任务，但是不能做更复杂的任务。第二次 AI 浪潮中马文·明斯基在其著作中证明了感知器本质上是一种线性模型，只能处理线性分类问题，就连最简单的 XOR（异或）问题都无法正确解决。作为人工智能领域的开创者之一，这一声明也直接或间接促使神经网络的研究陷入了近 20 年的停滞。

不过就算在低谷期，1974 年哈佛大学的 Paul Werbos 仍然证明增加一个网络层，利用反向传播算法可以解决 XOR 问题。到了后来 Rummelhart、McClelland 以及 Hinton 在 1986 年正式在多层感知器（MLP）中使用 BP 算法，采用 Sigmoid 进行非线性映射，有效解决了非线性分类和学习的问题。

多层感知机（Multi-Layer Perceptron）是由单层感知机推广而来，最主要的特点是有多个神经元层。一般将 MLP 的第一层称为输入层，中间的层为隐藏层，最后一层为输出层。MLP 并没有规定隐藏层的数量，因此可以根据实际处理需求选择合适的隐藏层层数，且对于隐藏层和输出层中每层神经元的个数也没有限制。

多层感知机的关键问题在于如何训练其中各层间的连接权值，方法有一些不过大家最熟知的就是反向传播 BP 算法。

4.1.7 什么是 BP 神经网络和反向传播算法

BP 神经网络是人工神经网络中最常见的算法之一，它的核心就是反向传播算法。主要算法过程是通过对连接权值的不断调整，使输出结果逐步逼近期望值，其过程包括信号的正向传播过程和误差的反向传播过程。BP 神经网络算法的主要优点是将输入和输出数据之间的关系转化为非线性问题并且泛化能力很强。主要不足是收敛速度慢，容易陷入局部极小点，隐含层神经元数不好直接确定。BP 神经网络的原理为：BP 神经网络各层神经元之间互相连接。BP 神经网络从外界接到输入向量后，经由隐藏层的非线性变换，最终产生一个输出。在训练过程中，主要采用的反向传播的方式，即在训练时的正向传播，通过模型的输出和真实值之间的误差建立误差函数，然后从输出端反向沿着损失函数的梯度下降方向，并通过求偏导的方式调整权重参数、偏置量等，使得经过训练的模型的输出和期望值相比达到最优。

总之，后向传播是在求解损失函数对参数求导时候用到的方法，目的是通过链式法则对参数进行一层一层的求导。需要注意的是要对参数进行随机初始化而不是全部置 0，否则所有隐层的数值都会与输入相关，这种情况被称为对称失效。

下面通过公式来展示一下信号正向传播和反向传播的过程。

1. 信号正向传播

最简单的 BP 神经网络模型分为三层：输入层、隐含层和输出层，通过这三层，任何输入输出复杂的非线性关系均可以实现函数映射。BP 神经网络预测模型将影响因素经量化后，作为输入数据的一部分，输入到神经网络输入层，再经过神经网络隐含层、输出层作用，便可以产生一组与输入数据相对应的输出值。

设输入层为 $x^r = (x_1, x_2, \cdots, x_r)^T$，隐含层内包括 n 个神经结点，激活函数为 f_1，输出层结点数为 m，激活函数为 f_2。输出向量为 $y^m = (y_1, y_2, \cdots, y_r)^T$，实际输出值为 Y，目标值是 T。

隐含层第 i 个神经元输出为：

$$\alpha_i = f_1 \left(\sum_{j=1}^{r} w_{1ij} x_i + b_{1j} \right) \qquad j = 1, 2, \cdots, n$$

输出层第 k 个结点输出为：

$$y_k = f_2 \left(\sum_{i=1}^{n} w_{2ki} \alpha_i + b_{2j} \right) \qquad k = 1, 2, \cdots, m$$

定义误差函数：

$$L = \frac{1}{2} \sum_{k=1}^{m} (t_k - y_k)^2$$

2. 误差反向传播

通过输出值与期望值的对比、反校，便可以确定输出的误差范围，从而将误差进一步反向传播到 BP 神经络的隐含层，BP 神经网络进行下一步的学习，直到输出误差满足要求。如需进行预测工作，只需要应用已经训练好的 BP 神经网络，将待预测时段的各影响因素输入神经网络，便可以得到相应预测结果。由此可见，BP 神经网络具备一定的推理联想能力，对于在训练过程中未出现的情形，BP 网络同样可以进行预测。

记学习率为 η，输出层权值的变化：

$$\Delta w_{2ki} = \eta \cdot \frac{\partial L}{\partial w_{2ki}} = \eta \cdot \frac{\partial L}{\partial y_k} \cdot \frac{\partial y_k}{\partial w_{2ki}}$$
$$= \eta \cdot (t_k - y_k) \cdot f_2' \cdot \alpha_i = \eta \cdot \delta_{ki} \cdot \alpha$$

输出层阀值的变化：

$$\Delta b_{2ki} = \eta \cdot \frac{\partial L}{\partial b_{2ki}} = \eta \cdot \frac{\partial L}{\partial y_k} \cdot \frac{\partial y_k}{\partial b_{2ki}}$$
$$= \eta \cdot (t_k - y_k) \cdot f_2' = \eta \cdot \delta_{ki}$$

隐含层权值的变化，对从第 j 个输入到第 i 个输出的权值变化：

$$\Delta w_{1ij} = \eta \cdot \frac{\partial L}{\partial w_{1ij}} = \eta \cdot \frac{\partial L}{\partial y_k} \cdot \frac{\partial y_k}{\partial \alpha_i} \cdot \frac{\partial \alpha_i}{\partial w_{1ij}}$$
$$= \eta \cdot \sum_{k=1}^{m} (t_k - y_k) \cdot f_2' \cdot w_{2ki} \cdot f_1' \cdot x_i = \eta \cdot \delta_{ij} \cdot x_j$$

隐含层阀值的变化：

$$\Delta b_{1ij} = \eta \cdot \frac{\partial L}{\partial b_{1ij}} = \eta \cdot \frac{\partial L}{\partial y_k} \cdot \frac{\partial y_k}{\partial \alpha_i} \cdot \frac{\partial \alpha_i}{\partial b_{1ij}}$$
$$= \eta \cdot \sum_{k=1}^{m} (t_k - y_k) \cdot f_2' \cdot w_{2ki} \cdot f_1' \cdot x_j = \eta \cdot \delta_{ij}$$

经过上述的过程，调整后的参数会使得模型输出量和期望值之间的差距减少，然后计算迭代计算直至收敛。

图 4-2 展示了一个简单的两个神经元的反向传播算法。

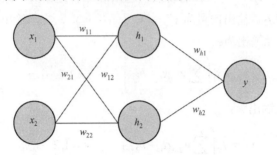

图 4-2　两个神经元的传播过程图

如图 4-2 所示，输出为 y，设损失函数为 E。

$$y = h_2 w_{h1} + h_2 w_{h2} = h_1(x_1 w_{11} + x_2 w_{12}) + h_2(x_1 w_{21} + x_2 w_{22})$$

假如某一时刻值如下：

$$x_1=1,\ x_2=-1,\ w_{11}=0.1,\ w_{21}=-0.1,\ w_{12}=-0.1,\ w_{22}=0.1,\ w_{h1}=0.8,\ w_{h2}=0.9,\ t=0$$

$$h_1 = w_{11}x_1 + w_{12}x_2 = 0.2$$

$$h_2 = w_{21}x_1 + w_{22}x_2 = -0.2$$

$$y = h_1 w_{h1} + h_2 w_{h2} = -0.2$$

那么计算 E 对 W_{h1} 的误差传播值为：

$$\frac{\partial E}{\partial w_{h1}} = \frac{\partial E}{\partial y}\frac{\partial y}{\partial w_{h1}} = (y-t)h_1 = -0.04$$

下次更新 W_{h1} 参数的时候就可以采用：

$$w_{h1} = w_{h1} - \eta\frac{\partial E}{\partial w_{h1}}$$

η 是学习率，一层一层推导下去即可。反向传播算法让多层感知器，或者说传统的全连接神经网络有了训练的手段，引发了神经网络的第二次热潮，虽然为期不长，毕竟当时计算力和数据都很有限，但是全连接神经网络总算是正式起来了。

下面展示如何利用 PyTorch 搭建最简单的人工神经网络：

```
class ANN(nn.Module):
    def __init__(self, input_dim, hidden_dim, output_dim):
        super(ANN, self).__init__()
        self.hidden_dim = hidden_dim
        #以上定义了隐藏层结点数，若结点数太少，网络可能无法学习到有效信息，但如果隐层结点数
太多，可能出现过拟合问题。合理隐层结点数应在同时考虑复杂程度和泛化能力的情况下用结点删除法和扩
张法确定
        self.input_dim = input_dim
```

```
        self.output_dim = output_dim
        self.fc1 = nn.Linear(self.input_dim, self.hidden_dim)
        self.fc2 = nn.Linear(self.hidden_dim, self.output_dim)

    def forward(self,x, batchSize):
        output = self.fc1(x)
        #fc1 定义了一层隐藏层。增加隐藏层层数可以降低网络误差，提高精度，但是在增加网络训练时
间的同时也可能造成过拟合
        output = self.fc2(output)
            return output
```

4.1.8　BP 网络模型的缺陷

虽然 BP 神经网络在处理许多种大规模的非线性数据表现良好，但还是存在一些不足，主要体现在以下方面。

1）梯度消失问题。由于 BP 神经网络一般会设置较多层数，而在反向传播算法中，每一层残差都需要向前一层累积，当层数较多时，很有可能到了某一层会出现梯度消失的现象，会导致这一层之前的层无法更新参数。

2）合适超参数的选择只有依靠经验值或者不断调试。尚无数学理论严格证明某些超参数一定会表现得更好，更多时候，超参数的选择是随着问题的改变而变化的，目前为止，虽然一些文献中会给出一些参数选择，但是不一定适合于所有情况，最好的超参数仍然要不停地尝试对比才能获得，但神经网络的训练通常比较耗时间。

3）局部最小值问题。BP 神经网络的训练非常依赖超参数的初始选择，如果超参数的初始选择不合适，很可能会导致该模型在训练时陷入局部最小值而非全局最小值。

4）没有时间序列的概念。BP 神经网络并没有设置记忆单元，也没有表示方向和时间的传递方式。由于股价数据是个典型的时间序列数据，因此理论上 BP 神经网络并不适用。

4.1.9　传统神经网络的训练方法为什么不能用在深度神经网络

BP 算法作为传统训练多层网络的典型算法，网络稍微一加深，训练方法就会很不理想，主要问题有梯度越来越稀疏：从顶层越往下，误差校正信号越来越小；容易收敛到局部最小值。深度结构非凸目标代价函数中普遍存在的局部最小会导致利用 BP 神经网络训练非常困难。

4.2　CNN 基础知识与 PyTorch 实战部分

卷积神经网络的模型架构在近年来经过了研究人员广泛的研究，发展出了适合各种任务的模型架构，涌现出一些系统性的设计思想，本章对卷积神经网络的经典模型和背后的设计思想进行详细的介绍。

4.2.1　什么是卷积神经网络

1. 什么是卷积？

卷积在工程和数学上有非常多的应用，在信号处理领域中，任意一个线性系统的输出，

就是输入信号和系统激励函数的卷积。放到数字图像处理领域，卷积操作一般指图像领域的二维卷积，如图4-3所示。

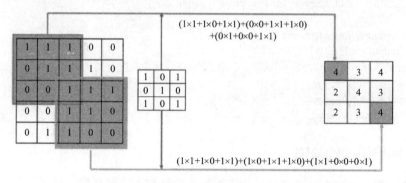

图4-3 卷积操作

一个二维卷积的案例如上，在图像上滑动，取与卷积核大小相等的区域，逐像素做乘法然后相加。例如原始图像大小是5×5，卷积核大小是3×3。首先卷积核与原始图像左上角3×3对应位置的元素相乘求和，得到的数值作为结果矩阵第一行第一列的元素值，然后卷积核向右移动一个单位（即步长 stride 为1），与原始图像前三行第2、3、4列所对应位置的元素分别相乘并求和，得到的数值作为结果矩阵第一行第二列的元素值，以此类推。

故卷积就是：一个核矩阵在一个原始矩阵上从上往下、从左往右扫描，每次扫描都得到一个结果，将所有结果组合到一起得到一个新的结果矩阵。

注意，这里不区分卷积和互相关，它们的区别只在于权重算子是否进行了翻转。之所以不重视，是因为在机器学习中，卷积核是否翻转，并不影响算法学习。

在卷积神经网络中，有几个重要的基本概念是需要注意的，这在网络结构的设计中至关重要。

2. 感受野

直观上讲，感受野就是视觉感受区域的大小。在卷积神经网络中，感受野是 CNN 中的某一层输出结果的一个元素对应输入层的一个映射，即 feature map 上的一个点所对应的输入图上的区域，具体示例如图4-4所示。

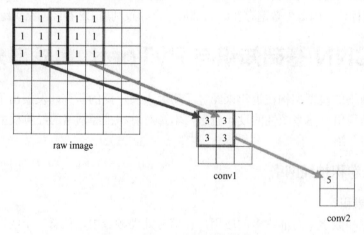

图4-4 感受野

如果一个神经元的大小是受到上层 $N \times N$ 的神经元的区域的影响，那么就可以说，该神经元的感受野是 $N \times N$，因为它反映了 $N \times N$ 区域的信息。在图 4-4conv2 中的像素点 5，是由 conv1 的 2×2 的区域计算得来，而该 2×2 区域，又是由 raw image 中 5×5 的区域计算而来，所以，该像素的感受野是 5×5。可以看出感受野越大，得到的全局信息越多。在物体分割和目标检测中，这是非常重要的一个参数。

3. 池化

了解感受野后再来解释池化（pooling）也很简单，图 4-4 的 raw image 到 conv1，再到 conv2，图像越来越小。每过一级就相当于一次降采样，这就是池化。池化可以通过步长不为 1 的卷积实现，也可以通过 pool 直接插值采样实现，本质上没有区别，只是权重不同。

通过卷积获得了特征之后，下一步则是用这些特征去做分类。理论上讲，人们可以把所有解析出来的特征关联到一个分类器，例如 softmax 分类器，但计算量非常大，并且极易出现过度拟合（over-fitting）。而池化层则可以对输入的特征图进行压缩，一方面使特征图变小，简化网络计算复杂度；另一方面进行特征压缩，提取主要特征。

一般而言池化操作的池化窗口都是不重叠的，所以池化窗口的大小等于步长 stride。如图 4-5 所示，采用一个大小为 2×2 的池化窗口，max pooling 是在每一个区域中寻找最大值，这里的 stride=2，最终在原特征图中提取主要特征得到右图。具体操作可如图 4-5 所示。

4.2.2 卷积神经网络的优点是什么

前面介绍了全连接神经网络的原理和结构上的缺陷，而这正好是卷积的优势。

图 4-5 池化操作

首先是学习原理上的改进，卷积神经网络不再是有监督学习了，不需要从图像中提取特征，而是直接从原始图像数据进行学习，这样可以最大程度防止信息在还没有进入网络之前就丢失。

另一方面是学习方式的改进。前面说了全连接神经网络一层的结果是与上一层的结点全部连接的，如 100×100 像素的图像，如果隐藏层也是同样大小（100×100 个）的神经元，光是一层网络，就已经有 10^8 个参数。要优化和存储这样的参数量，是无法想象的，所以经典的神经网络，基本上隐藏层在一两层左右。而卷积神经网络某一层的结点，只与上一层的一个图像块相连。而用于产生同一个图像中各个空间位置像素的卷积核是同一个，这就是所谓的权值共享。对于与全连接层同样多的隐藏层，假如每个神经元只和输入 10×10 的局部 patch 相连接，且卷积核移动步长为 10，则参数为：100×100×10×10，降低了两个数量级。

局部感知就是上一小节说的感受野，实际上就是卷积核和图像卷积的时候，每次卷积核所覆盖的像素只是一小部分，是局部特征，所以说是局部感知。CNN 是一个从局部到整体的过程，而传统的神经网络是整体的过程。

概括下来 CNN 主要有 3 个特点：局部感受野、权值共享和时间或空间子采样。

4.2.3　什么是 LeNet5 网络

从 1989 年开始，Yann LeCun 和 Y. Bengio 等人开始认真研究卷积神经网络。在后来 10 年的时间里，LeNet 系列网络开始迭代，直到最后 1998 年的 LeNet5 问世。

下面就先说一下 LeNet1，其实 LeNet1 之前还有一个网络，使用的输入大小为 16×16，有 9298 个样本，网络结构共包含 3 个隐藏层，分别是 H1、H2、H3。

LeNet1 的结构如图 4-6 所示，与 LeNet5 非常的像，差别就是输入图像大小、网络宽度和深度的不同，这其实反映了当时束缚神经网络发展的一个关键，硬件计算能力，因为反向传播理论早已成熟。

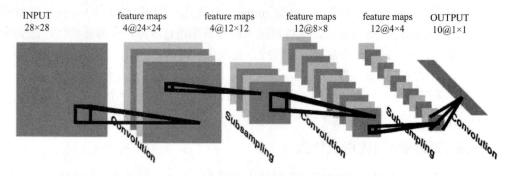

图 4-6　LeNet1 结构

在 1998 年，LeNet 网络系列迭代到了 LeNet5。

LeNet 系列最终稳定的版本就是 LeNet5，这是一个 7 层的卷积网络，后来被用于美国银行的手写数字识别。

LeNet5 有 3 个卷积层，2 个池化层，2 个全连接层。卷积层的卷积核都为 5×5，步长 stride=1，池化方法都为 Max pooling，激活函数为 Sigmoid，具体网络结构如图 4-7 所示。

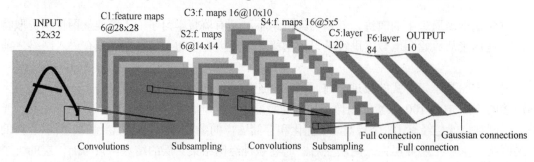

图 4-7　LeNet5 结构

下面详细解读网络结构，先约定一些称呼。featuremap 就是特征图，stride 即卷积核的步长，C1 的特征图大小为 28×28×6，卷积参数大小为（5×5×1）×6。其中 28×28 是特征图的高度×宽度，6 是特征图的通道数。（5×5×1）×6 表示卷积核尺寸为 5×5×1，依次是高度×宽度×通道数，共 6 个卷积核。可以把（5×5×1）想象成一个厚度为 1，高度、宽度各为 5 的卷积块，以下依此类推。

首先是输入层，输入图像统一归一化为 32×32。

然后是第一个卷积层 C1，经过（5×5×1）×6 卷积核，stride=1，生成特征图为 28×28×6。输入的图像是一个单通道的图像，所以这里特征图的数量，就等于卷积核的数量，每一个输入通道都与一个输入通道相连。C1 层包含了 156 个可训练的参数，122304 个连接。

接着是 S2 池化层，这是一个（2×2）的采样核，stride=2，生成特征图为 14×14×6。注意这里的池化层虽然没有卷积核，但是也有训练参数，即偏移量。所以包括了 12 个训练参数，5880 个连接。

然后是 C3 卷积层，经过（5×5×6）×16 卷积核，stride=1，生成特征图为 10×10×16。输入是 6 个通道，输出是 16 个通道，这里经过了一个编码，编码表见表 4-2。

表 4-2：编码表

	0	1	2	3	4	5	6	7	8	9	10	11	12	13	14	15
0	X				X	X	X			X	X	X	X		X	X
1	X	X				X	X	X			X	X	X	X		X
2	X	X	X				X	X	X			X		X	X	X
3		X	X	X			X	X	X	X			X		X	X
4			X	X	X			X	X	X	X		X	X		X
5				X	X	X			X	X	X	X		X	X	X

C3 的前 6 个 feature map 与 S2 层相邻的 3 个 feature map 相连接，后面 6 个 feature map 与 S2 层相邻的 4 个 feature map 相连接，后面 3 个 feature map 与 S2 层部分不相邻的 4 个 feature map 相连接，最后一个与 S2 层的所有 feature map 相连。

这其实是一个非常主观的设定，输出的 16 个通道并没有跟输入的每一个通道相连。它的设计初衷有两个：第一个是减小了计算量；第二个为了打破对称性。实际上在往后的网络设计中，很少会遵循这样的设计准则。C3 层共包含了 1516 个可训练参数，151600 个连接。

紧接着是 S4 池化层，经过（2×2）采样核，stride=2，生成特征图为 5×5×16。S4 层有 32 个可训练参数，2000 个连接。

然后就是 C5 卷积层，经过（5×5×16）×120 卷积核，stride=1，生成特征图为 1×1×120，这就是一个全连接层了，所以输出的每一个通道都会跟输入的所有通道相连。C5 层有 48120 个可训练的连接。

然后是 F6 全连接层，依然是一个全连接层，输入为 1×1×120，输出为 1×1×84，总参数量为 120×84。F6 层有 10164 个可训练的连接，84 这个数字有当时的设计背景。7 表示 6 种笔触类型加 1，这 6 种笔触分别是 vertical line、horizontal line、diagonal line、closed curve、curve open to left、curve open to right。12 是 10 种数字加正负两种数值方向。

最后是输出全连接层，输入为 1×1×84，输出为 1×1×10，总参数量为 84×10，10 就是分类的类别数。

注意，这里虽然是分类任务，但是并没有采用现在广泛使用的 softmax loss，即交叉熵，而是一个欧式距离，在原文中被描述为 gaussian connect，其实就等价于一个全连接层加上一个欧式损失层。

LeNet5 网络是早期非常经典的卷积神经网络，也是成功商业的代表，虽然它的网络深度只有 7 层，再加上数据的不足，但在早期并没有在手写数字识别之外的其他计算机视觉任务上仍取得重大的突破。

LeNet5 代码展示如下：

```python
from torch import nn
from torch.nn import functional as F
from torch.autograd import Variable
class LeNet5(nn.Module):
    def __init__(self):
        super().__init__()
        self.conv1 = nn.Conv2d(1, 6, 5, padding=2)#卷积核
        self.conv2 = nn.Conv2d(6, 16, 5)
        self.fc1 = nn.Linear(16*5*5, 120)
        self.fc2 = nn.Linear(120, 84)
        self.fc3 = nn.Linear(84, 10)

    def forward(self, x):
        x = F.max_pool2d(F.relu(self.conv1(x)), (2, 2))#池化层
        x = F.max_pool2d(F.relu(self.conv2(x)), (2, 2))
        x = x.view(-1, self.number_features(x))
        # self.number_features(x)是为了获得 x 的元素数量，具体操作是直接将 x 展成向量
        x = F.relu(self.fc1(x))
        x = F.relu(self.fc2(x))
        x = self.fc3(x)
        return x

    def number_features(self, x):
        size = x.size()[1:]
        num_features = 1
        for s in size:
            num_features *= s
        return num_features
```

4.2.4　为什么卷积核一般都是 3×3 而不是更大

主要有两点原因：第一，相对于用较大的卷积核，使用多个较小的卷积核可以获得相同的感受野和能获得更多的特征信息，同时使用小的卷积核参数更少，计算量更小；第二，用户可以使用更多的激活函数，有更多的非线性，使得在用户的 CNN 模型中的判决函数有更有判决性。

4.2.5　为什么不使用全连接神经网络，而是使用卷积神经网络

最重要的原因是结构上的缺陷：参数很多，丢失空间信息。全连接神经网络从 BP 算法提出开始，发展于 20 世纪 90 年代，那时候的计算机属于 CPU 时代，根本就无法撑起海量参数的计算。如果一个隐藏层特征图像大小为 100×100，输入层的特征图像大小为 100×100，这意味着学习这一层需要 100×100×100×100=10^8 的参数。如果以 32 位的浮点数进行存储，就

需要 4×108 的字节的存储量,约等于 400MB 的参数量。仅仅这样的一个网络层,其模型参数量已经超过了 AlexNet 网络的参数量,而 100×100 的特征图像分辨率,已经低于很多任务能够成功解决的下限。除了计算过程中需要存储的海量的参数,还有海量的计算,这些都超过了当时硬件的计算能力,因此大大限制了网络的大小,尤其是对于一些大的图像输入。

4.2.6　什么是 AlexNet

ImageNet 竞赛是由斯坦福大学计算机科学家李飞飞组织的年度机器学习竞赛。在每年的比赛中,参赛者都会得到超过一百万张图像的训练数据集,每张图像都被手工标记一个标签。参赛者的软件根据其对未被包含在训练集的其他图像进行分类的能力进行评判。如果前五次猜测中有一次与人类选择的标签相匹配,则被认为识别成功。

这项竞赛始于 2010 年,前两年的结果相当平庸。2010 年获胜的团队的 top-5 错误率高达28%。2011 年,这个错误率为 25%。2012 年来自多伦多大学的一个团队提交了参赛作品:AlexNet击败了所有竞争者。由于该团队使用深度神经网络,该团队得到了 16%的 top-5 错误率。

训练这种规模的网络需要大量的计算能力,而 AlexNet 被设计利用现代 GPU 提供的大量并行计算能力。研究人员想出了如何在两个 GPU 之间分配网络训练的工作,从而给了它们两倍的计算能力。不过,尽管进行了积极的优化,在 2012 年可用的硬件条件下(两个 Nvidia GTX 580GPU,每个 3GB 内存),网络训练进行了 5~6 天。

Alex Krizhevsky 正式提出了 AlexNet 网络,取得了 2012 年 ImageNet 分类任务的冠军,并取得了比第二名低 10%的误差,奠定了深度学习在图像识别领域的优势地位。

AlexNet 网络包含了 8 个网络层,其中 5 个卷积层,3 个全连接层。由于当时硬件水平的限制,采用了两个 GPU 分别进行训练。

它的网络结构示意图如图 4-8 所示。

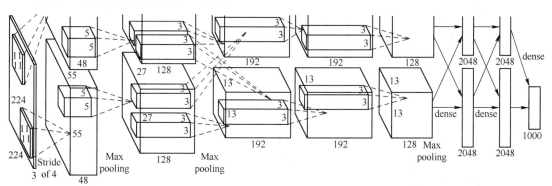

图 4-8　AlexNet 网络结构配置示意图

AlexNet 网络的输入图像为 224×224×3,这远远大于 MNIST 和 CIFAR 数据集中样本的大小。一般来说,越大的输入意味着信息的完整性越高。

AlexNet 网络的具体结构配置如下。

第一个卷积层是 conv1,使用了 11×11 大小的卷积核,输出 96 个通道,stride=4,输出特征图边长大小等于(224-11)/4+2=55,输出为 55×55×96。

第一个池化层 pool1,经过 3×3 的最大池化核,stride=2,输出特征图边长大小等于

(55-3)/2+1=27，输出为 27×27×96。

第一个 LRN 层 norm1，local_size=5，输出为 27×27×96。

第二个卷积层 conv2，使用 5×5 的卷积核，输出 256 个通道，pad=2，group=2，stride=1，输出特征图边长大小为(27+2×2-5)/1+1=27，输出为 27×27×256。

第二个池化层 pool2，经过 3×3 的最大池化核，stride=2，输出特征图边长大小为(27-3)/2+1=13，输出为 13×13×256。

第二个归一化层 norm2，local_size=5，输出为 13×13×256。

第三个卷积层 conv3，使用 3×3 的卷积核，输出 384 个通道，pad=1，stride=1，输出特征图边长大小等于(13+1×2-3)/1+1=13，输出为 13×13×384。

第四个卷积层 conv4，使用 3×3 的卷积核，输出 384 个通道，pad=1，stride=1，输出特征图边长大小等于(13+1×2-3)/1+1=13，输出为 13×13×384。

第五个卷积层 conv5，使用 3×3 的卷积核，输出 256 个通道，pad=1，stride=1，输出特征图边长大小等于(13+1×2-3)/1+1=13，输出为 13×13×256。

第三个池化层 pool5，经过(3×3)的最大池化核，stride=2，输出特征图边长大小等于(13-3)/2+1=6，输出为 6×6×256。

第一个全连接层 fc6，包含(6×6×256)×4096 个全连接，输出为 1×1×4096。

第一个 dropout 层为 dropout6，在训练的时候以 1/2 概率使得隐藏层的某些神经元的输出为 0，这样就丢掉了一半结点的输出，BP 的时候也不更新这些结点，以下 droupout 同理。

第二个全连接层 fc7，输入为 1×1×4096，输出为 1×1×4096，总参数量为 4096×4096。

第二个 dropout 层为 dropout7，输出为 1×1×4096。

第三个全连接层 fc8，输入为 1×1×4096，输出为 1000，总参数量为 4096×1000。

总结 AlexNet 网络的结构如下：

1）网络比 LeNet5 更深，包括 5 个卷积层和 3 个全连接层，最终 AlexNet 总体的数据参数大概为 240MB。

2）使用 ReLU 激活函数，收敛很快，解决了 Sigmoid 在网络较深时出现的梯度弥散问题。

3）加入了 dropout 层，防止过拟合。在训练的时候，dropout 会随机丢弃神经元的输出，即设定对应的权重参数都为 0。在测试的时候，则会将所有神经元的输出，乘以 0.5 来进行近似。

4）使用了 LRN 归一化层，对局部神经元的活动创建竞争机制，抑制反馈较小的神经元放大反应大的神经元，增强了模型的泛化能力。

5）使用了新型的数据增强方式，使用裁剪、翻转等操作做让数据增强，增强了模型的泛化能力。预测时使用提取图片 4 个角加中间 5 个位置并进行左右翻转一共十幅图片的方法求取平均值，这也是后面刷比赛的基本使用技巧。

6）分块训练，当年的 GPU 是 GTX 580，显存只有 3GB，限制了网络的规模，AlexNet 创新地将图像分为上下两块分别训练，然后在全连接层合并在一起。

这里的并行除了将模型的神经元进行了并行，还使得通信被限制在了某些网络层。比如第三层卷积要使用第二层所有的特征图，但是第四层却只需要同一块 GPU 中的第三层的特征图，如何去进行这样的选择方案的设定，需要进行多次实验的交叉验证。与只使用一个 GPU，也就是通道减半的网络相比，性能提升了不少。不过，如今这样的方案已经不需要了，因为 GPU 的显存越来越大，而神经网络的参数量和结构也得到了更好的优化，可以说，AlexNet

网络的成功是大数据，网络深度增加以及使用了若干新的训练技巧的共同结果。

AlexNet 代码展示：

```
#输入大小为 224×224
from torch import nn
from torch.nn import functional as F
from torch.autograd import Variable
class AlexNet(nn.Module):
    def __init__(self, num_classes=1000):
        super(AlexNet, self).__init__()
        self.features = nn.Sequential(
            nn.Conv2d(3, 64, kernel_size=11, stride=4, padding=2),
            nn.ReLU(inplace=True),
            nn.MaxPool2d(kernel_size=3, stride=2),
            nn.Conv2d(64, 192, kernel_size=5, padding=2),
            nn.ReLU(inplace=True),
            nn.MaxPool2d(kernel_size=3, stride=2),
            nn.Conv2d(192, 384, kernel_size=3, padding=1),
            nn.ReLU(inplace=True),
            nn.Conv2d(384, 256, kernel_size=3, padding=1),
            nn.ReLU(inplace=True),
            nn.Conv2d(256, 256, kernel_size=3, padding=1),
            nn.ReLU(inplace=True),
            nn.MaxPool2d(kernel_size=3, stride=2),
        )
        self.classifier = nn.Sequential(
            nn.Linear(256 * 6 * 6, 4096),
            nn.ReLU(inplace=True),
            nn.Linear(4096, 4096),
            nn.ReLU(inplace=True),
            nn.Linear(4096, num_classes),
        )

    def forward(self, x):
        x = self.features(x)
        x = x.view(x.size(0), 256 * 6 * 6)
        x = self.classifier(x)
        return x
```

4.2.7　什么是 VGG16

VGG16 是牛津大学 VGG 组提出的。VGG16 相比 AlexNet 的一个改进是采用连续的几个 3×3 的卷积核代替 AlexNet 中的较大卷积核（11×11，5×5）。对于给定的感受野（与输出有关的输入图片的局部大小），采用堆积的小卷积核是优于采用大的卷积核，因为多层非线性层可以增加网络深度来保证学习更复杂的模式，而且代价还比较小（参数更少）。

AlexNet 是一个 8 层的神经网络，在 2012 年以前 8 层是一个很深的网络，但是现在看来是一个很浅的网络，在两年后 VGGNet 直接将网络的深度提升了一倍，性能也大幅度提升。

AlexNet 使用了 11×11 的卷积核和大小等于 4 的步长，Zeiler 和 Fergus 在 zfnet 中对其进行了改进，卷积大小变为了 7×7，获得了更好的性能。

研究表明使用更小的卷积是有利的，在这样的背景下 2014 年牛津大学视觉组提出了 VGGNet，分别在 ImageNet 的定位和分类任务中取得第一名和第二名。

VGG 网络结构中全部卷积核大小为 3×3，通过对逐渐加深的网络进行评估，结果表明加深网络深度至 16～19 层可以极大地改进前人的网络结构。

VGG 使用了更小的卷积核和更小的 stride，不仅可以增加网络的非线性表达能力，还可以减小计算量。

下面以 VGG16 的网络结构为例进行详细介绍，它共有 13 个卷积层，3 个全连接层，全部采用 3×3 大小的卷积核，步长为 1，和 2×2 大小的最大池化核，步长为 2。

首先是输入层，输入图片为 224×224×3，在这一层进行了减均值预处理，减去均值可以一定程度上加速网络的训练，对于 16 层的标准 VGG16，接下来的网络配置依次为：

CONV3-64，经过(3×3×3)×64 次卷积，生成 featuremap 为 224×224×64。

CONV3-64，经过(3×3×64)×64 次卷积，生成 featuremap 为 224×224×64。

Max pool，经过(2×2)的 max pool，生成 featuremap 为 112×112×64。

CONV3-128，经过(3×3×64)×128 次卷积，生成 featuremap 为 112×112×128。

CONV3-128，经过(3×3×128)×128 次卷积，生成 featuremap 为 112×112×128。

Max pool，经过(2×2)的 maxpool，生成 featuremap 为 56×56×128。

CONV3-256，经过(3×3×128)×256 次卷积，生成 featuremap 为 56×56×256。

CONV3-256，经过(3×3×256)×256 次卷积，生成 featuremap 为 56×56×256。

CONV3-256，经过(3×3×256)×256 次卷积，生成 featuremap 为 56×56×256。

Max pool，经过(2×2)的 maxpool，生成 featuremap 为 28×28×256

CONV3-512，经过(3×3×256)×512 次卷积，生成 featuremap 为 28×28×512

CONV3-512，经过(3×3×512)×512 次卷积，生成 featuremap 为 28×28×512。

CONV3-512，经过(3×3×512)×512 次卷积，生成 featuremap 为 28×28×512。

Max pool，经过(2×2)的 maxpool，生成 featuremap 为 14×14×512。

CONV3-512，经过(3×3×512)×512 次卷积，生成 featuremap 为 14×14×512。

CONV3-512，经过(3×3×512)×512 次卷积，生成 featuremap 为 14×14×512。

CONV3-512，经过(3×3×512)×512 次卷积，生成 featuremap 为 14×14×512。

Max pool，经过(2×2)的 maxpool，生成 featuremap 为 7×7×512。

FC-4096，输入为 7×7×512，输出为 1×1×4096，总参数量为 7×7×512×4096。

FC-4096，输入为 1×1×4096，输出为 1×1×4096，总参数量为 4096×4096。

FC-1000，输入为 1×1×4096，输出为 1000，总参数量为 4096×1000。整个的 VGG 网络共包含参数约为 550M，全部使用 3×3 的卷积核和 2×2 的最大池化核，简化了卷积神经网络的结构。

与 AlexNet 网络结构相比，VGG 有几点重大的不同。

（1）卷积核

VGG 网络相比于 AlexNet 网络，只使用了 3×3 的卷积，网络的结构更加简单。相比于 AlexNet 第一个卷积层输出 96 维，卷积大小为 11×11，VGG 第一个卷积层的参数量和计算量都要小很多。AlexNet 参数量为 96×3×11×11，VGG 参数量为 64×3×3×3，64×3×3×3/

（96×3×11×11）=0.05，即 VGG 第一层卷积的参数量只有 AlexNet 的 1/20 不到，计算量也差不多。这样一来，虽然网络的深度增加了很多，但是模型参数却不比有较大的卷积感受野和较多特征图的浅层网络多。

（2）池化

在 VGG 网络中，池化的核大小为 2×2，步长为 2，而 AlexNet 中采用的是重叠池化方案，核大小为 3×3，步长为 2。至于是重叠池化好还是不重叠池化好，在 AlexNet 中观测到，有重叠的池化相比不重叠池化能够降低过拟合问题，不过不重叠池化计算量低一些。

（3）数据增强

在 VGG 中使用了比 AlexNet 更复杂的多尺度增强方案，即 Scale Jittering。先固定一种裁剪的尺寸为 $m×m$，比如通常为 224×224，然后把图片短边缩放到一个大于 m 的值，比如 [256,288]，最后再裁剪出 $m×m$。相对于先把图片缩放到固定的大小，这个能操作的空间更大，不过也可能裁剪掉了重要的区域。

下面这段代码即展示了 VGG16 网络的实现过程，代码中共有 13 个卷积层，3 个全连接层，全部采用 3×3 大小的卷积核 2×2 大小的最大池化核。

```python
class VGG16(network.Module):
    def __init__(self):
        super(VGG16, self).__init__()
        self.layer1 = network.Sequential(
            network.Conv3d(3, 64, kernel_size=3, padding=1),
            network.BatchNorm3d(64),
            network.ReLU(),
            network.Conv3d(64, 64, kernel_size=3, padding=1),
            network.BatchNorm3d(64),
            network.ReLU(),
            network.MaxPool3d(kernel_size=2, stride=2))

        self.layer2 = network.Sequential(
            network.Conv3d(64, 128, kernel_size=3, padding=1),
            network.BatchNorm3d(128),
            network.ReLU(),
            network.Conv3d(128, 128, kernel_size=3, padding=1),
            network.BatchNorm3d(128),
            network.ReLU(),
            network.MaxPool3d(kernel_size=2, stride=2))

        self.layer3 = network.Sequential(
            network.Conv3d(128, 256, kernel_size=3, padding=1),
            network.BatchNorm3d(256),
            network.ReLU(),
            network.Conv3d(256, 256, kernel_size=3, padding=1),
            network.BatchNorm3d(256),
            network.ReLU(),
            network.MaxPool3d(kernel_size=2, stride=2))

        self.layer4 = network.Sequential(
            network.Conv3d(256, 512, kernel_size=3, padding=1),
```

```
        network.BatchNorm3d(512),
        network.ReLU(),
        network.Conv3d(512, 512, kernel_size=3, padding=1),
        network.BatchNorm3d(512),
        network.ReLU(),
        network.MaxPool3d(kernel_size=2, stride=2))

    self.layer5 = network.Sequential(
        network.Conv3d(512, 512, kernel_size=3, padding=1),
        network.BatchNorm3d(512),
        network.ReLU(),
        network.Conv3d(512, 512, kernel_size=3, padding=1),
        network.BatchNorm3d(512),
        network.ReLU(),
        network.MaxPool3d(kernel_size=2, stride=2))

    self.layer6 = network.Sequential(
        network.Linear(4096, 4096),
        network.BatchNorm1d(4096),
        network.ReLU())

    self.layer7 = network.Sequential(
        network.Linear(4096, 4096),
        network.BatchNorm1d(4096),
        network.ReLU()

    self.layer8 = network.Sequential(
        network.Linear(4096, 1000)
        network.BatchNorm1d(1000),
        network.Softmax())
    #layer6、layer7、layer8 即对应的是先前介绍的 FC-4096、FC-4096 和 FC-1000

    def forward(self, x):
        out = self.layer1(x)
        out = self.layer2(out)
        out = self.layer3(out)
        out = self.layer4(out)
        out = self.layer5(out)
        vgg16_features = out.view(out.size(0), -1)
        out = self.layer6(vgg16_features)
        out = self.layer7(out)
        out = self.layer8(out)
        return vgg16_features, out
```

4.3 LSTM 基础知识与 PyTorch 实战部分

　　由于传统的神经网络没有设计记忆结构，因此在处理序列数据上无所适从（即便经过特殊的处理），这不仅导致工作量变大，预测的结果也会受到很大的影响。循环神经网络

（Recurrent Neural Network，RNN）针对 BP 神经网络的缺点，增加了信息跨时传递的结构。

对于 RNN 而言，每个时刻的隐藏层除了连接本期的输入层和输出层，还连接着上一时刻和下一时刻的隐藏单元，这也就是历史信息传递的方式。过去的信息正是通过这样的结构影响当期的输出。此外，在模型训练上，RNN 虽然也是采用反向传播的方式，但跟 BP 模型不一样的是，它还包含从最后一个时间将累积的残差传递回来的过程。这种方法被称为基于时间的反向传播（Back Propagation Through Time，BPTT）。

传统的神经网络模型面对许多问题显得无能为力，因为同层的结点之间无连接，网络的传播也是顺序的。而循环神经网络对序列化数据有很强的模型拟合能力，因为它相比起 ANN 来讲是一种具有反馈结构的神经网络，其输出不但与当前输入和网络的权值有关，而且也与先前网络的输入有关。本节将介绍循环神经网络（RNN）及其变种长短时记忆网络（LSTM）、门控循环神经网络（GRU）。

4.3.1　什么是循环神经网络（RNN）

循环神经网络在隐含层会对之前的信息进行存储记忆，然后输入到当前计算的隐含层单元中，也就是隐含层的内部结点不再是相互独立的，而是互相有消息传递。RNN 通过隐层神经元的记忆功能，实现了所有时刻的权重矩阵共享。在学习同样数量权重的情况下，相比于前馈神经网络，RNN 用到的信息更少，也就是说在同样的信息下，RNN 学习能力更强。其内部结构如图 4-9 所示。

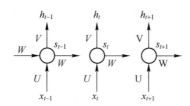

图 4-9　循环神经网络（RNN）的内部结构

1）x_t 表示第 t 步的输入。

2）S_t 表示第 t 步隐藏层的状态，它是根据当前输入层的输出和上一时刻隐藏层的状态 S_{t-1} 进行计算的，公式如下：

$$s_t = f(Ux_t + Ws_{t-1})$$

其中 U 是输入层的连接矩阵，W 是上一时刻隐含层到下一时刻隐含层的权重矩阵，$f(x)$ 一般是非线性的激活函数，例如 tanh。

3）h_t 表示第 t 步的输出，输出层是连接状态，即它每个结点和隐含层的每个结点都互相连接，公式如下：

$$h_t = g(V * s_t)$$

其中 V 是输出层的连接矩阵，$g(x)$ 是激活函数。

$$h_t = g(V * s_t) = Vf(Ux_t + Ws_{t-1})$$
$$= Vf(Ux_t + Wf(Ux_{t-1} + Ws_{t-2}))$$

由该公式可以看出，RNN 的输出值与前面多个时刻的历史输入值有关，这也是为什么循环神经网络处理序列数据建模效果好的原因。

普通 RNN 虽然具备一定的记忆功能，但是却不能很好地处理长期记忆问题。循环神经网络包含非常复杂的参数动态变化，这导致它非常难训练。RNN 也是采用后向传播算法对权重和阈值进行优化，虽然可以将之前的隐层状态存储在记忆单元中，但对于处理相隔距离较远的信息却无能为力。当误差的权重大于 1 时，权重经过多次相乘会导致梯度爆炸的问题，而当误差的权重小于 1 时，经过多次传播，又会出现梯度消失的情况。RNN 训练难的本质在于参数在时间结构的传递中被不断使用，即在不同的时间点反复使用，因此只要权重有微小的变化就有可能造成"蝴蝶效应"。

由于在计算梯度时，需要用到链式法则。而前面层的梯度是由后面层的梯度连乘得到的。而多个比较小的梯度相乘会使梯度值以指数级速度下降，最终在反向传播几步后就完全消失。同时由于 RNN 的学习依赖于激活函数和网络初始参数，如果梯度值太大，会产生梯度爆炸而不是梯度消失问题。

为了解决普通 RNN 在处理长时记忆时易出现梯度爆炸和梯度消失的问题，具有门控制功能的 LSTM 及其变体应运而生。

循环神经网络的优化算法和普通神经网络基本一致，均是利用了反向传播算法，但由于循环神经网络在结构上的特殊性，它采用的被称为基于时间的反向传播算法（BPTT），在这种算法下，在更新参数时，不仅是从输出端反向到隐藏层和输入端，而且是沿着时间——从未来向过去更新参数。

下面给出 RNN 详细的前向传播和反向传播的公式（忽略偏置）：

i：输入神经元；F：输入神经元数量；

h：隐藏层神经元；H：隐藏层神经元数量；

k：输出神经元；K：输出神经元；

U：从输入层到隐藏层的权重向量；V：从隐藏层到输出层的权重向量；

W：上一时刻的隐藏层连接到这一时刻隐藏层的权重向量；

a_h^t：t 时刻输入层到隐藏层的输出，该输出并未经过激活函数；

s_h^t：t 时刻 a_h^t 经由激活函数后的输出值；

δ_h^t：t 时刻隐藏层的残差。

（1）前向传播

在 t 时刻的 a_h^t 为下式：

$$a_h^t = \sum_{i=1}^{I} u_{ih} x_i^t + \sum_{h'=1}^{H} w_{h'h} s_{h'}^{t-1}$$

a_h^t 经由激活函数后的输出值为 s_h^t：

$$s_h^t = \text{Sigmoid}(a_h^t)$$

输出层的计算为：

$$O_k^t = \sum_{h'=1}^{H} V_{hk} s_h^t$$

根据前向传播的公式就可以看到 RNN 与 BP 模型的区别，即在 t 时刻隐藏层的输入上，除了来自 t 时刻的输入，还有来自 $t-1$ 时刻隐藏层的信息。

（2）反向传播

RNN 的反向传播采用的是 BPTT 的方法，其残差的公式如下：

$$\delta_h^t = f(a_h^t)\left(\sum_{k=1}^{K} v_{hk}\delta_k^t + \sum_{h'=1}^{H} w_{h'h}\delta_{h'}^{t+1}\right)$$

值得注意的是，整个 RNN 网络共享同一组参数。

t 时刻损失函数对于参数的求导公式分别如下：

$$\frac{\partial E}{\partial w_{h'h}} = \frac{\partial E}{\partial a_h^t}\frac{\partial a_h^t}{\partial w_{h'h}} = \delta_h^t \delta_{k'}^{t-1}$$

$$\frac{\partial E}{\partial u_{ih}} = \frac{\partial E}{\partial a_h^t}\frac{\partial a_h^t}{\partial u_{ih}} = \delta_h^t x_i^t$$

$$\frac{\partial E}{\partial v_{hk}} = \delta_k^t s_h^t$$

而根据 BPTT 的算法，RNN 的参数导数为各时间点上导数之和：

$$\frac{\partial E}{\partial w_{h'h}} = \sum \frac{\partial E}{\partial a_h^t}\frac{\partial a_h^t}{\partial w_{h'h}} = \sum \delta_h^t s_{k'}^{t-1}$$

$$\frac{\partial E}{\partial u_{ih}} = \sum \frac{\partial E}{\partial a_h^t}\frac{\partial a_h^t}{\partial u_{ih}} = \sum \delta_h^t x_i^t$$

$$\frac{\partial E}{\partial v_{hk}} = \sum \delta_k^t s_h^t$$

4.3.2 RNN 的梯度消失问题以及代码展示

RNN 神经网络的优点在于引入了记忆结构，可以处理过去对未来有较大影响的时间序列数据，因此，在这类问题的处理上，RNN 模型要优于 BP 模型。但同样地，RNN 所利用 BPTT 算法去求解最优参数依然会面临梯度消失的问题，因此，当某个时刻的神经元和未来时间相隔较远时，该神经元的权重可能面临无法调节的情况，因此这也导致了 RNN 模型并不能处理长期依赖的问题。

梯度消失原因的公式推导如下：

设 T 时刻预测值与真实值的误差为 L_T，则利用链式法则有：

$$\frac{\partial L_T}{\partial W} = \sum_{k=1}^{T} \frac{\partial L_T}{\partial y_T}\frac{\partial y_T}{\partial h_T}\frac{\partial h_T}{\partial h_k}\frac{\partial h_k}{\partial W}$$

其中：

$$\frac{\partial h_T}{\partial h_k} = \prod_{j=k+1}^{T} \frac{\partial h_j}{\partial h_{j-1}}$$

又由于 $h_t = f(Ux_t + Wh_{t-1})$ 且：

$$\frac{df}{dx} = \begin{bmatrix} \dfrac{df_1}{dx_1} & \cdots & \dfrac{df_1}{dx_n} \\ \vdots & & \vdots \\ \dfrac{df_m}{dx_1} & \cdots & \dfrac{df_m}{dx_n} \end{bmatrix}$$

则记：

$$\left\| \frac{\partial h_j}{\partial h_{j-1}} \right\| = \left\| W^T \right\| * \left\| diag(f'_{(h_{j-1})}) \right\| \leqslant \delta_w * \delta_h$$

其中 δ_w, δ_h 分别表示正则化的上界，将上式代入原连乘的式子有：

$$\left\| \frac{\partial h_T}{\partial h_k} \right\| = \left\| \prod_{j=k+1}^{T} \frac{\partial h_j}{\partial h_{j-1}} \right\| \leqslant (\delta_w * \delta_h)^{t-k}$$

由于计算梯度时前面层的梯度是由后面层的梯度连乘得到的，而多个比较小的梯度相乘会使梯度值以指数级速度下降，最终在反向传播几步后就完全消失。同时由于 RNN 的学习依赖于激活函数和网络初始参数，如果值太大，会产生梯度爆炸而不是梯度消失问题。

RNN 代码展示如下：

```
class RNNModel(nn.Module):
    def __init__(self, input_dim,hidden_dim,output_dim,layer_num):
        super().__init__()
        self.rnnLayer=nn.RNN(input_dim,hidden_dim,layer_num)
        self.fc=nn.Linear(hidden_dim,output_dim)

    def forward(self, x):
        out,_=self.rnnLayer(x)
        out=self.fc(out)
        return  out
#输入维度 10，隐藏层维度 10 ，输出层维度 1，隐藏层数 2
rnn=rnnModel(10,10,1,2)
#确定损失函数和优化函数
criterion=nn.MSELoss()
optimizer=optim.Adam(rnn.parameters(),lr=1e-2)
#假设已经定义好了数据 trainX，trainY
# 训练 RNN 模型
epoch = 1000#循环训练 1000 次，也可通过设置 early stop 使得 loss 在若干步都停止下降时结束训练
for i in range(epoch):
    inputs = Variable(trainX)
    target = Variable(trainY)
    output = rnn(inputs)
    loss = criterion(output, target)
    optimizer.zero_grad()
    loss.backward()
    optimizer.step()
```

4.3.3 什么是长短时记忆网络（LSTM）

LSTM 模型属于循环神经网络，这类神经网络主要是解决传统的神经网络不具备记忆能

力的缺陷。它们的结构中，隐藏层不仅仅和本时刻的输入层和输出层相连接，同时也和过去时刻的状态相连，即过去的信息可以通过这个连接将信息传递到此刻，因此在该类神经网络具有记忆性。从网络结构设计的角度来说，LSTM 对 RNN 的改进主要体现在通过门控制器增加了对不同时刻记忆的权重控制，以及加入跨层连接削减梯度消失问题的影响。如果一个事件非常重要，则输入门就按重要程度将短期记忆合并进行进长期记忆，或者通过遗忘门忘记部分长期记忆，按比例替换为现在的新记忆。而在最后，输出门会基于长期记忆和短期记忆综合判断到底应该有什么样的输出。基于这样的控制机制，LSTM 对于长序列的理解分析能力大幅提高，在多种应用中都取得了非常好的效果。

总之改进点是：通过在 LSTM 模型中设计了一个记忆单元，并通过一个叫作忘记门的控制单元来选择将过去的信息保留多少，当忘却门为 1 时，代表全部保留过去的信息，而当为 0 时，代表全部忘记过去的信息，介于 0～1，则是部分保留过去的信息；由于这个设定，在 LSTM 单元中总是保留有稳定的误差流，这样可以使得在反向传播时，始终不会出现梯度消失的现象。

其内部结构如 4-10 图所示。

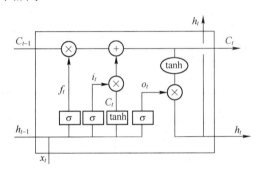

图 4-10　LSTM 算法内部结构图

第一层是忘记层，该层决定细胞状态中丢弃什么信息。把 h_{t-1} 和 x_t 拼接起来传给 sigmoid 函数并输出 0～1 之间的值，并将这个值乘到细胞状态 c_{t-1} 上去。sigmoid 函数的输出值直接决定了状态信息保留多少。

$$f_t = \sigma(W_f \cdot [h_{t-1}, x_t] + b_f)$$

下一步是更新层的细胞状态。tanh 层是用来产生更新值的候选项 $\tilde{C}_t$，输出值为[-1,1]，则意味着细胞状态在某些维度上需要加强，在某些维度上需要减弱；而 sigmoid 层的输出值要乘到 tanh 层的输出上，起到一个缩放的作用，在极端情况下 sigmoid 输出 0 说明相应维度上的细胞状态不需要更新。

$$i_t = \sigma(W_i \cdot [h_{t-1}, x_t] + b_i)$$

$$\tilde{C}_t = \tanh(W_C \cdot [h_{t-1}, x_t] + b_C)$$

下一步是旧的细胞状态 C_{t-1} 与忘记门 f_t（f 是 forget 忘记门的意思）相乘来丢弃一部分信息，再加需要更新的部分 $i_t * \tilde{C}_t$，这就生成了新的细胞状态 $\tilde{C}_t$。

$$C_t = f_t * C_{t-1} + i_t * \tilde{C}_t$$

最后是输出部分。输出值跟细胞状态有关，把 C_t 输给一个 tanh 函数得到输出值的候选项。

sigmoid 层会决定候选项中的哪些部分最终会被输出。

$$o_t = \sigma(W_o \cdot [h_{t-1}, x_t] + b_o)$$

$$h_t = o_t * \tanh(C_t)$$

具体来讲，输入门控制了记忆单元的入口，只有当输入门是打开状态时，输入数据才能进入记忆单元，当输入门关闭时，数据不能进入，输入门打开与否是由神经网络学习到的参数决定的。遗忘门决定了记忆单元中的信息是保留还是遗忘，即控制上一时刻进入记忆单元中的信息有多少可以累积到当前时刻，这部分信息将最终汇总到输出门处理。遗忘门开启时记忆单元中的信息被保留，遗忘门关闭时信息被遗忘，遗忘门的开闭状态也是由神经网络学习的权重决定的。输出门是记忆单元的出口，它决定了外部的单元是否可以从记忆单元中读取信息，即控制多少信息可以流入到当前隐层。当输出门打开时数据可读，输出门关闭时数据不可读，同样，输出门的开闭状态是由神经网络学习到的。

LSTM 的历史信息累计靠记忆单元的自连接实现，通过"遗忘门"过滤上一时刻记忆单元的信息，并通过"输入门"控制新信息的输入，从而实现了对历史信息的线性累积。隐层状态是根据记忆单元状态计算的，由上面的公式可知记忆单元是线性更新的，因此经过非线性函数 tanh 再结合输出门的信息得到当前隐含层状态。

总之 LSTM 与传统的 RNN 相比，多了 3 个基于 sigmoid 函数的"门"来控制信息的流量，通过对历史信息的线性累积，实现了时间序列预测的"长程依赖"。可以有效地解决简单 RNN 容易出现梯度消失的问题。针对股票预测问题，其处理的时序跨度可以更广，可以有效地捕捉数据中的时序特征，提高模型的预测能力。

RNN 和 LSTM 模型最大的不同在于 LSTM 模型不仅可以保存来自过去的信息，还可以通过遗忘门决定保存多少过去的信息，在这样的设定下，LSTM 模型既克服了 RNN 模型的长期依赖问题（RNN 无法处理超长序列），也克服了 RNN 模型在训练时产生的梯度爆炸和梯度消失的问题。

LSTM 代码展示如下：

以下使用两种方式来实现 LSTM：一种是直接调用函数实现；另一种是自己写 LSTM 函数实现，目的是希望完全熟悉 LSTM 的内部结构。

第一种是直接调用 PyTorch 中的 nn.LSTM 实现：

```python
class lstmModel(nn.Module):
    def __init__(self,in_dim,hidden_dim,out_dim,layer_num):
        super().__init__()
        self.lstmLayer=nn.LSTM(in_dim,hidden_dim,layer_num)
        self.relu=nn.ReLU()
        self.fc=nn.Linear(hidden_dim,out_dim)

    def forward(self, x):
        out,_=self.lstmLayer(x)
        seq,batch,hidden =out.size()
        out=out.view(seq* batch, hidden)
        out=self.relu(out)
        out=self.fc (out)
        return out
```

第二种是自己编写 LSTM 算法：

```
class LSTM(nn.Module):
    def __init__(self, input_size, cell_size, hidden_size):
        super(LSTM, self).__init__()
        self.cell_size = cell_size
        self.hidden_size = hidden_size
        self.fl = nn.Linear(input_size + hidden_size, hidden_size)
        self.il = nn.Linear(input_size + hidden_size, hidden_size)
        self.ol = nn.Linear(input_size + hidden_size, hidden_size)
        self.Cl = nn.Linear(input_size + hidden_size, hidden_size)

    def forward(self, input, Hidden_State, Cell_State):
        value = torch.cat((input, Hidden_State), 1)
        f = F.sigmoid(self.fl(value))
        i = F.sigmoid(self.il(value))
        o = F.sigmoid(self.ol(value))
        C = F.tanh(self.Cl(value))
        Cell_State = f * Cell_State + i * C
        Hidden_State = o * F.tanh(Cell_State)
        return Hidden_State, Cell_State

    def next(self, inputs):
        batch_size = inputs.size(0)
        time_step = inputs.size(1)
        Hidden_State, Cell_State = self.initHidden(batch_size)
        for i in range(time_step):
            Hidden_State, Cell_State = self.forward(torch.squeeze(inputs[:,i:i+1,:]), Hidden_State, Cell_State)
        return Hidden_State, Cell_State
```

4.3.4　什么是门控循环神经网络（GRU）

门限循环单元（Gated Recurrent Unit，GRU），是 LSTM 的一个变体，GRU 在保持了 LSTM 的效果的同时，结构更加简单。相比于 LSTM 的三道控制门，GRU 只用两个控制门，它将输入门和遗忘门合并成为一体——更新门，并且不把线性更新积累到记忆单元中，而是直接线性累加到隐层状态中，并通过门来控制。其内部结构如图 4-11 所示。

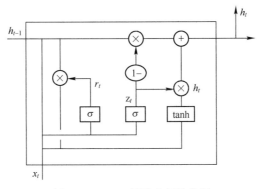

图 4-11　GRU 算法内部结构图

相比于 LSTM，GRU 最大的改进在于更新门，更新门用于控制前一隐层到当前隐层的信息流量，更新门的值越大，从前一隐层流入进当前隐层的信息就越多，更新门的值越小，信息流入的就越少。重置门的作用是判断是否放弃前一隐层的状态，重置门的值越大，上一隐层的状态保留的就越多，重置门的值越小，上一隐层的状态保留的就越少。GRU 的数学表达如下：

$$z_t = \sigma(W_Z \cdot [h_{t-1}, x_t])$$

$$r_t = \sigma(W_r \cdot [h_{t-1}, x_t])$$

$$\tilde{h}_t = \tanh(W \cdot [r_t * h_{t-1}, x_t])$$

$$h_t = (1 - z_t) * h_{t-1} + z_t * h_t$$

其中 z_t 是更新门，它有机融合了 LSTM 中的输入门和忘记门，rt 是重置门，用来控制是否要放弃之前的隐层状态。其余部分与 LSTM 类似，这里不再赘述。

GRU 中的更新门相当于 LSTM 中的输入门与遗忘门的联动，它的结构比 LSTM 更简单，需要的参数更少，但效果堪比 LSTM，在训练时鲁棒性也更好。实验证明，在参数相同的情况下，GRU 比 LSTM 表现好，由于模型更加简化，调参相对简单，可以节省更多的时间，在训练集样本较少的情况下比 LSTM 更友好。

GRU 代码展示如下：

```
class gruModel(nn.Module):
    def __init__(self, in_size, hidden_size, out_size, hidden_layer):
        super().__init__()
        self.gruLayer = nn.GRU(in_size, hidden_size, hidden_layer)
        self.fcLayer = nn.Linear(hidden_size, out_size)

    def forward(self, x):
        out, _ = self.gruLayer(x)
        out = self.fcLayer(out)
        return out
```

第 5 章　深度强化学习

2016 年初，AlphaGo 战胜李世石成为人工智能的里程碑事件，其核心技术深度强化学习受到人们的广泛关注和研究，取得了丰硕的理论和应用成果。深度强化学习在游戏、机器人、自然语言处理、智能驾驶、智能医疗等领域均有很多重要的应用。本章将从强化学习的基础概念讲起，并由易到难讲解策略梯度算法、深度 Q 网络算法、A3C 算法及其他算法的相应扩展。本章也针对个别强化学习算法提供了相对应的 PyTorch 实现代码和代码解释。

5.1　强化学习重要概念与函数

在机器学习范畴内，根据反馈的不同，学习技术可以分为监督学习、非监督学习和强化学习三大类。强化学习又称为增强学习、加强学习或激励学习，是一种从环境状态到行为映射的学习，目的是使动作从环境中获得的累积回报值最大。强化学习主要是智能体（Agent）与环境（Environment）的交互过程，在交通控制、金融、计算机视觉、自然语言处理中有非常广泛的应用。

以计算机视觉为例："AutoAugment: Learning Augmentation Policies from Data"中提出了一种强化学习算法，用来增加现有训练数据集中数据的数量和多样性，并能够在不依赖于生成新的数据集的情况下提高计算机视觉模型的性能。"Recurrent Attentional Reinforcement Learning for Multi-label Image Recognition"中提出的新框架 RARL，它基于强化学习循环发现关注区域的办法更好地解决了多标签图像的识别任务，实验在数据集 Microsoft COCO 上进行了验证，RARL 在 C-F1 和 O-F1 评价指标上比 RLSD 和 CNN-RNN 提升了 4.4%和 3.3%。

以自然语言处理为例：强化学习可以应用于关系抽取任务，AAAI 2018 的文章"Reinforcement Learning for Relation Classification from Noisy Data"就是利用强化学习来处理远程监督的噪声问题，相比起经典的关系提取方法有更好的效果。并且强化学习还可用于对话系统、论辩挖掘等其他任务。像复旦大学黄萱菁、邱锡鹏、魏忠钰教授团队就有非常多的被顶级会议认可的将强化学习应用到自然语言处理领域的研究工作。

以金融为例：金融投资组合管理是将资金分配到不同的金融产品来获得更大累计收益的过程，2017 年的"A Deep Reinforcement Learning Framework for the Financial Portfolio Management Problem"利用深度强化学习为投资组合管理提供了新的解决方案，提出的 DRL 框架在加密货币市场中进行了应用，性能显著优于基准算法。

5.1.1　简要介绍强化学习中若干基础概念

下面主要介绍智能体、环境、状态、策略、状态转移概率、即时奖励、总回报、目标函数和值函数等概念。

1. 智能体（Agent）

智能体（Agent）通过外界环境的状态（State）和奖励反馈（Reward）进行学习，并根据外界环境的状态来做出不同的动作（Action），而学习功能是指根据外界环境的奖励来调整策略。

2．环境（Environment）

环境（Environment）是智能体（Agent）外部的所有事物，随着智能体（Agent）所做出的不同动作（Action），环境的状态（State）会改变，并反馈给智能体（Agent）相应的奖励（Reward）。

3．状态（State）

状态（State）是对环境的描述。动作（action）是对智能体行为的描述。

4．强化学习的基本原理

如果 Agent 的某个行为导致了环境对 Agent 正的奖赏，则 Agent 以后采取这个行为策略的趋势会加强。反之，若某个行为策略导致了负的奖赏，那么 Agent 此后采取这个动作的趋势会减弱。强化学习的过程描述如下：Agent 选择一个动作 action 作用于环境，环境接收该动作后发生变化，同时产生强化信号反馈给 Agent，Agent 再根据强化信号和环境的当前状态 s 再选择下一个动作，选择的原则是使受到正的奖赏值的概率增大。选择的动作不仅影响立即奖赏值，而且还影响下一时刻的状态及最终强化值。强化学习的目的就是寻找一个最优策略，使得 Agent 在运行中所获得的累计奖赏值最大，如图 5-1 所示。

图 5-1　强化学习框架图

在下面部分把动作用 a 表示，状态用 s 表示，下个时刻状态用 s' 表示，环境用 E 表示。

5．策略

策略 $\pi(a|s)$ 是智能体根据环境状态来决定下一步动作,分为确定性策略与随机性策略。策略也称决策函数，规定了在每个可能的状态，Agent 应该采取的动作集合。策略是强化学习的核心部分，策略的好坏最终决定了 Agent 的行动和整体性能，策略具有随机性。策略描述针对状态集合 S 中的每一个状态 s，Agent 应完成动作集 A 中的一个动作 a，策略 π：$S{\rightarrow}A$ 是一个从状态到动作的映射。关于任意状态所能选择的策略组成的集合 F，称为允许策略集合，$\pi \in F$。在允许策略集合中找出使问题具有最优效果的策略 π^*，称为最优策略。

6．状态转移概率

状态转移概率 $p(s'|s,a)$ 是在智能体根据当前状态做出一个动作后，环境在下一状态转为 s' 的概率。

7．即时奖励

即时奖励 $r(s,a,s')$ 是根据当前状态、当前动作和下一时刻状态所决定的奖励函数。奖赏函数是 Agent 修改策略的基础，通常是一个标量信号，例如用一个正数表示奖，而用负数表示罚，一般来说正数越大表示奖励越多，负数越小表示惩罚越多。强化学习的目的就是使 Agent 最终得到的总的奖赏值达到最大。奖赏函数往往是确定的、客观的，为策略的选择提供依据。

8．总回报

总回报是给定策略 τ 后，智能体与环境交互作用结束后所得到的累计奖励 Return：

$$G(\tau) = \sum_{t=0}^{T-1} r_{t+1} = \sum_{t=0}^{T-1} r(s_t, a_t, s_{t+1})$$

如果没有终止情况，即 $T = \infty$，则利用折扣率 γ 来降低远期回报的权重 $\gamma \in [0,1]$，Return 定义为：

$$G(\tau) = \sum_{t=0}^{\infty} \gamma^t r_{t+1}$$

G 是从初始时刻计算得到的总回报，而从 t 时刻开始的总回报定义为：

$$G_t(\tau) = \sum_{k=0}^{\infty} \gamma^k r_{t+k+1}$$

9. 目标函数

目标函数是总回报的期望值。由于每次状态转移都是随机性的，所以学习的目标是 agent 执行一系列动作来获得尽可能多的平均汇报：

$$J(\theta) = E_{\tau \sim p\theta(\tau)}(G(\tau))$$

10. 值函数

对于任一策略 π，定义值函数为无限时域累积折扣奖赏的期望值，也就是状态 s 的未来潜在价值，即累计奖赏：

$$V^\pi(s) = E[G_t \mid s_t = s] = E\left[\sum_{k=0}^{\infty} \gamma^k r_{t+k+1} \,\middle|\, s_t = s\right]$$

其中，r_t 和 s_t 分别为在时刻 t 的立即奖赏和状态，衰减系数 $\gamma(\gamma \in [0,1])$ 使得邻近的奖赏比未来的奖赏更重要。

11. 状态-动作价值函数 $Q^\pi(s,a)$

状态-动作价值函数 $Q^\pi(s,a)$（又称 Q 值）是另一种评价函数。从状态 s 出发，执行动作 a 后再用策略 π 的累计奖赏。

$$Q^\pi(s,a) = E\left[\sum_{k=0}^{\infty} \gamma^k r_{t+k+1} \,\middle|\, s,a\right]$$
$$= E_{s'}[r_{t+1} + \gamma Q^\pi(s',a') \mid s,a]$$

可以认为 Q 值是对奖赏的一种预测，如果状态 s 的奖赏值低，并不意味着它的 Q 值就低，因为如果 s 的后续状态产生较高的奖赏，仍然可以得到较高的 Q 值。估计值函数的目的是得到更多的奖赏，然而动作的选择是基于 Q 值判断的。也就是说，Agent 选择这样一个动作，以使产生的新状态具有最高 Q 值，而不是转移到新状态时有最高的即时奖赏，因为从长远看，这些动作将产生更多的奖赏。然而确定值函数要比确定奖赏难很多，因为奖赏往往是环境直接给定，而 Q 值则是 Agent 在其整个生命周期内通过一系列观察，不断地估计得出的。事实上，绝大部分强化学习算法的研究就是针对如何有效快速的估计值函数。因此，值函数是强化学习算法的关键。

12. 马尔科夫决策过程（MDP）

很多强化学习问题的关键假设就是 Agent 与环境间的交互可以被看成一个马尔可夫决策过程（MDP），因此强化学习的研究主要集中于对 Markov 问题的处理。马尔可夫决策过程的本质是：当前状态向下一状态转移的概率和奖赏值只取决于当前状态和选择的动作，而与历史状态和历史动作无关。

在强化学习过程中，智能体通过观察其与环境交互改善自己的行为。在时刻点 $t=1,2,3,\cdots$ 处观察某个系统，一个有限的 Makrov 决策过程是五元组：

$$< S, A(s), p(s'\,|\,s,a), r(s,a), V\,|\,s, s' \in S, a \in (A(s)) >$$

其中 s 为系统的状态空间。对 $s \in S$，$A(s)$ 是在状态 s 下所有可能动作集合。$R = r(s,a)$ 为报酬函数。V 是目标函数。若转移概率函数 $p(s'\,|\,s,a)$ 和报酬函数 $r(s,a)$ 与决策时刻 t 无关，即不随时间段的变化而变化，则称是平稳的，此时 MDP 称为平稳的 MDP。

给定策略 π，r_t 为 t 时刻获得报酬，期望平均报酬为：

$$\lim_{N\to\infty}\frac{1}{N}E_\pi\left\{\sum_{t=1}^{N}r_t\,|\,s_t=s\right\}, s \in S$$

在三大假设存在的情况下，这个极限是存在的：

1）S 是有限的；

2）π 是 Markov 性的和平稳的；

3）在 π 下 MDP 是非周期的。

13. Bellman 方程

Bellman 方程主要是表明当前状态的值函数与下一个状态值函数的关系，即当前状态的价值和下一步的价值以及当前的反馈 Reward 有关：

$$V^\pi(s) = E\left[\sum_{k=0}^{\infty}\gamma^k r_{t+k+1}\,\middle|\,s_t = s\right]$$

$$= E\left[r_{t+1} + \sum_{k=0}^{\infty}\gamma^k r_{t+k+1}\,\middle|\,s_t = s\right]$$

$$= E[r_{t+1} + \gamma V^\pi(s')\,|\,s_t = s]$$

强化学习的最终目标是发现最优策略 π^* 以达到最大折扣总报酬。最优策略可以通过鉴别最优值函数而获得。最优值的定义为：

$$V^*(s) = \max_\pi V^\pi(s) = \max_{a\in A(s)}\left(r(s,a) + \gamma\sum_{s'}p(s,a,s')V^*(s)\right), s \in S$$

由此可得出最优策略：

$$\pi^*(s) = \arg\max_{a\in A(s)}\left(r(s,a) + \gamma\sum_{s'}p(s,a,s')V^*(s')\right), \forall s \in S$$

最优动作值函数为：

$$Q^*(s) = \left(r(s,a) + \gamma\sum_{s'}p(s,a,s')\max_{a\in A(s)}Q^*(s,a)\right)$$

从 Q 值就可以得出最优策略：

$$\pi^*(s) = \arg\max_{a \in A(s)} Q^*(s,a)$$

上述方程也称为 Bellman 最优方程。

5.1.2　试比较基于值函数与策略函数的学习方法

传统的强化学习方法主要分为值函数和策略函数，以及值函数与策略函数相结合的方法。

值函数学习方法是对策略 π 的评估，具体来讲就是如果策略 π 有限，则对所有策略进行评估并选出最优策略 $\pi^* = \arg\max_{\pi} V^{\pi}(s)$。主要步骤是先随机初始化一个策略，计算该策略的值函数，并根据值函数来设置新的策略，迭代至收敛。

策略梯度学习方法主要是针对连续动作空间的情况，目的是学习到一个策略 $\pi_{\theta}(a|s)$ 来最大化期望回报。主要步骤是用梯度上升的方法来优化参数 θ 使得目标函数 $J(\theta)$ 最大。

5.1.3　试比较 on-policy 与 off-policy

on-policy 与 off-policy 最本质的区别是更新 Q 值使用的方法是使用既定的策略（on-policy）还是使用新策略（off-policy）

on-policy：生成样本的策略跟网络更新参数时使用的 policy 相同。典型为 SARAS 算法，基于当前的策略直接执行一次动作选择，然后用这个样本更新当前的策略，因此生成样本的 policy 和学习时的 policy 相同。

off-policy：生成样本的策略跟网络更新参数时使用的策略不同。典型为 Q-learning 算法，计算下一状态的预期收益时使用了 max 操作，直接选择最优动作，而当前策略并不一定能选择到最优动作，因此这里生成样本的策略和学习时的策略不同。off-policy 先探索某概率分布下的大量数据，从这些最优策略的数据中寻求目标策略。虽然收敛慢，但是数据更具有全面性。

5.1.4　强化学习中主要有哪些算法，如何分类

图 5-2 详细展示了一些常见的强化学习算法以及它们之间的关系，具体每个算法的原理会在本章后续部分详细介绍。

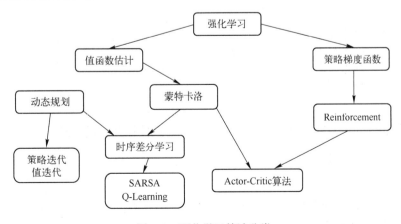

图 5-2　强化学习算法分类

5.2 值函数的学习方法

值函数学习方法的主要步骤是先随机初始化一个策略，计算该策略的值函数，并根据值函数来设置新的策略，迭代至收敛。所以问题的关键就在如何计算策略 π 的值函数，一般通过动态规划或蒙特卡洛的计算方式来进行：将基于模型的强化学习认为是动态规划方法，将模型无关的学习方法认为是蒙特卡洛方法。策略迭代时间复杂度最大为 $O(|S|^3|A|^3)$，最大迭代次数为 $|A|^{|S|}$，值迭代时间复杂度最大为 $O(|S|^2|A|)$，迭代次数一般远高于策略迭代算法。

5.2.1 动态规划算法

在基于 MDP 模型的环境模型已知的情况下，寻求最优策略的方法统称为动态规划。常规的动态规划方法主要有以下三种：第一种是值函数迭代法，其本质是有限时段的动态规划算法在无限时段上的推广；第二种是策略迭代，这是一种基于 Bellman 最优方程的算法；第三种是综合了前面两种算法改进的策略迭代法，也称为一般化策略迭代法。

由 Bellman 方程可得，如果知道状态转移概率 $p(s'|s,a)$ 与即时奖励 $r(s,a,s')$，则可通过 Bellman 方程来计算值函数。下面主要介绍策略迭代算法与值迭代算法。

策略迭代算法是通过策略评估和策略改进来进行学习的。在动态规划技术中，在已知状态转移概率函数 P 和奖赏函数 R 的环境模型知识前提下，从任意设定的策略 π_0 出发，可以采用策略迭代的方法逼近最优的 V^* 和 π^*，k 为迭代步数。

$$\pi_k(s) = \arg\max_a \sum_{s'} P_{ss'}^a [R_{ss'}^a + \gamma V^{\pi_{k-1}}(s')]$$

$$V\pi_k(s) = \sum_a \pi_{k-1}(s,a) \sum_{s'} P_{ss'}^a [R_{ss'}^a + \gamma V^{\pi_{k-1}}(s')]$$

输入：MDP 五元组 (S,A,P,γ,r)：

初始化：$\pi(a|s) = \frac{1}{|A|}, \forall s,a$

Repeat:
    Repeat:
        计算 $V(s) = E_{s'}[r_{t+1} + \gamma V^\pi(s')|s_t=s], \forall s$
    Until $V(s)$ 收敛, $\forall s$
    计算 $Q(s,a) = E_{s'}[r_{t+1} + \gamma Q(s',a')|s,a]$
    计算 $\pi(s) = \arg\max_a Q(s,a), \forall s$
Until $\forall s, \pi(s)$ 收敛
输出：策略 π

值迭代算法合并了策略评估与策略改进，目的是直接计算出最优策略。

输入：MDP 五元组 (S,A,P,γ,r)：
初始化：$V(s) = 0, \forall s$
Repeat:
    计算 $V(s) = \max_a E_{s'}[r_{t+1} + \gamma V(s')|s_t=s], \forall s$
Until $V(s)$ 收敛, $\forall s$

计算 $Q(s,a) = E_{s'}[r_{t+1} + \gamma Q(s',a') \mid s,a]$

计算 $\pi(s) = \arg\max_a Q(s,a), \forall s$

输出：策略 π

动态规划算法的不足之处有动态规划算法要求状态转移概率 $p(s' \mid s,a)$ 与即时奖励 $r(s,a,s')$ 必须已知，但这往往不符合实际条件，除此之外还有时间复杂度太高等问题。

5.2.2　蒙特卡洛算法

动态规划方法要求环境模型、转移概率已知并求出所有的状态值和动作，选出其中值函数最高的一些列动作构成最优策略。而蒙特卡洛算法是依靠大量样本的平均回报来解决强化学习问题的。换言之，就是反复多次试验可得到每次实验的总回报，通过取平均求取每一个实验中每一个状态 s 的值函数，然后进行策略改进、策略评估、策略改进，不断重复，直到收敛。这其中还需利用 ε-贪心法，这是由于如果一直采用确定性策略 π，每次试验相同，就无法得到其他动作的 Q 函数，所以需要对环境进行随机探索，定义如下：

$$\pi^{\epsilon}(s) = \begin{cases} \pi(s) & \text{依概率}1 - \varepsilon \\ \text{随机选择动作} & \text{依概率}\varepsilon \end{cases}$$

由于蒙特卡洛方法是在每次实验完整结束后进行，才能对策略进行评估并更新模型，所以效率较低。而时序差分模型融合了动态规划方法和蒙特卡洛算法。

蒙特卡洛（Monte Carlo，MC）方法是一种无模型（model-free）的学习方法，不需要系统模型-状态转移函数和报酬函数，只需要通过与环境的交互获得的实际或模拟样本数据（状态、动作、奖赏）序列，从而发现最优策略。蒙特卡洛方法是基于平均化样本回报值来求解强化学习问题的一种方法。

由于在无模型强化学习方法中，P 函数和 R 函数未知，系统无法直接进行值函数计算。因而蒙特卡洛方法采用逼近的方法进行值函数的估计，R_t 是指当系统采用某种策略 π，从 s_t 状态出发获得的真实的累计折扣奖赏值：

$$R_t = r_{t+1} + \gamma r_{t+2} + \gamma^2 r_{t+3} + \cdots = r_{t+1} + \gamma R_{t+1}$$

$$V(s_t) \leftarrow V(s_t) + \alpha[R_t - V(s_t)]$$

给定策略 π，来估计 $V^*(s)$。假定存在终止状态，任何策略都以概率 1 到达终止状态，而且是在有限步内到达，为了估计值函数需要多次执行策略。当环境状态为终止状态时，将得到的积累回报赋予开始状态 s 的值函数。从 s 出发到终止状态 t 的过程中，s 可能出现不止一次，主要的对 s 的值函数的更新就至少有两种方法：一种是将回报赋予第一次访问的 s；另一种是将每次访问 s 到终止状态 t 的回报平均后赋予 s 的值函数。二者在理论上是有区别的，但它们都收敛于 V^*。

蒙特卡洛方法除了有以上提到的优点外，它在计算一个状态的值函数时不依赖于其他状态的值函数，而恰恰某些问题只需要求解部分状态的值函数，这样可以只计算感兴趣的状态。蒙特卡洛方法的另一个优点是并没有严格要求符合马尔可夫性。

5.2.3　时序差分学习方法

先前提到了值函数学习方法中主要分为两种：动态规划方法和蒙特卡洛方法。由于两种方法各有缺点，所以就诞生了时序差分方法。时序差分算法是蒙特卡洛方法和动态规划的融合，与蒙特卡洛方法相似的是它可以直接从原始经验学起，不需要外部环境的信息。根据不同的更新公式，可以得到不同的时序差分学习算法，其中最简单的时序差分算法是 TD(0)算法，公式如下：

$$V(s_t) \leftarrow V(s_t) + \alpha[r_{t+1} - \gamma V(s_{t+1}) - V(s_t)]$$

上式中参数 α 称为学习率（或学习步长），γ 为折扣率。实际上在这里，TD 的目标是 $r_{t+1} + \gamma V(s_{t+1})$，$V(s_t)$ 的更新是在 $V(s_{t+1})$ 的基础上，就像动态规划对某一状态值函数进行计算时依赖于其后续状态的值函数一样，可以说是一种步步为营的方法。

在 TD(0)策略赋值中，类似于 MC 利用样本回报值作为目标值，只不过 TD(0) 不需要等到一个片段结束才对值函数进行更新，它在下一时刻点就可以利用下一状态的值函数与即时报酬之和 $r_{t+1} + \gamma V(s_{t+1})$ 作为目标值进行更新。

时序差分学习方法的优势：结合动态规划的思想，可以实现单步更新，提升效率；结合蒙特卡洛的采样，可以避免对状态转换概率的依赖，通过采样估计状态的期望值函数。即使缺少环境动态模型，也能从原始经验中直接进行学习。

时序差分方法有两个非常重要的算法：SARSA 算法与 Q-Learning 算法。下面介绍基于 on-policy 的 SARSA 算法与基于 off-policy 的 Q-Learning 算法，列举如下：

基于 on-policy 的 SARSA 算法。

输入：S, A, γ, α （学习率 α ）
初始化：$\pi(a|s) = \dfrac{1}{|A|}, \forall s, a$ ，随机初始化 $Q(s,a)$
Repeat:
    初始化起始状态 s_0 ，并选择动作 $a = \pi^\epsilon(s_0)$
    Repeat:
        执行动作 a 并得到奖励 r 和下一时刻状态 s'
        在状态 s' ，选择动作 $a' = \pi^\epsilon(s)$
        $Q(s,a) = Q(s,a) + \alpha(r + \gamma Q(s',a') - Q(s,a))$
        $\pi(s) = \arg\max_a Q(s,a)$
        $s = s', a = a'$
    Until s 为终止状态
Until $Q(s,a)$ 收敛，$\forall s, a$
输出：策略 π

基于 off-policy 的 Q-Learning 算法。

输入：S, A, γ, α （学习率 α ）
初始化：$\pi(a|s) = \dfrac{1}{|A|}, \forall s, a$ ，随机初始化 $Q(s,a)$
Repeat:
    初始化起始状态 s_0
    Repeat:
        在状态 s，选择动作 $a = \pi \in (s)$
        执行动作 a 并得到奖励 r 和下一时刻状态 s'
        $Q(s,a) = Q(s,a) + \alpha(r + \gamma \max_{a'} Q(s',a') - Q(s,a))$

$$s = s'$$
Until s 为终止状态
Until　$Q(s,a)$ 收敛，$\forall s,a$
令 $\pi(s) = \arg\max_{a \in |A|} Q(s,a)$
输出：策略 π

Q-Learning 与 sarsa 算法最大的不同在于更新 Q 值的时候，直接使用了 $\max_{a'} Q(s',a')$，相当于选用了最优的 Q 函数，并且与当前执行的策略，即选取动作 a 时采用的策略无关。Sarsa 算法是 Rummery 和 Niranjan 于 1994 年提出的一种基于模型的算法，最初被称为改进的 Q-Learning 算法，它采用实际的 Q 值进行迭代，而不是 Q-Learning 所采用的值函数的最大值进行迭代。Sarsa 算法的迭代公式如下：

$$Q(s_t,a_t) = Q(s_t,a_t) + \alpha(r_{t+1} + \gamma Q(s_{t+1},a_{t+1}) - Q(s_t,a_t))$$

5.2.4　Q-Learning 算法详解

Q 学习是由 Watkins 提出的一种模型无关的强化学习算法，主要求解马尔可夫决策过程 MDP 环境模型下的学习问题。Watkins 于 1989 年提出并证明收敛性之后，该算法受到普遍关注。

首先来介绍单步的 Q-Learning，单步 Q-Learning 是一种延迟学习的方法。对于每个状态 x 和动作 a 有：

$$Q^*(x,a) = R(x,a) + \gamma \sum_y P_{xy}(a) V^*(y)$$

其中，$R(x,a) = E\{r_0 \mid x_0 = x, a_0 = a\}$，$P_{xy}(a)$ 是对状态 x 执行动作 a 导致状态转移到 y 的概率，并且 $V^*(x) = \max_a Q^*(x,a)$。

Q-Learning 算法可以根据执行的动作和获得的奖赏值来调整 $\hat{Q}^*$ 值（我们把 Q^* 函数的估计值叫作 Q 值）。$\hat{Q}^*$ 值的更新根据即时奖赏时加上下一个状态的折扣值与当前状态-动作对的 Q 值的偏差计算得到：

$$r + \gamma \hat{V}^*(y) - \hat{Q}^*(x,a)$$

其中，r 是即时奖赏值，y 是在状态 x 执行动作 a 后得到的下一个状态：

$$\hat{V}^*(x) = \max_a \hat{Q}^*(x,a)$$

故 $\hat{Q}^*$ 值根据下面的等式来更新：

$$\hat{Q}^*(x,a) = (1-\alpha)\hat{Q}^*(x,a) + \alpha(r + \gamma \hat{V}^*(y))$$

其中，$\alpha \in (0,1]$ 是控制学习率的参数，指明了要给相应的更新部分多少信任度。

Q-Learning 算法使用 TD(0) 作为期望返回值的估计因子。注意到 Q^* 函数的当前估计值由 $\pi(x) = \arg\max_a \hat{Q}^*(x,a)$ 定义了一个贪婪策略，也就是说，贪婪策略根据最大的估计 Q 值来选择动作。

Q-Learning 的目标是学习在动态环境下如何根据外部评价信号来选择较优动作或者最优动作，本质是一个动态决策的学习过程。如果 Agent 在未知环境中学习时，它必须通过反复试验的方法来学习，所以算法的效率不高，同时也会得到不佳的结果，那么可以利用以前执行相关的任务时获得的经验建立环境模型，这样便于动作的选择，减少不利的危险因素。环境模型是从状态和动作 (s_t, a) 到下一状态及强化值 (s_{t+1}, r) 的函数。

基于经验知识的 Q 学习算法是在标准的 Q 学习算法中加入具有经验知识的函数 $E: S \times A \rightarrow R$，此函数影响学习过程中 Agent 动作选择，从而加速算法收敛速度。

经验（experience）用一个四元组来表示 $\{s_t, a_t, s_{t+1}, \gamma_t\}$，它表示在状态 s_t 时执行一个动作 a_t，产生一个新的状态 s_{t+1}，同时得到一个强化信号 r_t。

改进算法中的经验函数 $E(s, a)$ 中记录状态 s 下有关执行动作 a 的相关的经验信息。在算法中加入经验函数的最重要的问题是如何在学习的初始阶段获得经验知识，即如何定义经验函数 $E(s, a)$。这主要取决于算法应用的具体领域。例如在寻找路径的任务中，当 Agent 与墙壁发生碰撞时就可获取到相应的经验知识。基于经验知识的 Q 学习算法将经验函数主要应用在 Agent 行动选择规则中，动作选择规则如下式：

$$\pi(s_t) = \arg\max_{a_t} [\hat{Q}(s_t, a_t) + \varepsilon E_t(s_t, a_t)]$$

其中，ε 为一常数，代表经验函数的权重。

Q-Learning 算法有多种改进算法，例如 Watkins's Q(λ)-Learning 算法，Q 学习是一个策略无关的方法，也就是说用于学习的策略可以不同于用于选择动作的策略。Q 学习方法在学习一个贪心策略时，会采用一种探索性的策略——它不时会根据 Q_t 选择次优的动作。

假设在 t 时刻更新状态-动作对 (s_t, a_t)，并且假设之后两个步骤中 Agent 选择的是贪心动作，即获得即时奖赏值最大的动作，但是在第 3 个步骤时，Agent 选择了一个探索性的非贪心动作。在学习贪心策略中 (s_t, a_t) 的值的时候，只要后面跟随的是贪心策略，就可以使用后继的经验。因此可以使用下一步和下两步的返回值，但是在这个情况下，第 3 步的返回值就没用了，并且当 $n \geqslant 3$ 时，所有第 n 步的返回值对当前贪心策略来说是没有利用价值的。

因此，与 TD(λ) 和 Sarsa(λ) 不同，Watkins's $Q(\lambda)$ 不会一直考虑一个阶段结束前的所有步，它只考虑到下一个探索性的动作为止。也就是指 TD(λ) 和 Sarsa(λ) 会考虑到未来的所有步，直到一个阶段结束为止，而 Watkins's $Q(\lambda)$ 在遇到第一个探索性的动作时停止，或者如果这个阶段没有探索性的动作，它也会在这个阶段结束时停止。Watkins's $Q(\lambda)$ 会利用第一个探索性动作的下一个动作的值来更新那个探索性动作。

Watkins's $Q(\lambda)$ 的追溯机制是要把探索（非贪心）动作发生时的 Eligibility traces 设置成 0，其余与 Sarsa(λ) 中的一样：

$$e_t(s, a) = I_{ss_t} \cdot I_{aa_t} + \begin{cases} \gamma \lambda e_{t-1}(s, a) & \text{若} Q_{t-1}(s_t, a_t) = \max_a Q_{t-1}(s_t, a) \\ 0 & \text{otherwise} \end{cases}$$

其中，I_{xy} 是一个身份指示函数，如果 $x=y$ 则等于 1，否则等于 0。算法的 Q 学习部分则定义如下：

$$Q_{t+1}(s, a) = Q_t(s, a) + \alpha(r_{t+1} + \gamma \max_{a'} Q_t(s_{t+1}, a') - Q_t(s_t, a_t)) e_t(s, a)$$

5.2.5 Q-Learning 算法的代码展示

此处选择一个简单的例子，就是利用 Q-Learning 算法解决 FrozenLake 问题，Python 中选择以下环境：

```
env = gym.make('FrozenLake-v0')
```

FrozenLake 是指一个由 4×4 个小格子组成冰封的湖面，这些小格子有一个是穿越游戏的起点，有些是安全的冰面，有些是危险的冰面，有一个是穿越湖面的终点。当游戏者成功到达终点，将会获得一个奖赏值 1。此外，游戏中还有一个随机因素是强风，会把游戏者刮到随机的位置。虽然没有一定能成功的游戏策略，但整个环境的还是相当稳定的，训练目的是能够顺利到达目的地。下面展示关于 Q-Learning 的核心代码：

```python
def best_action_value(table, state):
    #从表 table 中选择能够使得 Q(s,a)最大化的动作
    best_action = 0
    max_value = 0
    for action in range(n_actions):
        if table[(state, action)] > max_value:
            best_action = action
            max_value = table[(state, action)]
    return max_value, best_action
#定义游戏环境
env = gym.make("FrozenLake-v0")
obs = env.reset()
#env.reset()函数用于重置环境，该函数将使得环境的 initial observation 重置
obs_length = env.observation_space.n
n_actions = env.action_space.n
reward_count = 0#记录总 reward
games_count = 0
table = collections.defaultdict(float)#将表初始化
while games_count < MAX_GAMES:
    #利用 ε-greedy 策略选择动作
    value, action = best_action_value(table, obs)
    if random.random() < epsilon:
        action = random.randint(0,n_actions-1)
    next_obs, reward, done, _ = env.step(action)
    # env.step()会返回四个值：observation（object）、reward（float）、
    #done（boolean）、info（dict），其中 done 表示是否应该 reset 环
    #下面是更新 Q 表的过程
    #1：基于状态当前 obs 选择能够使得 Q(s,a)最大化的动作并求出 value
    #2：计算 Q-target value，并计算出 Q-target 与先前 value 的误差 error
    #3：基于误差更新 table
    best_value, _ = best_action_value(table, next_obs)
    Q_target = reward + GAMMA * best_value
    Q_error = Q_target - table[(obs, action)]
    table[(obs, action)] +=lr * Q_error
    #lr 是指学习率
    reward_count += reward
    obs = next_obs
    if done:
        epsilon *= EPS_DECAY_RATE
        obs = env.reset()
        reward_count = 0
        games_count += 1
```

5.2.6　DP、MC、TD 方法的比较

DP 指动态规划方法，该方法通过考察环境的概率模型，用 Bootstrapping 方法计算所有可能分支所获得奖惩返回值的加权和。

MC 指蒙特卡洛方法，是采样一次学习循环所获得的奖惩返回值，然后通过多次学习，用实际获得的奖惩返回值去逼近真实的状态值函数。

TD 方法是时序差分方法，与蒙特卡洛方法类似，仍然采样一次学习循环中获得的瞬时奖惩反馈，但同时类似与动态规划方法采用 Bootstrapping 方法估计状态的值函数。然后通过多次迭代学习去逼近真实的状态值函数。

5.2.7　如何理解 DQN（深度神经网络）

DQN 是强化学习中非常重要的算法，是将强化学习与深度学习结合起来的开山之作，后续有非常多的研究基于这个算法。用不太严谨的语言讲 DQN 就是深度学习+Q-Learning。在 Q-Learning 中，当状态和动作空间是离散且维数不高时可使用 Q-Table 储存每个状态动作对的 Q 值，而当状态和动作空间是高维连续时，就无法使用 Q-Table 了。

所以把 Q-Table 的更新问题变成一个函数拟合问题，相近的状态得到相近的输出动作。如下式，通过更新参数 θ 使 Q 函数逼近最优 Q 值

$$Q(s,a;\theta) \approx Q'(s,a)$$

因此，高维且连续的状态使用深度神经网络来自动提取复杂特征就非常合适了。

需要注意的是 DQN 用到了经验回放的技巧，这是由于深度神经网络是有监督学习模型的，所以要数据独立同分布，但 Q-Learning 得到的样本前后有关系。所以为了打破数据之间的关联性，经验回放通过存储到经验池和从经验池采样的方法将去除了关联性。

算法展示如下：

> 输入：S,A,γ,α（学习率 α）
> 初始化经验池 D
> 随机初始化 Q 网络的参数 ϕ 和目标 Q 网络的参数 $\hat{\phi}=\phi$
> Repeat:
> 　　　初始化起始状态 s_0
> 　　　Repeat:
> 　　　　　在状态 s，选择动作 $a = \pi^{\epsilon}(s)$
> 　　　　　执行动作 a 并得到奖励 r 和下一时刻状态 s'
> 　　　　　将 s,a,r,s' 放入 D 中
> 　　　　　从 D 中采样 $\hat{s}, \hat{a}, \hat{r}, \hat{s}'$
> 　　　　　计算 $y = \begin{cases} \hat{r} & \text{若} \hat{s}' \text{为终止状态} \\ \hat{r} + \gamma \max_{a'} Q_{\hat{\phi}}(\hat{s},a') & \text{否则} \end{cases}$
> 　　　　　定义损失函数 $L = (y - Q_{\phi}(s,a))^2$ 并训练 Q 网络
> 　　　　　$s = s'$
> 　　　　　每隔若干步，令 $\hat{\phi} = \phi$
> 　　　Until s 为终止状态
> Until $Q_{\phi}(s,a)$ 收敛, $\forall s,a$

输出：Q 网络 $Q_\phi(s,a)$

5.3　策略函数的学习方法

强化学习方法主要分为值函数和策略函数的学习方法，或者值函数与策略函数相结合方法。

策略梯度学习方法不需要值函数，主要步骤是用梯度上升的方法来优化参数 θ 使得目标函数 $J(\theta) = E_{\tau \sim p\theta(\tau)}(G(\tau))$ 最大。

目标函数 $J(\theta)$ 关于策略参数 θ 的导数如下，其中 $G_{t:T}(\tau) = \sum_{t'=t}^{T-1} \gamma^{t'=t} r_{t'+1}$ 指从 t 时刻开始得到的总回报。

$$\frac{\partial J(\theta)}{\partial \theta} = \frac{\partial}{\partial \theta} \int p_\theta(\tau) G(\tau) d\tau = E_{\tau \sim p_\theta(\tau)} \left[\sum_{t=0}^{T-1} \left(\frac{\partial}{\partial \theta} \log \pi_\theta(a_t \mid s_t) \gamma^t G_{t:T}(\tau) \right) \right]$$

Reinforcement 算法展示如下：

> 输入：S, A, γ, α（学习率 α）
> 随机初始化参数 θ
> Repeat:
> 　　由策略 $\pi_\theta(a \mid s)$ 随机生成轨迹 $\tau = s_0, a_0, s_1, a_1 \cdots, s_{T-1}, a_{T-1}, s_T$
> 　　Repeat t=0:
> 　　　　计算　$G_{t:T}(\tau)$
> 　　　　计算 $\theta = \theta + \alpha \gamma^t G_{t:T}(\tau) \frac{\partial}{\partial \theta} \log \pi_0(a_t \mid s_t)$
> 　　Until t=T
> Until θ 收敛
> 输出：策略 π_θ

Reinforcement 算法的主要缺点是不同随机实验之间的方差很大，会导致训练不稳定。所以希望引入一个与 a_t 无关的基准函数 $b(s_t)$，同时为了能够有效减小方差，希望 $b(s_t)$ 与 $G_{t:T}(\tau)$ 尽可能相关，但是值函数未知，所以采用一个可学习的函数 $V_\phi(s_t)$ 来近似值函数。

此时策略函数参数的梯度为：

$$\frac{\partial J_t(\theta)}{\partial \theta} = E_{\tau \sim p_\theta(\tau)} \left[\sum_{t=0}^{T-1} \left(\frac{\partial}{\partial \theta} \log \pi_\theta(a_t \mid s_t) \gamma^t G_{t:T}(\tau) - V_\phi(s_t) \right) \right]$$

> 输入：$S, A, \gamma, \pi_\theta(a_t \mid s_t), V_\phi(s_t), \alpha, \beta$（学习率 α, β）
> 随机初始化参数 θ, ϕ
> Repeat:
> 　　由策略 $\pi_\theta(a \mid s)$ 随机生成轨迹 $\tau = s_0, a_0, s_1, a_1 \cdots, s_{T-1}, a_{T-1}, s_T$
> 　　Repeat t=0:
> 　　　　计算 $G_{t:T}(\tau)$
> 　　　　计算 $\phi = \phi + \beta(G_{t:T}(\tau) - V_\phi(s_t)) \frac{\partial}{\partial \phi} V_\phi(s_t)$
> 　　　　#更新值函数参数
> 　　　　计算 $\theta = \theta + \alpha \gamma^t (G_{t:T}(\tau) - V_\phi(s_t)) \frac{\partial}{\partial \theta} \log \pi_\theta(a_t \mid s_t)$

```
                    #更新策略函数参数
            Until t=T
      Until  θ 收敛
      输出: 策略 π_θ
```

5.4 深度强化学习发展综述

DRL 算法顾名思义就是深度学习与强化学习的结合,可以直接从高维原始数据学习策略。这是由于状态和动作空间是离散且维数不高时可使用 Q 表储存每个状态动作对的 Q 值,而当状态和动作空间是高维连续时,就需利用深度学习中的神经网络通过更新参数使 Q 函数逼近最优 Q 值。

5.4.1 DQN

深度强化学习网络(DQN)是一种基于值函数逼近的强化学习方法,是在 Q-Learning 基础上改进的,主要的改进有以下 3 个。

1)利用深度卷积神经网络逼近行为值函数,DQN 使用的网络结构为 3 个卷积层和两个全连接层,输入是棋盘图像,输出是动作对应的概率。

2)利用经验回放(均匀采样)训练强化学习的学习过程,通过对历史数据的均匀采样,实现数据的历史回放,打破采集和学习的数据之间关联性,保证值函数稳定收敛。

3)设置单独目标网络来处理时间差分算法中的 TD 偏差,即动作值函数中的参数每步更新一次,计算 TD 偏差的参数每隔固定步数更新一次。

DQN 是 DRL 的其中一种算法,它将卷积神经网络(CNN)和 Q-Learning 结合起来,状态就是原始图像数据,输出则是每个动作对应的 Q 值。

DQN 代码展示如下:

```python
class DQN(nn.Module):
    def __init__(self, input_shape, n_actions):
        super(DQN, self).__init__()
        #下面是利用深度卷积神经网络逼近行为值函数
        #DQN 使用的网络结构为 3 个卷积层和两个全连接层
        #其中输入是棋盘图像,输出是动作对应的概率
        self.conv = nn.Sequential(
            nn.Conv2d(input_shape[0], 32, kernel_size=8, stride=4),
            nn.BatchNorm2d(32),
            nn.ReLU(),
            nn.Conv2d(32, 64, kernel_size=4, stride=2),
            nn.BatchNorm2d(64),
            nn.ReLU(),
            nn.Conv2d(64, 64, kernel_size=3, stride=1),
            nn.BatchNorm2d(64),
            nn.ReLU())
        conv_out_size =int(np.prod(self.conv(torch.zeros(1, * input_shape)).size()))
        #为了在卷积层后连接全连接层,需要计算先前卷积层的输出大小
        self.fc = nn.Sequential(
            nn.Linear(conv_out_size, 512),
            nn.ReLU(),
```

```
            nn.Linear(512, n_actions))
        #连接两层线性层
    def forward(self, x):
        batch_size = x.size()[0]
        out = self.fc(self.conv(x).view(batch_size, -1))
        return out
```

5.4.2 Double Q-Learning

DQN 在实际训练过程中容易产生过估计，即估计的值函数比真实值函数要大。原因是 Q-Learning 中评估值函数的 max 操作会在使其更容易选择过高估计值。max 操作使得估计的值函数比值函数的真实值大。在实际情况中过估计量不是均匀的，所以会影响最终的策略决策，从而导致最终的策略并非最优。为了解决这个问题，Double Q-Learning 方法应运而生，该方法将动作的选择和动作的评估分别用不同的值函数来实现。换言之，根据一张 Q 表或者网络参数来选择动作 a'，再用另一张 Q 值表或者网络参数来衡量 $Q(s',a')$ 的值。Double DQN 结果优于 DQN。

和 DQN 具体的区别如下：Q-Learning 的价值函数更新公式：

$$Y_t^Q = R_{t+1} + \gamma Q(S_{t+1}, \arg\max Q(S_{t+1}, a, ; \theta_t); \theta_t)$$

Double Q-Learning 的价值函数更新公式：

$$Y_t^{DoubleQ} = R_{t+1} + \gamma Q(S_{t+1}, \arg\max Q(S_{t+1}, a, ; \theta_t); \theta_t')$$

由公式可以直观得到，Double Q-Learning 使用 θ_t 进行选择，使用 θ_t' 做价值的计算。

5.4.3 Dueling DQN

DQN 还有很多改进算法。例如 dueling DQN 是用一个深度网络来拟合强化学习中的 Q 价值函数，在该网络最后部分，分为状态值和动作值，而 Q 价值函数就通过状态值和动作值相加得来。这是考虑到即使状态值一样，每个动作所带来的优势也有可能不一样。例如在游戏开发中有时不管采用什么样的动作对下一步的状态转变都是没什么影响的，这些情况下计算动作的价值函数的意义没有状态函数的价值意义大，所以产生了 Dueling_DQN。

如图 5-3 所示，上半部分是 DQN 算法，下半部分是 Dueling DQN。DQN 的输出就是 Q 函数值，前一层是全连接层。而 Dueling DQN 把全连接层改成两条路，上路是静态的状态环境本身所具有的价值，下路是关于动作的 Advantage 价值函数的值，最后合成 Q 价值函数。

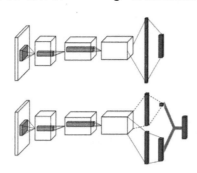

图 5-3 Dueling DQN 算法

Dueling DQN 的代码展示：

Dueling DQN 的代码部分分为__init__()和 forward()两部分，卷积部分与 DQN 部分完全相同。只有全连接层和 forward()部分不同。

```
class DuelingDQN (nn.Module):
    def __init__(self, input_shape, n_actions):
        super(DuelingDQN, self).__init__()
        #下面是利用深度卷积神经网络逼近行为值函数，这部分与 DQN 相同
        self.conv = nn.Sequential(
            nn.Conv2d(input_shape[0], 32, kernel_size=8, stride=4),
            nn.BatchNorm2d(32),
            nn.ReLU(),
            nn.Conv2d(32, 64, kernel_size=4, stride=2),
            nn.BatchNorm2d(64),
            nn.ReLU(),
            nn.Conv2d(64, 64, kernel_size=3, stride=1),
            nn.BatchNorm2d(64),
            nn.ReLU())
        conv_out_size =int(np.prod(self.conv(torch.zeros(1, * input_shape)).size()))
        #与 DQN 相同，这部分是为了计算先前卷积层的输出大小

        #这部分是关于动作的 Advantage 价值函数的值
        self.fc_adv= nn.Sequential(
            nn.Linear(conv_out_size, 512),
            nn.ReLU(),
            nn.Linear(512, n_actions))

        #这部分是静态的状态环境本身所具有的价值
        self.fc_state = nn.Sequential(
            nn.Linear(conv_out_size, 512),
            nn.ReLU(),
            nn.Linear(512, 1))
    def forward(self, x):
        batch_size = x.size()[0]
        conv_out = self.conv(x).view(batch_size, -1)
        adv = self.fc_adv(conv_out)
        val = self.fc_state(conv_out)
        value= val + adv - torch.mean(adv, dim=1, keepdim=True)
        #减去均值是为了保证训练时的稳定性
        return value
```

5.4.4　DRQN

DQN 有经验存储空间有限即有限记忆的缺点，从而使得 MDP 问题逐渐变成了部分观测的马尔科夫决策过程。为了解决这个问题，文献 Deep Recurrent Q-Network（DRQN）用 LSTM 替换后面的全连接层，如图 5-4 所示。

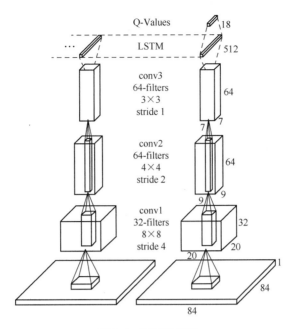

图 5-4　DRQN 算法

该算法在多个 Atari games 中表现均优于 DQN。这说明当用部分观测进行训练并且用逐渐增加的完整的观测时，DRQN 的性能和观测成一定的函数关系。

5.4.5　Noisy Net

原先 DQN 中常采用 e-greedy 的策略增加 Agent 的探索能力，即以 e 的概率采取随机的动作，以 $1-e$ 的概率采取当前获得价值最大的动作。另一种方法 Noisy Net，目的则是通过对参数增加噪声来增加模型的探索能力。

噪声通常添加在全连接层，考虑全连接层的前向计算公式：

$$y = wx + b$$

假设两层的神经元个数分别为 p 个和 q 个，那么 w 是 $q*p$ 的，x 是 p 维的，y 和 b 都是 q 维的。

此时在参数上增加噪声，文章中假设每一个参数 b 和 w 分别服从于均值为 μ，方差为 σ 的正态分布，同时存在一定的随机噪声 ε，假设噪声是服从标准正态分布 $N(0,1)$ 的。那么前向计算公式变为：

$$y = (\mu^w + \sigma^w \odot \varepsilon^w)x + \mu^b + \sigma^b \odot \varepsilon^b$$

噪声产生的方式有两种：第一种是直接从标准正态分布中随机产生，这种思路很直接，但缺点是计算量太大；另一种是利用 Factorised 高斯个数，这种方式可以有效地减少噪声的个数，w 和 b 的噪声计算方式如下：

$$\varepsilon_{i,j}^w = f(\varepsilon_i)f(\varepsilon_j)$$

$$\varepsilon_j^b = f(\varepsilon_j)$$

其中：$f(x) = \text{sgn}(x)\sqrt{|x|}$。

这种思想可以应用到 DQN 中，Noisy Net 代码如下：

```python
class NoisyLinear(nn.Linear):
    def __init__(self, in_features, out_features, sigma_init=0.01):
        super(NoisyLinear, self).__init__(in_features, out_features)
        self.sigma_init = sigma_init
        self.sigma_weight = Parameter(torch.Tensor(out_features, in_features))
        self.register_buffer('epsilon_weight', torch.zeros(out_features, in_features))

        self.reset_parameters()

    def reset_parameters(self):
        '''
        Initialize the biases and weights
        '''
        init.constant_(self.sigma_bias, self.sigma_init)
        init.constant_(self.sigma_weight, self.sigma_init)
        std = math.sqrt(3/self.in_features)
        init.uniform_(self.weight, -std, std)
        init.uniform_(self.bias, -std, std)

    def forward(self, input):
        self.epsilon_bias.data.normal_()
        bias = self.bias + self.sigma_bias*self.epsilon_bias
        self.epsilon_weight.data.normal_()
        # 带有噪声的新的权重
        weight = self.weight + self.sigma_weight*self.epsilon_weight
        # create the linear layer it the added noise
        return F.linear(input, weight, bias)
        if noisy_net:
            # In case of NoisyNet use noisy linear layers
            self.fc = nn.Sequential(
                NoisyLinear(conv_out_size, 512),
                nn.ReLU(),
                NoisyLinear(512, n_actions))
        else:
            self.fc = nn.Sequential(
                nn.Linear(conv_out_size, 512),
                nn.ReLU(),
                nn.Linear(512, n_actions))
```

5.4.6 带有 experience replay 的 DQN

强化学习在训练每次状态转移时都要更新一次参数，但一方面参数更新具有时间上的相关性，这与随机梯度下降算法的假设不符。另一方面出现次数少的状态转移会被"遗忘"掉，但这些或许是重要的经验。所以引入了 experience replay 来处理这两个问题。此时如何衡量每个 transition 的重要程度是优先回放机制的中心，作者计算了每个 transition 的 TD-error，这个值

表示当前 Q 值与目标 Q 值有多大的差距，相关论文也详细描述了多种 stochastic prioritization 和 importance sampling 的优劣。

5.4.7　Actor Critic 算法

Actor-Critic 为类似于 Policy Gradient 和 Q-Learning 等以值为基础的算法的组合。Actor 基于概率选择行为，Critic 基于 Actor 的行为评判行为的得分，Actor 根据 Critic 的评分修改选择行为。

Actor 类似于 Policy Gradient，以状态 s 为输入，神经网络输出动作，并从在这些连续动作中按照一定的概率选取合适的动作。Critic 类似于 Q-Learning 等以值为基础的算法，即指值函数 $V_\phi(s_t)$，对当前策略的值函数进行估计，即评估 Actor 的好坏。

换句话来说，Actor 根据目前的 state，产生出一个 Action。Critic 根据 state 和 Action 两者，对 Actor 刚才的表现打一个分数。Actor 依据 Critic 的打分，调整自己的策略（即更新 Actor 神经网络参数）。Critic 根据系统给出的 reward 和 Critic Target 来调整自己的打分策略（即更新 Critic 神经网络参数）。一开始 Actor 随机选择动作，Critic 随机打分。但是由于 reward 的存在，Critic 评分越来越准，Actor 表现越来越好。

> 输入：$S, A, \gamma, \pi_\theta(a_t\,|\,s_t), V_\phi(s_t), \alpha, \beta$（学习率 α, β）
> 随机初始化参数 θ, ϕ
> Repeat:
>   令 $\mu = 1$
>   Repeat $t=0$:
>   状态 s 选择动作 $a = \pi_\theta(a\,|\,s)$ 并得到奖励 r 和下一状态 s'
>   计算 $\delta = r + \gamma V_\phi(s) + V_\phi(s')$
>   计算 $\phi = \phi + \beta\delta\dfrac{\partial}{\partial\theta}V_\phi(s_t)$
>   计算 $\theta = \theta + \alpha\mu\delta\dfrac{\partial}{\partial\theta}\log\pi_\theta(a_t\,|\,s_t)$
>   令 $\mu = \gamma\mu, s = s'$
>   Until s 终止
> Until θ 收敛
> 输出：策略 π_θ

需要注意的是由于 Critic 难收敛，再加上 Actor 的更新，所以 Actor-Critic 算法不易收敛。

5.4.8　A3C 算法

当利用强化学习的数据对利用神经网络进行逼近的值函数进行训练时，数据之间存在着很强的时间相关性，所以导致神经网络训练不稳定。为了打破数据之间的相关性，DQN 和 DDPG 的方法都利用了经验回放的技巧。异步的方法也可以打破数据的相关性，即指数据并非同时产生，A3C 的方法便是表现非常优异的异步强化学习算法。

A3C 算法结合了 Policy 和 Value Function 的算法。该算法利用多个线程。每个线程相当于一个智能体在随机探索，多个智能体共同探索，并行计算策略梯度，维持一个总的更新量。换句话说就是每个线程都有 agent 运行在环境的复制中，每一步生成一个参数的梯度，多个线程的这些梯度累加起来，一定步数后一起更新共享参数。此外作者还将 policy 的 entropy 加到目标函数来避免收敛到次优确定性解。

5.4.9 Rainbow

由于 Double DQN 通过分别用不同的值函数来实现动作的选择和动作的评估，从而解决了 Q 学习过度估计偏差的问题。Prioritized experience replay 通过重放学习到更频繁的转换，提升了学习效率。Noisy DQN 通过策略网络中的一个随机层进行探索。还有 dueling、A3C、分布式 Q 学习等其他算法都从不同角度改进了深度强化学习算法。由于这些都可以提升 DQN 性能的某个方面，所以被 Deepmind 研究人员整合起来，并提出了单智能体系统：Rainbow。最终表现证明了它们很大程度上是互补的，在数据效率和最终结果上都达到了业界最佳水平。

第 6 章　人工智能前沿

正如本书开头所提到的，人工智能是一个快速发展的学科，每年都有大量新的概念、算法提出。所以在求职过程中，除了掌握基础内容外，也应当对人工智能领域的前沿知识有所了解。本章将讲解近年来若干重要的人工智能前沿内容：Attention 机制、时间卷积网络、图卷积网络、生成对抗网络、强化学习和 Attention 在运筹优化中的应用。同时本章也提供了详细的算法代码实现细节和解读。

6.1　Attention 机制

Attention 机制最早提出于视觉研究领域，核心思想是模拟人脑在特定的场景下对某事物的注意力会集中在特定的地方，而忽略其他部分的一种工作模型。这种机制也类似于人们观察某幅画时首先会观察这幅画上的描述文字，然后根据判断有目的地去观察这幅图中表现主题的那部分内容；后面往往会先描述与这幅画最相关的内容，然后再去描述其他方面的内容。

所以 Attention 机制是通过合理的脑部资源分配，对关键的部分分配较多的注意力，而对其他部分分配较少的注意力，除去一些非关键因素对人脑的影响作用，也就是通过概率权重分配的方式，计算不同时刻词向量的概率权重，使某部分能够得到更多的关注，从而提高该隐层特征提取的质量。

6.1.1　Attention 机制计算方法

Attention 函数的本质可以被描述为一个查询 query 到一系列（键 key-值 value）对的映射，这个映射的目的就是为了给重要的部分分配更多的概率权重。计算过程主要是以下三步。

第一步是通过点乘、加法等其他办法计算 Q:query 和每个 K:key 之间的相似度计算，公式如下：

$$sim(Q, K_i) = \begin{cases} Q^T K_i & \text{点乘注意力机制} \\ v_a^T \tanh(W_a[Q; K_i]) & \text{加法注意力机制} \end{cases}$$

第二步则是利用 $soft\max$ 函数将权重归一化：

$$a_i = soft\max(f(Q, K_i)) = \frac{\exp(sim(Q, K_i))}{\sum_j \exp(sim(Q, K_j))}$$

第三步就是最后将先前求得的权重 a_i 分配给相对应的 value 并加权求和。

6.1.2　点乘注意力机制

上面公式中加法注意力机制意思是将输入序列的 hidden state 和输出序列的 hidden state 合并在一起，即 $W_a[Q; K_i]$。其中 Q 就是输出序列的 hidden state，K_i 就是输入序列的 hidden state。而点乘注意力机制 dot-product attention 意思是将输入序列的 hidden state 和输出序列的

hidden state 相乘，即 $Q^T K_i$。

scaled dot-product attention 是在点乘注意力机制的基础上，乘上一个缩放因子 $\frac{1}{\sqrt{n}}$，其中 n 代表模型的维度。这个缩放因子主要目的是可以将函数值从 *soft*max 的饱和区拉回到非饱和区，这样可以防止出现梯度过小而很难学习的问题。此时 Attention 机制的表达式如下所示：

$$Attentiom(Q,K,V) = soft\max\left(\frac{QK^T}{\sqrt{n}}\right)V$$

图 6-1 展示了 Attention 机制的计算过程，输入分别是 Q(query),K(key),V(value)。其意义是为了用 value 求出 query 的结果，需要根据 query 和 key 来决定注意力应该放在 value 的哪部分。MatMul 是矩阵乘法的意思，Mask 是为了确保预测位置 i 的时候仅仅依赖于位置小于 i 的输出，确保预测第 i 个位置时不会接触到未来的信息。Softmax 就是 *soft*max 函数。

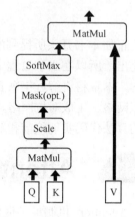

图 6-1　缩放点乘注意力机制

点乘注意力机制的代码展示如下：

```
def scaled_dot_attn(q, k, v, scale=0.5, mask=None):
#输入的 Q,K,V 均为三维张量
#第一维是 batch size 大小，第二维是各自的序列长度，第三维是序列每部分的维度
attn = torch.bmm(q, k.transpose(1, 2)) * scale
#scale 是缩放大小
attn.data.masked_fill_(mask, -math.inf)
attn = F.softmax(attn, dim=-1)
return torch.bmm(attn, v), attn
```

6.1.3　多头注意力机制

多头注意力机制是基于 scaled dot-product attention 而产生的，其原理非常简单，就是把 Q,K,V 通过参数矩阵映射一下，然后再输入到放缩点积 Attention，把这个过程重复做 h 次，将结果拼接起来就行了。当然每次 Q,K,V 进行线性变换的参数 W 是不一样的。结构如图 6-2 所示。公式如下：

$$head_i = Attention(QW_i^Q, KW_i^K, VW_i^V)$$

$$MultiHead(Q,K,V) = Concat(head_1,\cdots,head_h)W^O$$

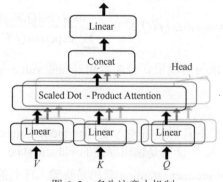

图 6-2　多头注意力机制

自注意力机制就是 $K=V=Q$ 的特殊情况，例如输入一个句子，那么里面的每个词都要和该句子中的所有词进行 attention 计算。目的是学习句子内部的词依赖关系，捕获句子的内部结构。其具体计算过程是一样的，只是计算对象发生了变化而已。

多头注意力机制代码展示如下：

```
class MHAttention(nn.Module):
    def __init__(self, input_size, num_heads, head_size, bias=True,):
        self.num_heads = num_heads
        self.head_size = head_size
        self.scale = np.power(head_size, -0.5)
        super(MHAttention, self).__init__()
        output_size = num_heads * head_size
        self.linearQ = nn.Linear(in_features, out_features, bias)
        self.linearK= nn.Linear(in_features, out_features, bias)
        self.linearV = nn.Linear(in_features, out_features, bias)
        self.linearO = nn.Linear(output_size, out_features, bias)

    def forward(self, q,k,v mask=None):
        batch, lengthQ, dim = q.size()
        newq = self. compute (self.linearQ, q)
        newk= self. compute (self.linearK, k)
        newv= self. compute (self.linearV, v)
        mask = mask.unsqueeze(1).repeat(1, self.num_heads, 1, 1)\
            .view(-1, mask.size(1), mask.size(2))
        output, attn = scaled_dot_attn(qs, ks, vs, self.scale, mask)
        output_2d = output.view(batch, -1, lengthQ, self.head_size) \
            .transpose(1, 2).contiguous().view(batch * length_q, -1)
        output_3d = self.linearO(output_2d).view(batch, length_q, -1)
        return q+output_3d
    def compute(self, fun, x):
        batch. length, dim = x.size()
        x = fun(x.view(-1, dim)).view(batch, length, self.num_heads, -1)
        return x.transpose(1, 2).contiguous().view(-1, length, self.head_size)
```

最后需要注意的是 attention 机制除了本节的分类外，还会被分为 Soft attention 和 Hard attention，一般情况下用的是 Soft Attention，因为可以直接求导和梯度反向传播。Soft attention 就如同本节展示的点乘注意力机制一样，可通过确定性的得分计算来得到编码隐状态，由于这种直接参数化的模型可导，因此可以被嵌入到模型中去并直接训练。而 Hard attention 是一个随机的过程。Hard attention 不会选择整个隐层输出作为其输入，而是依概率来采样输入端的隐状态一部分来进行计算。所以在使用 Hard attention 时，为了实现梯度的反向传播，需要采用蒙特卡洛采样的方法来估计模块的梯度。

6.2　时间卷积网络

RNN 是常用的时序预测算法，经过不断的演进与迭代，LSTM 和再经过简化后发展出来的 GRU 能够解决 RNN 梯度爆炸和消失的问题并保持良好的准确率。2018 年文献[1]提出的时间卷积网络 TCN 在各项数据集中都得到了比 RNN、LSTM 更为准确的结果。虽然 LSTM

可以调整记忆门使得该被记得的东西永远留在单元里面，但在现实里反而 TCN 可以更实在地留住长远以前的记忆，并且整个框架设计上比 LSTM 更为简单和精确。

TCN 中涉及了最简单的 CNN 和 RNN，还涉及了扩张卷积、因果卷积、残差卷积的跳层连接等。

6.2.1　扩张卷积、残差卷积和因果卷积

扩张卷积与普通的卷积相比，除了卷积核的大小以外，还有一个扩张率（dilation rate）参数，它主要用来表示扩张的大小。扩张卷积与普通卷积的相同点在于，卷积核的大小是一样的，神经网络中的参数数量不变。两者区别在于扩张卷积具有更大的感受野，即扩张卷积在不增加 pooling 损失信息的情况下，加大了感受野，让每个卷积输出都包含较大范围的信息。公式如下，式中 d 即为扩张率，k 为卷积核大小。

$$F(s) = (x *_d f)(s) = \sum_{i=0}^{k-1} f(i) \cdot x_{s-d \cdot i}$$

因果卷积是指不管是自然语言处理领域中的预测还是时序预测，都要求对时刻 t 的预测 y_t 只能通过 t 时刻之前的输入 x_1 到 x_{t-1} 来判别。

残差连接是指上一层的特征图 x 直接与卷积后的 $F(x)$ 对齐加和，变为 $F(x)+x$，当特征图数量不够可用 0 特征补齐，特征图大小不一可用带步长卷积做下采样。这样在每层特征图中添加上一层的特征信息，可使网络更深，加快反馈与收敛。

$$F(x) = Activation(x + F(x))$$

全卷积网络 FCN 与经典的 CNN 在卷积层之后使用全连接层得到固定长度的特征向量进行分类不同，FCN 可以接受任意尺寸的输入，采用卷积层对最后一个卷积层的 feature map 进行上采样，使它恢复到与输入相同的尺寸，再进行预测。

6.2.2　TCN 结构

TCN 的卷积层结合了扩张卷积与因果卷积两种结构。使用因果卷积的目的是为了保证前面时间步的预测不会使用未来的信息，因为时间步 t 的输出只会根据 $t-1$ 及之前时间步上的卷积运算得出。内部结构如图 6-3 所示。

可以看出，TCN 的卷积和普通的一维卷积非常类似，最大的不同是用了扩张卷积，随着层数越多，卷积窗口越大，卷积窗口中的空孔会越多。

值得一提的是在 TCN 的残差模块内有两层扩张卷积和 ReLU 非线性函数，且卷积核的权重都经过了权重归一化。此外 TCN 在残差模块内的每个空洞卷积后都添加了 Dropout 以实现正则化。残差连接时直接将下层的特征图跳层连接到上层，导致对应的通道数 channel 不一致，所以不能直接做加和操作。于是为了让两个层

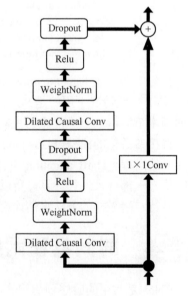

图 6-3　时间卷积网络内部结构（TCN）

加和时，特征图数量即通道数数量相同，TCN 通过用 1×1 卷积进行元素合并来保证两个张量的形状相同。

总之，时间卷积网络是：同时用到一维因果卷积和扩张卷积作为标准卷积层，并将每两个这样的卷积层与恒等映射可以封装为一个残差模块（包含了 relu 函数）。再由残差模块堆叠起深度网络，并在最后几层使用全卷积层代替全连接层。

TCN 的代码展示如下（代码原始版本来源于网络，感谢原作者的思维引导与启发）：

```
# 定义实现因果卷积的类（继承自类 nn.Module），其中 super(Chomp1d, self).__init__()表示对继承
自父类的属性进行初始化。
class Chomp1d(nn.Module):
    def __init__(self, chomp_size):
        super(Chomp1d, self).__init__()
        self.chomp_size = chomp_size
    # 通过增加 Padding 的方式并对卷积后的张量做切片而实现因果卷积
    # tensor.contiguous()会返回有连续内存的相同张量
    def forward(self, x):
        return x[:, :, :-self.chomp_size].contiguous()


# 定义一个残差块，即两个一维卷积与恒等映射
class TemporalBlock(nn.Module):
    def __init__(self, n_inputs, n_outputs, kernel_size, stride, dilation, padding, dropout=0.2):
        super(TemporalBlock, self).__init__()
        # 定义第一个空洞卷积层，并且对参数进行 weight_normalization
        self.conv1 = weight_norm(nn.Conv1d(n_inputs, n_outputs, kernel_size,
                                    stride=stride, padding=padding, dilation=dilation))
        # 初始化因果卷积，根据第一个卷积层的输出与 padding 大小实现因果卷积
        self.chomp1 = Chomp1d(padding)
        # 添加激活函数与 dropout 正则化方法完成第一个卷积
        self.relu1 = nn.ReLU()
        self.dropout1 = nn.Dropout2d(dropout)
        # 堆叠同样结构的第二个卷积层，并且对参数进行 weight_normalization
        self.conv2 = weight_norm(nn.Conv1d(n_outputs, n_outputs, kernel_size,
                                    stride=stride, padding=padding, dilation=dilation))
        self.chomp2 = Chomp1d(padding)
        self.relu2 = nn.ReLU()
        self.dropout2 = nn.Dropout2d(dropout)
        # 将卷积模块的所有组建通过 Sequential 方法依次堆叠在一起，先后进行计算
        self.net = nn.Sequential(self.conv1, self.chomp1, self.relu1, self.dropout1,
                                    self.conv2, self.chomp2, self.relu2, self.dropout2)
        # padding 保证了输入序列与输出序列的长度相等，但卷积前后的通道数可能不一样
        # 如果通道数不一样，则需要对输入 x 做一卷积使得它的维度与前面两个卷积相等
        self.downsample = nn.Conv1d(n_inputs, n_outputs, 1) if n_inputs != n_outputs else None
        self.relu = nn.ReLU()
        # 初始化权重，从均值为 0，标准差为 0.01 的正态分布中采样的随机值
        self.conv1.weight.data.normal_(0, 0.01)
        self.conv2.weight.data.normal_(0, 0.01)
        if self.downsample is not None:
            self.downsample.weight.data.normal_(0, 0.01)
    # 结合卷积与输入的恒等映射投入 ReLU 激活函数完成残差模块
```

```
def forward(self, x):
    # 进行 residual 层的空洞卷积
    out = self.net(x)
    # 若输入和输出通道数不同则进行 1d 卷积降采样，否则还是输入 x
    res = x if self.downsample is None else self.downsample(x)
    # 结果相加
    return self.relu(out + res)


# 定义时间卷积网络的整体架构
class TemporalConvNet(nn.Module):
def __init__(self, num_inputs, num_channels, kernel_size, dropout):
    # 卷积核、通道数、dropout 都是需要通过多次调参来选择最适合数据的
    # num_inputs 的格式类似于[256，256，256，256]
    # 这意味着一共四层残差模块，每层通道数均为 256
        super(TemporalConvNet, self).__init__()
        layers = []
        num_levels = len(num_channels)
        for i in range(num_levels):
            dilation_size = 2 ** i
            in_channels = num_inputs if i == 0 else num_channels[i - 1]
            out_channels = num_channels[i]
            # 初始化每个残差模块，堆叠成 num_levels 层
            layers += [TemporalBlock(in_channels, out_channels, kernel_size,
            stride=1, dilation=dilation_size, padding=(kernel_size - 1) * dilation_size, dropout=dropout)]
        # 将所有残差模块堆叠起来组成一个深度卷积网络
        self.network = nn.Sequential(*layers)

def forward(self, x):
    net = torch.nn.DataParallel(self.network, device_ids=[0,1,2,3])
    return net(x)
```

6.3 生成对抗网络

生成式对抗网络（Generative Adversarial Networks，GAN）是一种深度学习模型，最先是由蒙特利尔大学的 Ian Goodfellow 提出，已在图像生成和风格迁移等领域获得了巨大的成功，是近年来复杂分布上无监督学习最具前景的方法之一。GAN 的提出满足了许多领域的研究和应用需求，是人工智能学界非常热门的研究方向，目前 GAN 最广泛热门的应用都集中在图像和视觉领域，例如生成数字、人脸等物体对象，构成各种逼真的室内外场景，从分割图像恢复原图像，从低分辨率图像生成高分辨率图像等，此外，GAN 还可以应用到语音和语言处理、棋类比赛程序等问题中。

6.3.1 GAN 的核心思想和算法步骤是什么

GAN 的核心思想来源于博弈论中的纳什均衡，框架中包含两个模块：生成模型（Generative Model）和判别模型（Discriminative Model）。在一般情况下，往往称为生成器 G 和判别器 D。生成器的目的是尽量去学习真实的数据分布，而判别器的目的是尽量正确判别输入数据是来

自真实数据还是来自生成器；这两者在不断优化并提高自己的生成能力和判别能力。最一开始并不要求 G 和 D 都是神经网络，只要可以拟合相应生成和判别的函数即可。不过后来的研究中包括实际情况里一般都使用深度神经网络。GAN 最大的缺点就是难以训练，在训练过程中很难区分是否正在取得进展，很容易发生崩溃，也就是生成器开始退化，无法继续学习。

GAN 的计算流程和结构如图 6-4 所示，G 的输入是随机噪声 z，$G(z)$ 是由 G 生成的尽量服从真实数据分布 p 的样本。D 的输入是真实数据 x 和 G 的输出 $G(z)$，D 的目标是对两种数据能够做好分类判别，而 G 的目标是让 $D(G(x))$ 与 $D(x)$ 尽可能相同，这种互相对抗病对抗的过程可以使得 D 和 G 的性能不断提升，等到 D 无法正确判别数据来源时，则认为生成器 G 已经学到了真实数据的分布。

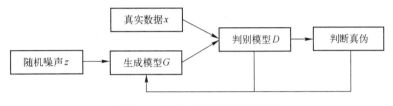

图 6-4　生成对抗网络训练过程

以上的 GAN 训练过程的大致简介，下面详细展示其训练过程。

在给定生成器 G 后，首先来优化判别器 D，损失函数即为最小化交叉熵：

$$V_{GAN}(D,G) = -\frac{1}{2}E_{x\sim p_{data}(x)}[\log D(x)] - \frac{1}{2}E_{z\sim p_z(z)}[\log(1-D(G(z)))]$$

$x \sim p_{data}(x)$ 即指 x 来自于真实数据集，而 $z \sim p_z(z)$ 即指 z 来自于随机噪声分布。下面定义生成器的数据分布为 $p_g(x)$，在连续空间中，上式可以表达为：

$$V_{GAN}(D,G) = -\frac{1}{2}\int_x p_{data}(x)[\log D(x)]\mathrm{d}x - \frac{1}{2}\int_z pz(z)[\log(1-D(G(z)))]\mathrm{d}x$$

$$= -\frac{1}{2}\int_x p_{data}(x)\log D(x) + p_g(x)[\log(1-D(x)]\mathrm{d}x$$

此时损失函数在

$$D_G(x) = \frac{p_{data}(x)}{p_{data}(x)+p_g(x)}$$

处得到最小值，即为判别器的最优解。

对于生成器 G 来讲，它的目标是让判别器输出概率值 $D(G(z))$ 趋近于 1，所以目标函数是：

$$\min_G \max_D V(D,G) = E_{x\sim p_{data}(x)}[\log D(x)] + E_{z\sim p_z(z)}[\log(1-D(G(z)))]$$

综上所述，首先固定生成器 G，训练判别器 D 来最大化判别数据来源于真实数据或者伪数据分布 $G(z)$ 的准确率，然后固定判别器 D，训练模型 G 来最小化 $\log(1-D(G(z)))$，当 $p_{data} = p_g$ 时即达到了全局最优解。在一般情况下，同一轮参数更新中，一般对 D 的参数更新若干次后再对 G 的参数更新一次。

此部分将展示 GAN 的一个简单项目，即如何利用 mnist 手写数字数据集来产生能够以假乱真的手写字体，首先简要介绍一下 mnist 数据集，mnist 数据集来自美国国家标准与技术研究所（National Institute of Standards and Technology，NIST）。训练集由来自 250 个不同人手写的数字构成，其中 50%是高中学生，50%来自人口普查局的工作人员。数据集中的每张图片由 28×28 个像素点构成，每个像素点用一个灰度值表示。将 28×28 的像素展开即可得到为一个 784 个值的行向量。

```python
import torch
import torch.nn as nn
from torch.autograd import Variable
from torch.utils.data import DataLoader
from torchvision import transforms
from torchvision import datasets
import os
batch_size =64
epoch = 100
z_dim= 100
#定义随机噪声数据维度
mnist = datasets.MNIST('./data', transform=img_transform)
dataloader = DataLoader(mnist, batch_size=batch_size, shuffle=True)
#对 mnist 数据进行预处理

class D(nn.Module):
    def __init__(self):
        super(D, self).__init__()
        self.layer1 = nn.Sequential(
            nn.Conv2d(1, 64, 5, padding=2),
            nn.LeakyReLU(0.2, True),
            nn.AvgPool2d(2, stride=2),
            )
        self.layer2 = nn.Sequential(
            nn.Conv2d(64, 128, 5, padding=2),
            nn.LeakyReLU(0.2, True),
            nn.AvgPool2d(2, stride=2)
        )
        self.fc = nn.Sequential(
            nn.Linear(128*7*7, 1024),
            nn.LeakyReLU(0.2, True),
            nn.Linear(1024, 1),
            nn.Sigmoid()
        )
    def forward(self, x):
        x = self.layer1(x)
        x = self.layer2(x)
        x = x.view(x.size(0), -1)
        x = self.fc(x)
        return x
        #为什么 self.fc 中会出现 7?
#这是由于原先图片大小是 28×28，经过一次池化操作（nn.AvgPool2d）后大小为 14×14
#再经过一次池化操作(nn.AvgPool2d)后大小即为 7×7
class G(nn.Module):
```

```python
    def __init__(self, input_size, num_feature):
        super(G, self).__init__()
        self.fc = nn.Linear(input_size, num_feature)
        self.layer1 = nn.Sequential(
            nn.BatchNorm2d(1),
            nn.ReLU(True)
        )
        self.layer2 = nn.Sequential(
            nn.Conv2d(1, 50, 3, stride=1, padding=1),
            nn.BatchNorm2d(50),
            nn.ReLU(True)
        )
        self.layer3 = nn.Sequential(
            nn.Conv2d(50, 1, 2, stride=2),
            nn.Tanh()
        )

    def forward(self, x):
        x = self.fc(x)
        x = x.view(x.size(0), 1, 56, 56)
        x = self.layer1(x)
        x = self.layer2(x)
        x = self.layer3(x)
        return x
D = D().cuda()
G = G(z_dim, 3136).cuda()
#目的是让程序放在 CUDA 上运行
criterion = nn.BCELoss()
#损失函数是二元交叉熵函数
d_optim = torch.optim.Adam(D.parameters(), lr=0.001)
g_optim = torch.optim.Adam(G.parameters(), lr=0.001)
#定义生成器和判别器各自的优化器
for k in range(epoch):
    for i, (img, _) in enumerate(dataloader):
        num_img = img.size(0)

        #首先来训练判别器
        real_img = Variable(img).cuda()
        real_label = Variable(torch.ones(num_img)).cuda()
        fake_label = Variable(torch.zeros(num_img)).cuda()
        real_out = D(real_img)
        d_loss_real = criterion(real_out, real_label)
        #计算判别器针对真实值的 loss
        real_scores = real_out
        # compute loss of fake_img
        z = Variable(torch.randn(num_img, z_dim)).cuda()
        fake_img = G(z)
        fake_out = D(fake_img)
```

```
d_loss_fake = criterion(fake_out, fake_label)
#计算判别器针对虚假生成值的 loss
fake_scores = fake_out
d_loss = d_loss_real + d_loss_fake
d_optim.zero_grad()
d_loss.backward()
d_optim.step()
#将梯度反向传播，至此则完成判别器的训练部分

#然后来训练判别器
z = Variable(torch.randn(num_img, z_dim)).cuda()
fake_img = G(z)
output = D(fake_img)
g_loss = criterion(output, real_label)
#计算生成器针对虚假生成值的 loss
g_optim.zero_grad()
g_loss.backward()
g_optim.step()
#将梯度反向传播，至此则完成生成器的训练部分
```

6.3.2　什么是 Conditional GAN

（Conditional GAN，CGAN）是将额外的信息 y 加入到 G、D 和真实数据来建模，这里的 y 可以是标签或其他辅助信息。换句话说就是提出了一种带条件约束的 GAN，在生成模型（D）和判别模型（G）的建模中均引入条件变量 y，使用额外信息 y 对模型增加条件并指导数据生成过程。这些条件变量 y 可以基于多种信息，例如类别标签，用于图像修复的部分数据，此时就相当于有监督的模型。

由于此时在生成模型中，先验输入噪声 $p(z)$ 和条件信息 y 联合组成了联合隐层表征，故 CGAN 的目标函数是带有条件概率的极小极大值博弈：

$$\min_G \max_D V(D,G) = E_{x \sim p_{data}(x)}[\log D(x \mid y)] + E_{z \sim p_z(z)}[\log(1 - D(G(z \mid y)))]$$

6.4　图卷积神经网络

先前已经介绍了卷积神经网络，即在进行图像识别时，需要用其来提取图像特征并进行分类。但是卷积神经网络的局限在于研究对象只能是限制在欧氏距离上的数据，即只能研究有规则的空间结构的数据。

但是很多其他领域的问题并不是规则的空间结构，即不是欧氏距离，例如金融、交通、生物以及 NLP 领域的知识图谱，推荐系统都是结点连接不同的图谱结构。有的结点有 4 个连接，有的结点有 5 个连接，并不是规则的数据结构，如图 6-5 所示。

既然 CNN 无法处理非欧式距离的数据，所以为了在这样的拓扑图中有效提取空间特征来进行机器学习，所以需要利用图卷积神经网络（GCN）来提取每个结点的特征信息与每个结点在图谱中的结构信息。图卷积神经网络主要分为两种：一种是空间域卷积；另一种是谱图卷积，即在谱域中引入图卷积。

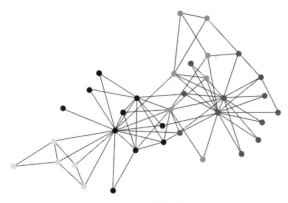

图 6-5　图结构数据

这个领域发展很快，已经有了面向图神经网络以及图机器学习的全新框架，例如 Deep（Graph Library，DGL）和（PyTorch Geometric，PyG），其中 PyTorch Geometric 的发展速度非常快，在很多任务上计算速度都是 DGL 的若干倍。PyTorch Geometric 的使用也非常简单，它将常见的图卷积中的模块已经封装成了函数可以直接调用，例如 Neighborhood Aggregation 可以将卷积算子推广到不规则域的功能已经被封装好放在函数里，例如 GCN (Kipf & Welling, 2017)、SGC (Wu et al., 2019)、GraphSAGE (Hamilton et al., 2017)、AGNN (Thekumparampil et al., 2018)、Graph Isomorphism Network (GIN) from Xu et al. (2019)等均可直接调用函数实现。

为了更直接表达出 GCN 的精髓，下面在介绍图卷积神经网络（GCN）的主要结构时会省略部分公式推导过程，如果对公式推导理论部分感兴趣，请阅读本书参考文献。

6.4.1　空间域卷积

由于目前很多情况下都是利用第二种图卷积神经网络：谱卷积，所以第一种在此只简要介绍一下。空间域卷积算法步骤是提取拓扑图上的空间特征，把每个顶点相邻的 neighbors 找出来。

为了能够对任意结构的图进行卷积操作，人们提出了 PATCHY-SAN (Select-Assemble-Normalize)的方法，通过 3 个步骤构建卷积分片：

1）从图中选择一个固定长度的结点序列；

2）对序列中的每个结点，收集固定大小的邻居集合；

3）对由当前结点及其对应的邻居构成的子图进行规范化，作为卷积结构的输入。

通过上述 3 个步骤构建出所有的卷积片之后，利用卷积结构分别对每个分片进行操作。如图 6-6 所示。

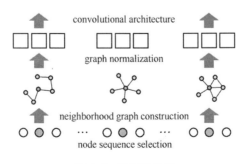

图 6-6　空间域卷积

6.4.2　谱图卷积

本节主要介绍第二种图卷积神经网络，即谱图卷积。简要来讲就是利用图的拉普拉斯矩阵的特征值和特征向量来研究图的性质。

由于图卷积的基础原理涉及图上的傅里叶变换，拉普拉斯矩阵的谱分解等理论问题，需要大量的公式推导，过于理论，所以这里只介绍图卷积的应用。谱图卷积也有多种，此处主要介绍两种。

（1）利用切比雪夫多项式近似和一阶近似的 GCN

由于交通网络就是很明显的一个非欧式距离的例子，因为在每个路口可能连接着三条路、四条路或者更多的路。所以就利用 IJCAI 2018 的论文《Spatio-Temporal Graph Convolutional Networks: A Deep Learning Framework for Traffic》来介绍交通网络中的图卷积网络结构。

$v_t \in R^n$ 是 n 个路段在时间 t 时观察到的交通流向量，图 6-7 展示了路网结构交通流的示意图。这篇论文就是要在给定前 M 个样本后来预测后面 H 个时间段的交通流。

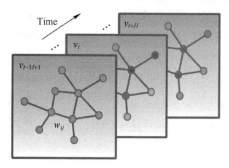

图 6-7　路网结构交通流示意图

将 $*G$ 作为图卷积的符号，并将核 Θ 和信号 $x \in R^n$ 的乘法定义为：

$$\Theta *Gx = \Theta(L)\mathrm{x} = \Theta\left(I_n - E^{-\frac{1}{2}}WD^{-\frac{1}{2}}\right)x = \Theta(U\Lambda U^T)x = U\,\Theta(\Lambda)U^T x$$

$U \in R^{n \times n}$ 是 nv 归一化的拉普拉斯矩阵 $L \in R^{n \times n}$ 的特征向量对应的矩阵，也被称为图的傅里叶基。$D \in R^{n \times n}$ 是度矩阵，即 $D_{ii} = \sum_j W_{ij}$。$\Lambda \in R^{n \times n}$ 是 L 的特征值矩阵，卷积核 $\Theta(\Lambda)$ 是一个对角矩阵。但此时卷积核 $\Theta(\Lambda)$ 需要 n 个参数，乘积 $U\,\Theta(\Lambda)U^T x$ 的计算复杂度也较高，所以这个公式存在一些弊端。

为了解决算法复杂度的问题，论文中采用了两种近似方法，分别是切比雪夫多项式趋近和一阶近似。首先介绍切比雪夫近似。

用一个关于 Λ 的多项式将核 Θ 限制起来，即：

$$\Theta(\Lambda) = \sum_{k=0}^{K-1} \theta_k \Lambda^k = \sum_{k=0}^{K-1} \theta_k T^k(\tilde{\Lambda})$$

K 是卷积从中心开始的最大半径，是图卷积核的大小。$T_k(x)$ 是切比雪夫多项式，用于近似核。$\tilde{\Lambda} = 2\dfrac{\Lambda}{\lambda_{\max}} - I_n$，$\lambda_{\max}$ 是 L 的最大值。

则图卷积即为：

$$\Theta *_G x = \Theta(L)x = \sum_{k=0}^{K-1} \theta_k T_k(\tilde{L})x$$

而一阶近似中假设 $\lambda_{\max} = 2$ ，则有

$$\Theta *_G x \approx \theta_0 x + \theta_1\left(2\frac{L}{\lambda_{\max}} - I_n\right)x \approx (L)x = \theta_0 x + \theta_1\left(D^{-\frac{1}{2}}WD^{-\frac{1}{2}}\right)x$$

为了约束参数并为稳定数值计算，不妨令 $\theta \approx \theta_0 = -\theta_1$ ， $\tilde{W} = W + I_n$ ， $\widetilde{D_{tt}} = \sum j\tilde{W}_{tj}$ ，则可得新的表达式：

$$\Theta *_G x \approx \theta_0 x + \theta_1\left(D^{-\frac{1}{2}}WD^{-\frac{1}{2}}\right)x = \theta\left(\tilde{D}^{-\frac{1}{2}}\tilde{W}\tilde{D}^{-\frac{1}{2}}\right)x$$

此时卷积核只有 K 个参数，一般 K 远小于 n 。同时也降低了计算复杂度。

（2）High-Order Adaptive GCN

这里介绍的 High-Order Adaptive GCN 来自于 2017 年一篇论文《Convolutionon Graph A High-Order and Adaptive Approach》。

首先定义顶点 v_i 的 k 阶邻居 $NB_i = \{v_i \in V \mid d(v_i, v_j) \leqslant k\}$ 。 $A \in R^{N \times N}$ 是邻接矩阵， A^k 的第 i 行第 j 列表示的是顶点 i 到顶点 j 的 k 步路径的个数。

定义 k 阶卷积：

$$GC^k = (W_{gc\_k} \odot \tilde{A}^k)X_t + B_k$$

其中：

$$\tilde{A}^k = \min\{A^k + I, 1\}$$

A^k 加单位阵是为了让图上的每个顶点都能实现自连接。 B_k 是偏置矩阵。根据公式可以看出卷积操作就是取一个顶点的 k 阶邻居的特征向量作为输入，输出它们的加权平均值。

High-Order Adaptive GCN 的另一点改进之处就是引入了 Adaptive Filtering Module（自适应滤波器模块），它根据一个顶点的特征以及邻居的连接过滤卷积的权重，使得网络自适应地找到卷积目标并且更好地捕获局部的不一致。从描述中可以看出这种改进机制类似于注意力机制。自适应滤波器是一个在权重矩阵 W_{gc_k} 上的非线性操作器 g:

$$\tilde{W}_{gc\_k} = g \odot W_{gc\_k}$$

其中 $\odot$ 表示 element-wise 矩阵乘法。操作器 g 反映了顶点特征与图的连接。

$$g = f_{adp}(\tilde{A}^k, X) = sigmoid(Q \cdot [A^k, X])$$

其中 $[\cdot, \cdot]$ 表示矩阵拼接。此时图卷积的定义如下：

$$GC^k = (\tilde{W}_{gc\_k} \odot \tilde{A}^k) + B_k$$

图 6-8 左边展示了对于一个顶点， $k=2$ 时的 GC^k ：自适应滤波器 g 的底层加到权重矩阵 W_{gc_1} 和 W_{gc_2} 上，得到了自适应权重 $\tilde{W}_{gc\_1}$ 和 $\tilde{W}_{gc\_2}$ ；第二层把自适应权重和对应的邻接矩阵拼到一起为了卷积使用。图右边强调了卷积是在图上每个顶点都做的，并且是一层一层的。

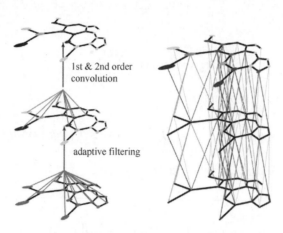

图 6-8　High-Order Adaptive GCN 结构示意图

在所有的卷积层之后将那些来自不同阶的卷积层的输出特征拼接起来:

$$GC^{\{k\}} = [GC^1, GC^2, \cdots, GC^K]$$

下面就可以将 $GC^{\{k\}}$ 应用于解决不同的问题,例如 2018 年一篇论文《High-Order Graph Convolutional Recurrent Neural Network: A Deep Learning Framework for Network-Scale Traffic Learning and Forecasting》利用 High-Order GCN 提取路网的图信息,从而提升了交通流预测的效果,需要注意的是在该工作中没有用到 adaptive filter,同时又引入了新的 Free Flow Marix 用来更好地刻画交通的性质。

由于图卷积神经网络的特殊结构可以解决图结构中非欧式距离的问题,所以在金融、交通、生物、知识图谱、对话系统等涉及网络结构的问题中都可以大放光彩。为了能在面试中脱颖而出,了解并熟悉图卷积神经网络的编程非常重要。本节只是简要介绍了交通领域中的交通流预测的应用,省略了较多理论推导步骤,如果感兴趣,可以根据参考文献详细钻研。

6.5　深度学习在运筹优化中的应用

本章最后一节将展示深度学习在运筹优化中的应用,因为这个问题非常新颖,同时又涉及强化学习、指针网络、注意力机制、LSTM、encoder-decoder 框架等人工智能前沿领域,那么通过熟悉这个问题就可以对当下很多前沿研究都有所了解,所以本节将详细展示介绍该问题的每个结构。

需要注意的是虽然强化学习可以用来解决运筹学中的 TSP、VRP 问题,但是真实场景要远比 TSP 问题复杂得多,所以工业界目前还未用强化学习代替原先的运筹学经典算法。本章介绍这类问题的主要原因是它涉及人工智能前沿研究的很多问题,这些问题可以应用在各个领域中。

强化学习广泛用于求解序列决策问题,目前在游戏 AI、棋类等领域取得了显著的成果,最著名的当属 DeepMind 的 AlphaGo。其实,让计算机学会下围棋其实本质上是求解组合优化问题。那么除了围棋以外,强化学习框架是否能够求解其他经典组合优化问题呢?答案是肯定的,本章主要介绍强化学习运用于求解经典组合优化问题,如 Traveling Salesman Problem

（TSP）、Vehicle Routing Problem （VRP）等方法。

6.5.1　指针网络

指针网络（Pointer Network）是用深度学习解决经典组合优化问题（如 TSP、VRP、MST 等）的基础，由 Oriol Vinyals 等首次提出。指针网络的结构脱胎于 Google 提出的 Sequence-to-Sequence（以下简称 Seq2Seq）的网络结构，如图 6-9 所示。浅蓝色部分被称作编码器（Encoder），紫色部分为解码器（Decoder），可以理解为：先把输入的数据进行编码，然后再对编码后的结果进行解码。

那么指针网络和 Seq2Seq 网络的区别是什么呢？

Seq2Seq 把输入的一系列数据用 RNN 等编码成向量，然后通过概率链式规则（probability chain rule）和另一个 RNN 网络得到输出的结果，它常用于机器翻译，结构如图 6-9 所示。比如输入一句话 "how are you?"，把每个字符分别编码成向量，然后在 Decoder 中分别输出对应的中文，如 "你好吗？"。指针网络在编码器的部分与 Seq2Seq 类似，在解码器部分，指针网络对编码后的多个向量组成集合，使用了一种以内容为基础的机制，叫作 Content-based Attention Mechanism。这个机制的输出是一个长度和向量集合长度一样的概率分布。通过该分布可以获取到序号，序号指向向量集合（或者说输入）的位置，表示解码的输出，故名指针网络，结构如图 6-10 所示。Seq2Seq 解码后的结果可能不在编码输入的数据中，而指针网络解码后的结果为指针指向输入数据的位置。

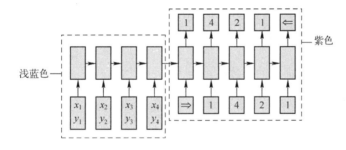

图 6-9：Sequence-to-Sequence 示意图

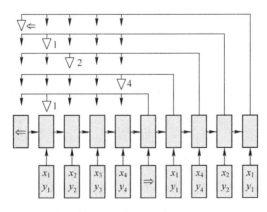

图 6-10　指针网络示意图

举例说明：假设要解 TSP10 的问题。有 10 个城市位置，位置用一个二维向量表示。指针网络的编码器对输入的 10 个城市的二维向量分别进行编码，一次编码一个，编码的方式可以选择线性转换，如从二维到 d-维，编码后的结果，称之为潜在记忆状态（latent memory states）。解码器接收这 10 个城市的潜在记忆状态作为初始输入。在每一步解码时，使用之前所述的 Attention Mechanism 获取指针，指向输入的位置。上一步解码获取的序号所对应编码后的向量作为下一步解码的输入。比如解码的第一步获取的 2，表示序号为 2 的城市，在编码后的向量集合中，序号为 2 的向量作为下一步的输入。

1. 编码器

如前所述，指针网络的编码和 Seq2Seq 一样，先对数据进行 embedding 的线性转换，然后输入到一个 RNN 网络中，通过各个 RNN 单元的 hidden state 进行传递。但是 Nazari 等提出：在类似于 TSP 和 VRP 的组合优化问题中，输入数据的顺序其实是没有影响的，不同的顺序包含相同的信息。比如输入数据 10 个城市的位置按编号 1,2,…,10 的顺序，与按编号 2,5,1,…,8 等顺序输入到编码器中本质上是一样的。因此，他们提出了取消 RNN 的编码器，直接进行 Embedding 的网络结构。后面章节会讲述相关方法。

2. 解码器：指针和 Attention 机制

首先，定义一个向量集合 $ref = \{enc_1, enc_2, \cdots, enc_k\}$，这个集合是编码器对输入数据编码后的向量集合，其中 $enc_i \in \mathbb{R}^d$。另外定义一个队列向量(query vector) $q = dec_i \in \mathbb{R}^d$。原先的队列向量对应解码器中一个 RNN 单元输出的 hidden state。但是提出了 glimpse 函数用于整合输入向量序列。实验表明 glimpse 能够在计算量增加不大的情况下，一定程度上提升模型的效果，因此 glimpse 函数有使用在 Attention 机制当中。具体的定义描述如下：

- Glimpse 函数：$G(ref, q)$
- Attention 函数：A
- Attention 机制中可训练的参数：
  - Attention 矩阵：$W_{ref}^g, W_q^g \in \mathbb{R}^{d \times d}$
  - Attention 向量：$v^g \in \mathbb{R}^d$
- 指针的概率分布：$p \in \mathbb{R}^k$

其中，k 表示输入的数量，比如 10 个城市，指针概率分布 p_i 指该步解码选择城市 i 的概率。通过如下公式，完成 glimpse 方式的 attention。

$$p = A(ref, q; W_{ref}^g, W_q^g, v^g) = \sum_{i=1}^k r_i p_i, r_i \in ref$$

$$G(ref, q; W_{ref}^g, W_q^g, v^g) = \sum_{i=1}^k r_i p_i, r_i \in ref$$

$$g_0 = q$$

$$g_m = G(ref, g_{m-1}; W_{ref}^g, W_q^g, v^g)$$

可以观察到，glimpse 函数本质上是 ref 向量集合的权重和。可以选择多次用相同的 ref 进行迭代计算，比如计算 m 次，最后的 g_m 作为 Attention 函数的输入。实验表明一次以上迭代的 glimpse 计算几乎对模型的学习没有什么影响，因此实际代码实现的时候可以考虑只迭代一次。

公式需要首先能够得到 Attention 函数。那么 Attention 函数是如何计算的呢？假设指针网络表示的策略函数为 π。$\pi(j)=i$ 表示解码器在第 j 步输出的指针为 i。通过如下公式计算指针和 Attention 函数：

$$u_i = \begin{cases} v_T \cdot \tanh(W_{ref} \cdot r_i + W_q \cdot q) & \text{如果} i \neq \pi(j) \text{对于} j < i \\ -\infty & \text{其他} \end{cases} \quad i = 1, 2, \cdots, k$$

$$A(ref, q; W_{ref}, W_q, w) = soft\max(u)$$

其中，上述 u 为 $soft$max 函数输入，$r_i \in ref$。在类似于 TSP 的问题中，因为每个城市只经过一次，对于前面编码步骤中输出过的城市序号，u_i 设定为负无穷大，相应的 $soft$max 的结果即为 0。公式注意区别于 glimpse 的可训练参数：

- Attention 矩阵：$W_{ref}, W_q \in \mathbb{R}^{d \times d}$
- Attention 向量：$v \in \mathbb{R}^d$

除了通过直接使用 u 的 Attention 函数外，也提出了两种改进的 Attention 函数，让模型能够更好地学习，并有更好的泛化性。

Softmax Temperature: Softmax 温度调整如下：

$$A(ref, q; W_{ref}, W_q, w) = soft\max(u/T)$$

T 定义为温度，当 $T > 1$ 时，Attention 函数计算的分布会更平滑，这样可以防止模型的结果过于偏重某个指针。

Logit Clipping: Logit 限幅：

$$A(ref, q; W_{ref}, W_q, w) = soft\max(C\tanh(u))$$

C 是控制 logit 范围的超参数。论文中表明有效的 clipping 可以帮助模型探索并且产生一定的边际效益。

6.5.2 指针网络 PyTorch 代码实现

本节主要介绍用 PyTorch 实现指针网络以及 Attention 机制。

1. Embedding 代码

首先要构造 Embedding 对象，对输入进行 Embedding。代码如下所示：

```python
class Embedding(nn.Module):
    def __init__(self, input_size, embedding_size):
        # input_size: 输入数据的维度，比如 2 维欧式距离的 TSP 城市位置
        # embedding_size: 想要 embedding 的维度，比如 128
        super(Embedding, self).__init__()
        self.embedding_size = embedding_size
        # Embedding 参数初始化
        self.embedding = nn.Parameter(torch.FloatTensor(input_size, embedding_size))
        self.embedding.data.uniform_(-(1./math.sqrt(embedding_size)),1./math.sqrt(embedding_size))

    def forward(self, inputs):
```

```
# inputs：维度 (batch_size, seq_len, input_size)，seq_len 表示输入数据的长度，比如 10 个城市
# embedded：维度 (batch_size, seq_len, hidden_size)
batch_size = inputs.size(0)
seq_len    = inputs.size(1)
# 新的 embedding 维度：batch_size, input_size, embedding_size
embedding = self.embedding.repeat(batch_size, 1, 1)
embedded = []
# 共享 embedding 参数
for i in range(seq_len):
    # batch multiplication 需要相同 Tensor 维度大小, so, unsqueeze 1
    embedded.append(torch.bmm(inputs[:, i, :].unsqueeze(1).float(), embedding))
embedded = torch.cat(embedded, 1)
return embedded
```

2．Encoder（编码器）代码

完成 Embedding 后需要创建编码器。代码如下：

```
class Encoder(nn.Module):
    def __init__(self, embedding_size, hidden_size):
        # embedding_size: embedding 的维度
        # hidden_size: RNN 的 hidden state 维度
        super(Encoder, self).__init__()
        self.lstm = nn.LSTM(embedding_size, hidden_size)
        self.hidden_size = hidden_size

    def forward(self, embedding_x):
        # embedding_x (tensor)：维度 (sequence length, batch, input_dim)
        # hidden (tensor)：维度 (num_layer * num_direction, batch_size, hidden_dim)
        # output (tensor)：维度 (sequence length, batch_size, hidden_dim)
        # next_hidden (tensor)：维度 (num_layer * num_direction, batch_size, hidden_dim)
        output, next_hidden = self.lstm(embedding_x)
        return output, next_hidden
```

这里使用 PyTorch 默认的 LSTM。注意：默认的 LSTM 接受输入的维度为(seq_len, batch_size, input_size)。

3．Attention 函数代码

```
class Attention(nn.Module):
    def __init__(self, hidden_size, C = 10):
        # hidden_size: hidden 维度
        # C: logit clipping 的超参数，文中使用 10
        super(Attention, self).__init__()
        # 初始化 W_q：
        self.w_q = nn.Linear(hidden_size, hidden_size)
        # 初始化 W_ref：
        # 由于 reference 维度为 (batch_size, hidden_size, seq_len)，
        # 所以可以用 1 维的卷积层实现，每个 batch 共享 weights，
        # 输出为(batch_size, hidden_size, seq_len)
        self.w_ref = nn.Conv1d(hidden_size, hidden_size, 1, 1)
```

```
        V = torch.Tensor(hidden_size).float() # to trainable parameters
        # 根据论文所述，初始化 v 为(-1/sqrt(size), 1/sqrt(size))的正态分布
        self.v = nn.Parameter(V)
        self.v.data.uniform_(- 1. / math.sqrt(hidden_size), 1. / math.sqrt(hidden_size))
        self.tanh = nn.Tanh()
        self.C = C
        self.hidden_size = hidden_size

    def forward(self, encoder_output, query):
        # encoder_output (tensor): 维度(seq_len, batch_size, hidden_size)
        # query (tensor): 维度(batch_size, hidden_size)
        # ref (tensor): shape is (batch_size, hidden_size, k)
        # logit (tensor): probability with shape (batch_size, k)
        batch_size = query.size(0)
        encoder_output = encoder_output.permute(1, 2, 0)
        q = self.w_q(query).unsqueeze(2)
        ref = self.w_ref(encoder_output) # batch_size, hidden_dim, seq_len
        seq_len = ref.size(2)
        expanded_q = q.repeat(1, 1, seq_len) # 扩展 q
        # 扩展 v 为(batch_size, 1, hidden_size)
        expanded_v = self.v.unsqueeze(0).unsqueeze(0).repeat(batch_size, 1, 1)
        # u 为(batch_size, seq_len)
        u = torch.bmm(expanded_v, self.tanh(ref + expanded_q)).squeeze(1)
        logit = self.C * self.tanh(u)
        return logit
```

4. Decoder（解码器）代码

解码器中整合了 Attention 和指针机制。

```
class Decoder(nn.Module):
    def __init__(self, embedding_size, hidden_size, sequence_length,
            decoder_type = "sampling", num_glimpse = 1):
        super().__init__()
        self.embedding_size = embedding_size
        self.hidden_size = hidden_size
        self.num_glimpse = num_glimpse
        self.sequence_length = sequence_length
        self.lstm_cell = nn.LSTMCell(embedding_size, hidden_size)
        # pointer 和 glimpse，建立两个对象，互相不共享参数
        self.pointer = Attention(hidden_size)
        # 在 glimpse 中不使用 logit clipping
        self.softmax = nn.Softmax()
        # 用于控制是 training 和交叉验证
        self.decoder_type = decoder_type

    def forward(self, decoder_input, embedding_x, hidden, encoder_output):
        # decoder_input (tensor): 维度(batch_size, embedding_size)
        # embedding_x (tensor): 维度(seq_len, batch_size, embedding_size)
```

```
# hidden (tuple): (h, c), 来自于 LSTM 的输出，默认初始化
# encoder_output (tensor): 维度 (seq_len, batch_size, embedding_size)
# prob_list (list): 存储每一步 decode 中每个城市的概率
# index_list (list): 存储每一步 decode 输出的城市序号
batch_size = decoder_input.size(0)
seq_len = embedding_x.size(0)
prob_list = []
index_list = []
mask = None
# 对于之前输出过的进行 mask
mask = torch.zeros(batch_size, seq_len).byte()
prev_idx = None
embedding_x = embedding_x.permute(1, 0, 2) # to (batch_size, seq_len, embedding_dim)
ref = encoder_output.permute(1, 2, 0) # to (batch_size, embedding_dim, seq_len)
for i in range(self.sequence_length):
    h, c = self.lstm_cell(decoder_input, hidden)
    hidden = (h, c)
    g_l = h  # (batch_size, hidden_dim)
    for _ in range(self.num_glimpse):
        logit = self.glimpse(encoder_output, g_l)
        # mask 之前输出过的城市序号，更新概率 logit
        mask_copy = mask.clone()
        batch_size_new = logit.size(0)
        if prev_idx is not None:
            mask_copy[[b for b in range(batch_size_new)], prev_idx.data] = 1
            logit[mask_copy] = -np.inf
        p = self.softmax(logit)
        g_l = torch.bmm(ref, p.unsqueeze(2)).squeeze(2)
    logit = self.pointer(encoder_output, g_l)
    mask_copy = mask.clone()
    batch_size_new = logit.size(0)
    if prev_idx is not None:
        mask_copy[[b for b in range(batch_size_new)], prev_idx.data] = 1
        logit[mask_copy] = -np.inf
    if self.decoder_type == "greedy": # 利用 sreedy 策略得到结果用于验证
        probs = self.softmax(logit_mask)
        prev_idx, decoder_input = greedy(probs, embedding_x)
    elif self.decoder_type == "sampling": # 利用 sreedy 策略得到结果用于训练
        probs = self.softmax(softmax_temperature(logit_mask, T = 1.) )
        prev_idx, decoder_input = sampling(probs, embedding_x, index_list)
    # 存储结果
    index_list.append(prev_idx)
    prob_list.append(probs)
return prob_list, index_list
```

最后可以基于以上的结果整合成指针网络。注意：代码实现时，需要小心张量（tensor）计算的维度变化。

Pointer network 的代码部分如下：

```
class PointerNet(nn.Module):
    def __init__(self, embedding_dim, hidden_dim, seq_length, \
                    decoder_type = "sampling", num_glimpse = 1):
        super().__init__()
        self.encoder = Encoder(embedding_dim, hidden_dim)
        self.decoder = Decoder(embedding_dim, hidden_dim, seq_length, \
                    decoder_type = decoder_type, \
                    num_glimpse = num_glimpse)
        #定义 encoder,decoder 框架
        decoder_input = torch.Tensor(embedding_dim).float()
        self.decoder_input = nn.Parameter(decoder_input)
        self.decoder_input.data.uniform_(-1 / math.sqrt(embedding_dim), 1 / math.sqrt(embedding_dim))
        # embedding 部分
        self.embedding = Embedding(input_dim, embedding_dim)


    def forward(self, x):
        batch_size = x.size(0)
        embedding_x = self.embedding(x).permute(1, 0, 2)
        encoder_output, (encoder_ht, encoder_ct) = self.encoder(embedding_x)
        hidden = (encoder_ht.squeeze(0), encoder_ct.squeeze(0)) # (batch_size, hidden_dim)
        decoder_input = self.decoder_input.unsqueeze(0).repeat(batch_size, 1)
        prob_list, index_list = self.decoder(decoder_input, embedding_x, hidden, encoder_output)
        return prob_list, index_list
```

6.5.3 强化学习训练

有了网络结构，如何去训练网络呢？这就涉及本节的主题了。可以采用强化学习的框架进行学习。在类似 TSP 和 VRP 的组合优化问题中，奖励函数很容易定义，因此，运用强化学习进行训练可以省去很多的麻烦。拿 TSP 问题来说，可以定义奖励函数（这里也可以称作成本函数）L 是每个点都访问过一次后的总长度：

$$L(\pi \mid s) = \left(\| x_{\pi(k)} - x_{\pi(1)} \|_2 + \sum_{i=1}^{k-1} \| x_{\pi(i)} - x_{\pi(i+1)} \|_2 \right)$$

其中，s 为状态，也可以认为是输入的 TSP 图，它可以从一个分布 s 中随机抽取。

```
# 计算旅行总长度
def tour_length(pi):
    n = len(pi)
    batch_size = pi[0].size(0)
    tour_len = Variable(torch.zeros(batch_size))
    for i in range(n-1):
        tour_len += torch.norm(pi[i+1] - pi[i], p = 2, dim = 1)
    tour_len += torch.norm(pi[n-1] - pi[0], p = 2, dim = 1)
    return tour_len
```

那么目标就是学习一个策略网络（对应指针网络）让期望路程成本最低。

$$\min J(\theta \mid s) = E_{\pi \sim p_\theta}(\cdot \mid s) L(\pi \mid s)$$

其中，θ 代表策略网络参数。基于著名的 REINFORCE 算法，梯度可以表示为：

$$\nabla_\theta J(\theta \mid s) = E_{\pi \sim p_{\theta(\cdot \mid s)}}[(L(\pi \mid s) - b(s))\nabla_\theta \log p_\theta(\pi \mid s)]$$

如前所述，分布 s 是从一个分布中随机抽取的。当有多个 s 时，可以用蒙特卡洛（Monte Carlo）方法进行估计。其中，B 是用于训练的 TSP 图的数量，即 batch 大小。

$$\nabla_\theta J(\theta \mid s) = \frac{1}{B}\sum_{i=1}^{B}[(L(\pi_i \mid s_i) - b(s_i))\nabla_\theta \log p_\theta(\pi_i \mid s_i)]$$

其中，$b(s)$ 称作基准函数，它与策略无关，用于减少梯度的方差。$b(s)$ 可以用移动平均（Moving Average）获取的总长度表示，也可以建立评论家网络（Critic Network）进行估计。如果是后者，可以用演员-评论家（Actor-Critic）的方法进行训练。实验表明：移动平均的方法比演员-评论家的方法在训练中更加稳定，而相对于移动平均的方法，同一数量 Epoch 下，演员-评论家的方法有可能获取到更优的结果，因为移动平均方法无法区分不同输入的 TSP 数据，另外，如果 $L(\pi^* \mid s)\overline{b}$（其中 π^* 是当前最优的 TSP 路径，$\overline{b}$ 是移动平均），最优的 TSP 路径很难获得更新，因此结果有可能没有演员-评论家的方法优。

如果使用演员-评论家的方法，定义评论家网络的优化目标如下：

$$L(\theta_v) = \frac{1}{B}\sum_{i=1}^{B}\| b_{\theta_v}(s_i) - L(\pi_i \mid s_i) \|_2^2$$

其中，$b_{\theta_v}(s)$ 来自评论家网络的结果。

由上，代码展示如下：

定义 TSP 的 Critic Network 部分：

```
class Critic(nn.Module):
    def __init__(self, embedding_dim, hidden_dim, process_iters,
        super().__init__()
        self.encoder = Encoder(embedding_dim, hidden_dim)
        self.process_block = Attention(hidden_dim)
        self.decoder = nn.Sequential(nn.Linear(hidden_dim, hidden_dim),
                          nn.ReLU(),
                          nn.Linear(hidden_dim, 1)
        self.process_iters = process_iters
        self.softmax = nn.Softmax()
        self.embedding = Embedding(input_dim, embedding_dim)

    def forward(self, x):
        batch_size = x.size(0)
        embedding_x = self.embedding(x).permute(1, 0, 2)
        encoder_output, (encoder_ht, encoder_ct) = self.encoder(embedding_x)
        ref = encoder_output.permute(1, 2, 0) # to (batch_size, embedding_dim, seq_len)
        g_l = encoder_ht.squeeze(0)
        for p in range(self.process_iters):
            logit = self.process_block(encoder_output, g_l)
            p = self.softmax(logit) # (batch_size, k)
```

```
            g_l = torch.bmm(ref, p.unsqueeze(2)).squeeze(2)
        output = self.decoder(g_l)
        return output
```

定义 Actor-Critic 框架：

```
class Model(nn.Module):
    def __init__(self, embedding_dim, hidden_dim, seq_len, batch_size = 128,
process_iters = 3):
        super().__init__()
        self.pointer_net = PointerNet(embedding_dim, hidden_dim, seq_len)
        self.critic = Critic(embedding_dim, hidden_dim, process_iters)
        self.batch_size = batch_size
        self.seq_len = seq_len

    def forward(self, x):
        prob_list, index_list = self.pointer_net(x)
        b = self.critic(x)
        pi = []
        probs = []
        for i, index in enumerate(index_list):
            pi_ = x[[j for j in range(self.batch_size)], index.data, :]
            pi.append(pi_)
            prob_ = prob_list[i]
            prob_ = prob_[[j for j in range(self.batch_size)], index.data]
            probs.append(prob_)
        L = tour_length(pi)
        log_probs = 0
        for prob in probs:
            log_prob = torch.log(prob)
            log_probs += log_prob
        return L, log_probs, pi, index_list, b
```

下面是训练过程：

```
class Train(object):
    def __init__(self, model, train_set, validation_set, batch_size = 128,
                            max_grad_norm = 1., lr = 1e-4, update_steps = 2000):
        self.model = model
        self.train_set = train_set
        self.validation_set = validation_set
        self.batch_size = batch_size
        self.max_grad_norm = max_grad_norm
        self.optimizer_all=Adam(list(model.critic.parameters())+list(model.pointer_net.parameters()), lr= lr)
        self.optimizer_pointer = Adam(model.pointer_net.parameters(), lr = lr)
        self.lr_scheduler_all = lr_scheduler.MultiStepLR(self.optimizer_all, \
                        list(range(update_steps, update_steps * 1000, update_steps)), gamma=0.96)
        self.mse_loss = nn.MSELoss()
        self.input_dim = 2 # points dimension
```

```
            self.train_rewards = []
            self.val_rewards = []
        def train_and_validation(self, n_epoch, training_steps):
            moving_average = 0
            for epoch in range(n_epoch):
                for step in range(training_steps):
                    training_set = random.sample(self.train_set, batch_size)
                    training_set = Variable(torch.cat(training_set).view(self.batch_size, -1, self.input_dim))
                    L, log_probs, pi, index_list, b = self.model(training_set)
                    log_probs = log_probs.view(-1)
                    log_probs[(log_probs < -1000).detach()] = 0.
                    critic_loss = self.mse_loss(b.view(-1), L)
                    advantage = L - b.view(-1)
                    actor_loss = (advantage * log_probs).mean()
                    loss = actor_loss + critic_loss
                    self.optimizer_all.zero_grad()
                    loss.backward()
                    torch.nn.utils.clip_grad_norm_(list(self.model.critic.parameters()) + \
                            list(self.model.pointer_net.parameters()), self.max_grad_norm, norm_type=2)
                    self.optimizer_all.step()
                    self.lr_scheduler_all.step()
moving_average_model=Model(embedding_dim, hidden_dim, seq_len=tsp_num)
train=Train(moving_average_model, train_dataset, validation_dataset, lr=1e-4)
train.train_and_validation(100, 1000)
```

6.5.4　搜索策略

在模型训练过程中要平衡模型开发和探索（tradeoff between exploitation and exploration）。因此需要训练和测试。通常测试是用直接通过贪婪算法（greedy algorithm）选取对应概率最大的指针作为解码步骤的输出。与贪婪算法不同的，在测试环节，可以采取不同的搜索策略让模型输出更优的结果。下面介绍两种搜索策略：Sampling 和 Active Search。

1）Sampling：对应 softmax temperature 的 Attention 函数。通过调整温度 T 来增加泛化性，控制样本结果的多样性。

2）Active Search：Active Search 运用类似指针网络训练方法中的策略梯度方法，针对一系列候选解中运用蒙特卡洛取样，最终输出最好的结果。该策略梯度方法使用的是移动平均，而不是评论家网络。虽然强化学习的训练是无监督的，但是还是需要训练数据，因此泛化性和训练数据分布有关。而 Active Search 是分布独立的（distribution independent），不依赖与输入数据的分布。另外，在指针网络中，编码器是 RNN 网络，输入数据是按顺序的，但其实可以改变顺序输入，增加一定的随机性，Active Search 能够有更好的效果。

Active Search 算法主要步骤如下：

① 输入一个测试例；

② 初始一个随机解，用于对比；

③ 计算随机解的路径成本；

④ 平均每个测试例的解数量；

⑤ 产生 B 个随机解，获取最小路径成本的解，更新 π、L_π；

⑥ 策略梯度更新网络参数，且通过权重平均法更新移动平均值 b。

6.5.5　简化 Encoder 求解 VRP

指针网络用于求解 TSP 问题，已经有了不错的成果。如前所述，Nazari 等提出取消 RNN 的编码器，直接进行 Embedding 的网络结构。且指针网络因为不能考虑用户需求（demand），所以不能求解 VRP 问题。本节将讲述两个指针网络的延伸，用于求解 VRP 问题。类似于 TSP、VRP 问题，Encoder 的输入顺序其实不影响结果，不同的输入顺序包含相同的网络结构信息。与 TSP 问题相比，VRP 问题需要考虑车辆的承载能力以及用户需求，且 VRP 问题解码器的停止条件是所有客户点的需求均被满足，而 TSP 的停止条件为所有客户点均被访问过一次。

VRP 问题中，车起始位置位于中心点（depot），最终回到中心点，因此解码器的初始输出和最终输出都应为中心点对应的序号。除此之外，对于一些很容易辨别的不可行解，通过掩盖方法（mask scheme）去更改概率为负无穷大，让模型不会选择该指针，可以提升模型的效率。以下为执行掩盖的条件：

● 用户需求为 0 的客户点；

● 车的装载能力为 0 时，除了中心点（depot）以外的客户点都应该被掩盖；

● 大于当前车装载能力的客户点。

接下来介绍两种用于求解 VRP 问题的指针网络。

Nazari 等提出了新的状态表示 $x_t=(s,d_t)$，s 代表点的位置信息，是静态单元，d_t 代表第 t 时间步该点的用户需求，$d_t \in \mathbb{N}\ \&\ d_t \in [0,c]$，$c$ 是车载能力，该项称为动态单元。通常针对动态单元，在模型计算前会做归一化处理，使得 $d_t \in [0,1]$。Nazari 简化后的编码器网络结构如图 6-11 所示。

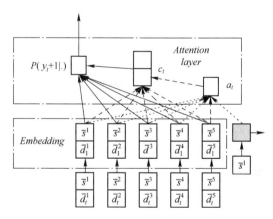

图 6-11　取消 RNN 的 Encoder，增加新的 Attention 层

接下来对输入的数据之间进行 Embedding 和解码器中 RNN 单元的 Hidden state（或者 memory state）导入 Attention 层进行计算。针对 Attention 机制，首先定义：

- $x_t^i = (\bar{s}^i, \bar{d}_t^i)$ 是 Embed 后的第 i 个输入；
- $h_t \in \mathbb{R}^d$ 是在第 t 步解码 RNN 单元中的记忆状态（memory state）；
- a_t 是一个向量，称作 alignment vector，也可以理解为 Attention 结果。

在 Attention 机制中，类似于指针网络中的 Attention 机制，通过如下公式计算：
$u_t^i = v_a^T \tanh(W_a[x_t^i; h_t])$;表示两个向量的按维度连接在一起（concatenation）

$$a_t = a_t(\bar{x}_t^i, h_t) = soft\max(u_t)$$

其中，$W_a \in \mathbb{R}^{d \times Bd}$，$v_a \in \mathbb{R}^d$，$u_t \in \mathbb{R}^k$，$[\bar{x}_t^i, h_t] \in \mathbb{R}^{dB \times k}$。$k$ 是输入位置点的数量。

在指针网络中，指针是计算条件概率获取得到。那么在 VRP 中增加一个向量称为上下文向量（context vector），用于连接 Attention 机制和指针概率。定义 context vector 为 c_t。$c_t = \sum_{i=1}^k a_t^i \bar{x}_t^i$ 为 Embedding 后的权重和。那么，指针的概率为：

$$p(\cdot \mid x_t) = soft\max(\tilde{u}_t^i)$$

$$\tilde{u}_t^i = v_c^T \tan h(W_c[x_t^i : c_t])$$

其中，$c_t \in \mathbb{R}^{2d}$，$[\bar{x}_t^i : c_t] \in \mathbb{R}^{3d \times k}$，$W_c \in \mathbb{R}^{d \times 3d}$，$v_o \in \mathbb{R}^d$。实际过程中，动态单元可以通过其他更简单的方式控制指针概率的选择，如用户需求为 0 的位置设定概率为负无穷大等。为了提升模型学习效率，计算上下文向量和概率时，可以考虑只导入静态单元的部分，于是计算公式变为：

$$c_t = \sum_{i=1}^k a_t^i \bar{s}^i$$

$$\tilde{u}_t^i = v_c^T \tan h(W_c[\bar{s}^i : c_t])$$

另外，论文指出解码器的输入也只需要考虑静态的部分，动态的部分不会对模型效果有所提升。

那么在 VRP 问题中，因为有动态单元的部分。这些动态单元是如何更新的呢？定义车辆在 t 步的装载能力为 l_t。于是，

$$d_{t+1}^i = \max(0, d_t^i - l_t)$$

$$d_{t+1}^j = d_t^j \text{对于} j \neq i$$

$$l_{t+1} = \max(0, l_t - d_t^i)$$

指针网络求解类似 TSP、VRP 等经典组合优化问题可以总结为：利用编码和解码的结构，通过 Attention 机制求得指针概率，通过指针概率选择相应的解码输出，最终生成相应的解。不同的方法有不同的特征处理和 Attention 机制，从而有不同的优化结果。比如 Attention 模型考虑了一定的网络结构特征。搭建好网络结构后，指针网络的训练方法通常都采用强化学习中的策略梯度法以及变种。训练方法可用移动平均法和演员-评论家方法。在网络测试验证时，与传统采用贪婪算法获取指针概率不同，Sampling、Active Search 或者 beam search 等方式会得到更优的解。

　　在如今图网络（graph network）流行的趋势下，以图结构的 Attention 的指针网络也许也会用于求解 TSP 和 VRP 问题。不过，目前深度强化学习求解组合优化问题仍有局限性。首先，训练结果很难复现，即使复现了结果，也很难迁移到其他场景中。其次，实际中的问题会有很多变动，深度强化学习训练好的模型缺乏足够的鲁棒性去适应这种变化。最后，运用深度强化学习求解组合优化问题所需训练时间成本高，且不能完全保证在同一时长下能比启发式算法的结果好，因此，深度强化学习在经典组合优化问题如 TSP、VRP 问题的研究还有很大空间。

第7章 数 据 库

数据库是按照数据结构来组织、存储和管理数据的仓库。从最简单的存储各种数据的表格数据到如今进行海量数据存储都要用到数据库。本章重点介绍数据库中一些基础的概念。

7.1 SQL 语言

SQL 是结构化查询语言（Structured Query Language）的缩写，其功能包括数据查询、数据操纵、数据定义和数据控制 4 个部分。

数据查询是数据库中最常见的操作，通过 select 语句可以得到所需的信息；SQL 语言的数据操纵语句（Data Manipulation Language，DML）主要包括插入数据、修改数据以及删除数据三种语句；SQL 语言使用数据定义语言（Data Definition Language，DDL）实现数据定义功能，可对数据库用户、基本表、视图、索引进行定义与撤销；数据控制语句（Data Control Language，DCL）用于对数据库进行统一的控制管理，保证数据在多用户共享的情况下能够安全。

基本的 SQL 语句有 select、insert、update、delete、create、drop、grant、revoke 等。其具体使用方式如下表 7-1 所示。

表 7-1 常见 SQL 语句

类　型	关　键　字	描　　述	语　法　格　式
数据查询	select	选择符合条件的记录	select * from table where 条件语句
数据操纵	insert	插入一条记录	insert into table(字段 1，字段 2，…)values(值 1，值 2，…)
	update	更新语句	update table set 字段名=字段值 where 条件表达式
	delete	删除记录	delete from table where 条件表达式
数据定义	create	数据表的建立	create table tablename(字段 1，字段 2，…)
	drop	数据表的删除	drop table tablename
数据控制	grant	为用户授予系统权限	grant<系统权限>|<角色> [,<系统权限>|<角色>]… to <用户名>|<角色>|public[,<用户名>|<角色>]… [with admin option]
	revoke	收回系统权限	revoke <系统权限>|<角色> [,<系统权限>|<角色>]… from<用户名>|<角色>|public[,<用户名>|<角色>]…

例如，设教务管理系统中有 3 个基本表：

学生信息表 S(SNO, SNAME, AGE, SEX)，其属性分别表示学号、学生姓名、年龄和性别。

选课信息表 SC(SNO, CNO, SCGRADE)，其属性分别表示学号、课程号和成绩。

课程信息表 C(CNO, CNAME, CTEACHER)，其属性分别表示课程号、课程名称和任课老师姓名。

1）把 SC 表中每门课程的平均成绩插入另外一个已经存在的表 SC_C(CNO, CNAME,

AVG_GRADE)中，其中 AVG_GRADE 表示的是每门课程的平均成绩。

```
INSERT INTO SC_C(CNO, CNAME, AVG_GRADE)
SELECT SC.CNO, C.CNAME, AVG(SCGRADE) FROM SC, C WHERE SC.CNO = C.CNO GROUP
BY SC.CNO ,C.CNAME
```

2）给出两种从 S 表中删除数据的方法。

① 使用 delete 语句删除，这种方法删除后的数据是可以恢复的。

② 使用 truncate 语句删除，这种方法删除后的数据是无法恢复的。

```
delete from S
truncate table S
```

3）从 SC 表中把何昊老师的女学生选课记录删除。

```
DELETE FROM SC WHERE CNO=(SELECT CNO FROM C WHERE C.CTEACHER ='何昊') AND
SNO IN (SELECT SNO FROM S WHERE SEX='女')
```

4）列出有两门以上（含两门）不及格课程（成绩小于 60）的学生姓名及其平均成绩。

```
SELECT S.SNO,S.SNAME,AVG_SCGRADE=AVG(SC.SCGRADE)
        FROM S,SC,(
        SELECT SNO FROM SC WHERE SCGRADE<60 GROUP BY SNO
        HAVING COUNT(DISTINCT CNO)>=2)A WHERE S.SNO=A.SNO AND SC.SNO = A.SNO
        GROUP BY S.SNO,S.SNAME
```

5）列出既学过"1"号课程，又学过"2"号课程的所有学生姓名。

```
SELECT S.SNO,S.SNAME
FROM S,(SELECT SC.SNO FROM SC,C
WHERE SC.CNO=C.CNO AND C.CNAME IN('1','2')
    GROUP BY SC.SNO
    HAVING COUNT(DISTINCT C.CNO)=2
)SC WHERE S.SNO=SC.SNO
```

6）列出"1"号课成绩比"2"号同学该门课成绩高的所有学生的学号。

```
SELECT S.SNO,S.SNAME
FROM S,(
SELECT SC1.SNO
FROM SC SC1,C C1,SC SC2,C C2
WHERE SC1.CNO=C1.CNO AND C1.CNAME='1'
AND SC2.CNO=C2.CNO AND C2.CNAME='2'
AND SC1.SNO =SC2.SNO AND SC1.SCGRADE>SC2.SCGRADE
)SC WHERE S.SNO=SC.SNO
```

7）列出"1"号课成绩比"2"号课成绩高的所有学生的学号及其"1"号课和"2"号课的成绩。

```
SELECT S.SNO,S.SNAME,SC.grade1,SC.grade2
FROM S,(
SELECT SC1.SNO,grade1=SC1.SCGRADE,grade2=SC2.SCGRADE
FROM SC SC1,C C1,SC SC2,C C2
```

```
WHERE SC1.CNO=C1.CNO AND C1.CNO=1
AND SC2.CNO=C2.CNO AND C2.CNO=2
AND SC1.SNO =SC2.SNO AND SC1.SCGRADE>SC2.SCGRADE
)SC WHERE S.SNO=SC.SNO
```

引申：delete 与 truncate 命令有哪些区别？

相同点：都可以用来删除一个表中的数据。

不同点：

1）truncate 是一个数据定义语言（Data Definition Language，DDL），它会被隐式地提交，一旦执行后将不能回滚。delete 执行的过程是每次从表中删除一行数据，同时将删除的操作以日志的形式进行保存以便将来进行回滚操作。

2）用 delete 操作后，被删除的数据占用的存储空间还在，还可以恢复。而用 truncate 操作删除数据后，被删除的数据会立即释放所占用的存储空间，被删除的数据是不能被恢复的。

3）truncate 的执行速度比 delete 快。

7.2 事务

事务是数据库中一个单独的执行单元（Unit），它通常由高级数据库操作语言（例如 SQL）或编程语言（例如 C++、Java 等）书写的用户程序的执行所引起。当在数据库中更改数据成功时，在事务中更改的数据便会提交，不再改变；否则，事务就取消或者回滚，更改无效。

例如网上购物，其交易过程至少包括以下几个步骤的操作。

1）更新客户所购商品的库存信息。

2）保存客户付款信息。

3）生成订单并且保存到数据库中。

4）更新用户相关信息，如购物数量等。

在正常的情况下，这些操作都将顺利进行，最终交易成功，与交易相关的所有数据库信息也成功的更新。但是，如果遇到突然掉电或是其他意外情况，导致这一系列过程中任何一个环节出了差错，例如在更新商品库存信息时发生异常、顾客银行账户余额不足等，那么都将导致整个交易过程失败。而一旦交易失败，数据库中所有信息都必须保持交易前的状态不变，例如最后一步更新用户信息时失败而导致交易失败，那么必须保证这笔失败的交易不影响数据库的状态，即原有的库存信息没有被更新、用户也没有付款、订单也没有生成。否则，数据库的信息将会不一致，或者出现更为严重的不可预测的后果，数据库事务正是用来保证这种情况下交易的平稳性和可预测性的技术。

事务必须满足四个属性，即原子性（Atomicity）、一致性（Consistency）、隔离性（Isolation）和持久性（Durability），即 ACID 4 种属性。

（1）原子性

事务是一个不可分割的整体，为了保证事务的总体目标，事务必须具有原子性，即当数据修改时，要么全执行，要么全都不执行，即不允许事务部分地完成，避免了只执行这些操作的一部分而带来的错误。原子性要求事务必须被完整执行。

（2）一致性

一个事务执行之前和执行之后数据库数据必须保持一致性状态。数据库的一致性状态应该满足模式锁指定的约束，那么在完整执行该事务后数据库仍然处于一致性状态。为了维护所有数据的完整性，在关系型数据库中，所有的规则必须应用到事务的修改上。数据库的一致性状态由用户来负责，由并发控制机制实现。例如银行转账，转账前后两个账户金额之和应保持不变，由于并发操作带来的数据不一致性包括丢失数据修改、读"脏"数据、不可重复读和产生幽灵数据。

（3）隔离性

隔离性也被称为独立性，当两个或多个事务并发执行时，为了保证数据的安全性，将一个事物内部的操作与事务的操作隔离起来，不被其他正在进行的事务看到。例如对任何一对事务 T1、T2，对 T1 而言，T2 要么在 T1 开始之前已经结束，要么在 T1 完成之后再开始执行。数据库有四种类型的事务隔离级别：不提交的读、提交的读、可重复的读和串行化。因为隔离性使得每个事务的更新在它被提交之前，对其他事务都是不可见的，所以，实施隔离性是解决临时更新与消除级联回滚问题的一种方式。

（4）持久性

持久性也被称为永久性，事务完成以后，数据库管理系统（DBMS）保证它对数据库中的数据的修改是永久性的，当系统或介质发生故障时，该修改也永久保持。持久性一般通过数据库备份与恢复来保证。

严格来说，数据库事务属性（ACID）都是由数据库管理系统来进行保证的，在整个应用程序运行过程中应用无须去考虑数据库的 ACID 实现。

在一般情况下，通过执行 COMMIT 或 ROLLBACK 语句来终止事务，当执行 COMMIT 语句时，自从事务启动以来对数据库所做的一切更改就成为永久性的了，即被写入磁盘，而当执行 ROLLBACK 语句时，自动事务启动以来对数据库所做的一切更改都会被撤销，并且数据库中内容返回到事务开始之前所处的状态。无论什么情况，在事务完成时，都能保证回到一致状态。

7.3　存储过程

7.3.1　什么是存储过程，它有什么优点

存储过程是用户定义的一系列 SQL 语句的集合，涉及特定表或其他对象的任务，用户可以调用存储过程，而函数通常是数据库已定义的方法，它接收参数并返回某种类型的值并且不涉及特定用户表。

存储过程用于执行特定的操作，可以接受输入参数、输出参数、返回单个或多个结果集。在创建存储过程时，既可以指定输入参数（IN），也可以指定输出参数（OUT），通过在存储过程中使用输入参数，可以将数据传递到执行部分；通过使用输出参数，可以将执行结果传递到应用环境。存储过程可以使对数据库的管理、显示数据库及其用户信息的工作更加容易。

存储过程存储在数据库内，可由应用程序调用执行。存储过程允许用户声明变量并且可包含程序流、逻辑以及对数据库的查询。

具体而言，存储过程的优点如下。

1）存储过程增强了 SQL 语言的功能和灵活性。存储过程可以用流控制语句编写，有很强的灵活性，可以完成复杂的判断和运算。

2）存储过程可保证数据的安全性。通过存储过程可以使没有权限的用户在权限控制之下间接地存取数据库中的数据，从而保证数据的安全。

3）通过存储过程可以使相关的动作一起发生，从而维护数据库的完整性。

4）在运行存储过程前，数据库已对其进行了语法和句法分析，并给出了优化执行方案。这种已经编译好的过程可极大地改善 SQL 语句的性能。由于执行 SQL 语句的大部分工作已经完成，所以存储过程能以极快的速度执行。

5）可以降低网络的通信量，因为不需要通过网络来传送很多 SQL 语句到数据库服务器。

6）把体现企业规则的运算程序放入数据库服务器中，以便集中控制。当企业规则发生变化时，在数据库中改变存储过程即可，无须修改任何应用程序。企业规则的特点是要经常变化，如果把体现企业规则的运算程序放入应用程序中，那么当企业规则发生变化时，就需要修改应用程序，工作量非常之大（修改、发行和安装应用程序）。如果把体现企业规则的运算放入存储过程中，那么当企业规则发生变化时，只要修改存储过程就可以了，应用程序无须任何变化。

在 Oracle 中，创建存储过程的语法如下：

```
CREATE [OR REPLACE] PROCEDURE Procedure_name
[ (argment [ { IN | OUT | IN OUT } ] Type,
    argment [ { IN | OUT | IN OUT } ] Type ]
{ IS | AS }
 <类型.变量的说明，后面跟分号>
BEGIN
 <执行部分>
EXCEPTION
 <可选的异常错误处理程序>
END [存过名称];
```

说明：

1）局部变量的类型可以带取值范围，后面接分号。

2）在判断语句前，最好先用 COUNT(*)函数判断是否存在该条操作记录。

3）OR REPLACE 选项是当此存储过程存在时覆盖此存储过程，参数部分和过程定义的语法相同。

4）在创建存储过程时，既可以指定存储过程的参数，也可以不提供任何参数。

5）存储过程的参数主要有以下 3 种类型：输入参数（IN）、输出参数（OUT）、输入输出参数（IN OUT）。其中，IN 用于接收调用环境的输入参数；OUT 用于将输出数据传递到调用环境；IN OUT 不仅要接收数据，而且要输出数据到调用环境。类型可以使用任意 Oracle 中的合法类型（包括集合类型），存储过程参数不带取值范围。

6）在建立存储过程时，输入参数的 IN 可以省略。

7）创建存储过程要有 CREATE PROCEDURE 或 CREATE ANY PROCEDURE 权限。如果要运行存储过程，那么必须是这个存储过程的创建者或者有这个存储过程的 EXECUTE 权限（GRANT EXECUTE ON LHR.PRO_TEST_LHR TO LHR;）。如果要编辑其他用户下的存储过程或包，那么必须有 CREATE ANY PROCEDURE 权限（GRANT CREATE ANY PROCEDURE TO LHR;）。如果要调试某个存储过程，那么必须有 DEBUG 权限（GRANT DEBUG ON LHR.PRO_TEST_LHR TO LHR;）。

8）关于 SELECT … INTO …

① 在存储过程中，当 SELECT 某一字段时，后面必须紧跟 INTO。将 SELECT 查询的结果存入到变量中，可以同时将多个列存储到多个变量中，必须有一条记录，否则抛出异常（若没有记录则抛出 NO_DATA_FOUND），如下所示：

```
BEGIN
    SELECT COL1,COL2 INTO 变量 1,变量 2 FROM T_LHR WHERE XXX;
    EXCEPTION
    WHEN NO_DATA_FOUND THEN
        XXXX;
END;
```

② 在利用 SELECT…INTO…时，必须先确保数据库中有该条记录，否则会报出 "no data found" 异常。在该语句之前，先利用 SELECT COUNT(*) FROM tb 查看数据库中是否存在该记录，如果存在，再利用 SELECT…INTO…。

7.3.2 存储过程和函数的区别是什么

存储过程和函数都是存储在数据库中的程序，可由用户直接或间接调用，它们都可以有输出参数，都是由一系列 SQL 语句组成的。

具体而言，存储过程和函数的不同点如下。

1）标识符不同。函数的标识符为 FUNCTION，存储过程的标识符为 PROCEDURE。

2）函数必须有返回值，且只能返回一个值，而存储过程可以有多个返回值。

3）存储过程无返回值类型，不能将结果直接赋值给变量；函数有返回值类型，在调用函数时，除了用在 SELECT 语句中，在其他情况下必须将函数的返回值赋给一个变量。

4）函数可以在 SELECT 语句中直接使用，而存储过程不能。例如，假设已有函数 FUN_GETAVG() 返回 NUMBER 类型绝对值，那么 SQL 语句 "SELECT FUN_GETAVG(COL_A) FROM TABLE" 是合法的。

7.4 触发器

触发器是一种特殊类型的存储过程，它由事件触发，而不是程序调用或手工启动，当数据库有特殊的操作时，对这些操作由数据库中的事件来触发，自动完成这些 SQL 语句。使用触发器可以用来保证数据的有效性和完整性，完成比约束更复杂的数据约束。

具体而言，触发器与存储过程的区别如下表 7-2 所示。

表 7-2　触发器与存储过程的区别

触 发 器	存 储 过 程
当某类数据操纵 DML 语句发生时隐式地调用	从一个应用或过程中显式地调用
在触发器体内禁止使用 COMMIT、ROLLBACK 语句	在过程体内可以使用所有 PL/SQL 块中都能使用的 SQL 语句，包括 COMMIT、ROLLBACK
不能接收参数输入	可以接收参数输入

根据 SQL 语句的不同，触发器可分为两类：DML 触发器和 DLL 触发器。

DML 触发器是当数据库服务器发生数据操作语言事件时执行存储过程的触发器，分为 After 和 Instead Of 这两种触发器。After 触发器被激活触发是在记录改变之后进行的一种触发器。Instead Of 触发器是在记录变更之前，去执行触发器本身所定义的操作，而不是执行原来 SQL 语句里的操作。DLL 触发器是在响应数据定义语言事件时执行存储过程的触发器。

具体而言，触发器的主要作用表现为如下几个方面。

1）增加安全性。

2）利用触发器记录所进行的修改以及相关信息，跟踪用户对数据库的操作，实现审计。

3）维护那些通过创建表时的声明约束不可能实现的复杂的完整性约束以及对数据库中特定事件进行监控与响应。

4）实现复杂的非标准的数据库相关完整性规则、同步实时地复制表中的数据。

5）触发器是自动的，它们在对表的数据做了任何修改之后就会被激活，例如可以自动计算数据值，如果数据的值达到了一定的要求，那么进行特定的处理。以某企业财务管理为例，如果企业的资金链出现短缺，并且达到某种程度，那么将发送警告信息。

下面是一个触发器的例子，该触发器的功能是在每周末进行数据表更新，如果当前用户没有访问 WEEKEND_UPDATE_OK 表的权限，那么需要重新赋予权限。

```
CREATE OR REPLACE TRIGGER update_on_weekends_check
BEFORE UPDATE OF sal ON EMP
FOR EACH ROW
DECLARE
my_count number(4);
BEGIN
SELECT COUNT(u_name)
FROM WEEKEND_UPDATE_OK INTO my_count
WHERE u_name = user_name;
IF my_count=0 THEN
RAISE_APPLICATION_ERROR(20508, 'Update not allowed');
END IF;
END;
```

引申：触发器分为事前触发和事后触发，二者有什么区别？语句级触发和行级触发有什么区别？

事前触发发生在事件发生之前验证一些条件或进行一些准备工作；事后触发发生在事件发生之后，做收尾工作，保证事务的完整性。而事前触发可以获得之前和新的字段值。语句级触发器可以在语句执行之前或之后执行，而行级触发在触发器所影响的每一行触发一次。

7.5 UNION 和 UNION ALL

UNION 在进行表求并集后会去掉重复的元素，所以会对所产生的结果集进行排序运算，删除重复的记录再返回结果。

而 UNION ALL 只是简单地将两个结果合并后就返回。因此，如果返回的两个结果集中有重复的数据，那么返回的结果集就会包含重复的数据。

从上面的对比可以看出，在执行查询操作的时候，UNION ALL 要比 UNION 快很多，所以，如果可以确认合并的两个结果集中不包含重复的数据，那么最好使用 UNION ALL。例如，如下有两个学生表 Table1 和 Table2。

Table1	
C1	C2
1	1
2	2
3	3

Table2	
C1	C2
3	3
4	4
1	1

select * from Table1 union select * from Table2 的查询结果为：

C1	C2
1	1
2	2
3	3
4	4

select * from Table1 union all select * from Table2 的查询结果为：

C1	C2
1	1
2	2
3	3
3	3
4	4
1	1

151

7.6 索引

创建索引可以大大提高系统的性能，总体来说，索引的优点如下。

1）大大加快数据的检索速度，这也是创建索引的最主要的原因。

2）索引可以加速表和表之间的连接。

3）索引在实现数据的参照完整性方面特别有意义，例如，在外键列上创建索引可以有效地避免死锁的发生，也可以防止当更新父表主键时，数据库对子表的全表锁定。

4）索引是减少磁盘 I/O 的许多有效手段之一。

5）当使用分组（GROUP BY）和排序（ORDER BY）子句进行数据检索时，可以显著减少查询中分组和排序的时间，大大加快数据的检索速度。

6）创建唯一性索引，可以保证数据库表中每一行数据的唯一性。

7）通过使用索引，可以在查询的过程中，使用优化隐藏器，提高系统的性能。

索引的缺点如下。

1）索引必须创建在表上，不能创建在视图上。

2）创建索引和维护索引要耗费时间，这种时间随着数据量的增加而增加。

3）建立索引需要占用物理空间，如果要建立聚簇索引，那么需要的空间会很大。

4）当对表中的数据进行增加、删除和修改的时候，系统必须要有额外的时间来同时对索引进行更新维护，以维持数据和索引的一致性，所以，索引降低了数据的维护速度。

索引的使用原则如下。

1）在大表上建立索引才有意义。

2）在 WHERE 子句或者连接条件经常引用的列上建立索引。

3）索引的层次不要超过 4 层。

4）如果某属性常作为最大值和最小值等聚集函数的参数，那么考虑为该属性建立索引。

5）表的主键、外键必须有索引。

6）创建了主键和唯一约束后会自动创建唯一索引。

7）经常与其他表进行连接的表，在连接字段上应该建立索引。

8）经常出现在 WHERE 子句中的字段，特别是大表的字段，应该建立索引。

9）要索引的列经常被查询，并只返回表中的行的总数的一小部分。

10）对于那些查询中很少涉及的列、重复值比较多的列尽量不要建立索引。

11）经常出现在关键字 ORDER BY、GROUP BY、DISTINCT 后面的字段，最好建立索引。

12）索引应该建在选择性高的字段上。

13）索引应该建在小字段上，对于大的文本字段甚至超长字段，不适合建索引。对于定义为 CLOB、TEXT、IMAGE 和 BIT 的数据类型的列不适合建立索引。

14）复合索引的建立需要进行仔细分析。正确选择复合索引中的前导列字段，一般是选择性较好的字段。

15）如果单字段查询很少甚至没有，那么可以建立复合索引；否则考虑单字段索引。

16）如果复合索引中包含的字段经常单独出现在 WHERE 子句中，那么应分解为多个单字段索引。

17）如果复合索引所包含的字段超过 3 个，那么仔细考虑其必要性，考虑减少复合的字段。

18）如果既有单字段索引，又有这几个字段上的复合索引，那么一般可以删除复合索引。

19）频繁进行 DML 操作的表，不要建立太多的索引。

20）删除无用的索引，避免对执行计划造成负面影响。

"水可载舟，亦可覆舟"，索引也一样。索引有助于提高检索性能，但过多或不当的索引也会导致系统低效。不要认为索引可以解决一切性能问题，否则就大错特错了。因为用户在表中每加进一个索引，数据库就要做更多的工作。过多的索引甚至会导致索引碎片。所以说，要建立一个"适当"的索引体系，特别是对聚合索引的创建，更应精益求精，这样才能使数据库得到高性能的发挥。所以，提高查询效率是以消耗一定的系统资源为代价的，索引不能盲目地建立，这是考验一个 DBA 是否优秀的一个很重要的指标。

第8章 操作系统

对于计算机系统而言，操作系统充当着基石的作用，它是连接计算机底层硬件与上层应用软件的桥梁，控制其他程序的运行，并且管理系统相关资源，同时提供配套的系统软件支持。对于专业的程序员而言，掌握一定的操作系统知识必不可少，因为不管面对的是底层嵌入式开发，还是上层的云计算开发，都需要使用到一定的操作系统相关知识。所以，对操作系统相关知识的考查是程序员面试笔试必考项之一。

8.1 进程管理

8.1.1 进程与线程

进程是具有一定独立功能的程序关于某个数据集合上的一次运行活动，它是系统进行资源分配和调度的一个独立单位。例如，用户运行自己的程序，系统就创建一个进程，并为它分配资源，包括各种表格、内存空间、磁盘空间、I/O 设备等，然后该进程被放入进程的就绪队列，进程调度程序选中它，为它分配 CPU 及其他相关资源，该进程就被运行起来。

线程是进程的一个实体，是 CPU 调度和分配的基本单位，线程自己基本上不拥有系统资源，只拥有一点在运行中必不可少的资源（如程序计数器、一组寄存器和栈），但是它可以与同属一个进程的其他线程共享进程所拥有的全部资源。在没有实现线程的操作系统中，进程既是资源分配的基本单位，又是调度的基本单位，它是系统中并发执行的单元。而在实现了线程的操作系统中，进程是资源分配的基本单位，而线程是调度的基本单位，是系统中并发执行的单元。

引入线程主要有以下 4 个方面的优点：

1）易于调度。

2）提高并发性。通过线程可以方便有效地实现并发。

3）开销小。创建线程比创建进程要快，所需要的开销也更少。

4）有利于发挥多处理器的功能。通过创建多线程，每个线程都在一个处理器上运行，从而实现应用程序的并行，使每个处理器都得到充分运行。

需要注意的是，尽管线程与进程很相似，但两者也存在着很大的不同，区别如下。

1）一个线程必定属于也只能属于一个进程；而一个进程可以拥有多个线程并且至少拥有一个线程。

2）属于一个进程的所有线程共享该线程的所有资源，包括打开的文件、创建的 Socket 等。不同的进程互相独立。

3）线程又被称为轻量级进程。进程有进程控制块，线程也有线程控制块。但线程控制块比进程控制块小得多。线程间切换代价小，进程间切换代价大。

4）进程是程序的一次执行，线程可以理解为程序中一个程序片段的执行。

5）每个进程都有独立的内存空间，而线程共享其所属进程的内存空间。

引申：程序、进程与线程的区别是什么？

程序、进程与线程的区别如表 8-1 所示。

表 8-1 进程与线程的区别

名　　称	描　　述
程序	一组指令的有序结合，是静态的指令，是永久存在的
进程	具有一定独立功能的程序关于某个数据集合上的一次运行活动，是系统进行资源分配和调度的一个独立单元。进程的存在是暂时的，是一个动态概念
线程	线程的一个实体，是 CPU 调度的基本单元，是比进程更小的能独立运行的基本单元。本身基本上不拥有系统资源，只拥有一点在运行中必不可少的资源（如程序计数器、一组寄存器和栈）。一个线程可以创建和撤销另一个线程，同一个进程中的多个线程之间可以并发执行

简而言之，一个程序至少有一个进程，一个进程至少有一个线程。

8.1.2 线程同步有哪些机制

现在流行的进程线程同步互斥的控制机制，其实是由最原始、最基本的 4 种方法（临界区、互斥量、信号量和事件）实现的。

1）临界区：通过对多线程的串行化来访问公共资源或一段代码，速度快，适合控制数据访问。在任意时刻只允许一个线程访问共享资源，如果有多个线程试图访问共享资源，那么当有一个线程进入后，其他试图访问共享资源的线程将会被挂起，并一直等到进入临界区的线程离开，临界在被释放后，其他线程才可以抢占。

2）互斥量：为协调对一个共享资源的单独访问而设计，只有拥有互斥量的线程才有权限去访问系统的公共资源，因为互斥量只有一个，所以能够保证资源不会同时被多个线程访问。互斥不仅能实现同一应用程序的公共资源安全共享，还能实现不同应用程序的公共资源安全共享。

3）信号量：为控制一个具有有限数量的用户资源而设计。它允许多个线程在同一个时刻去访问同一个资源，但一般需要限制同一时刻访问此资源的最大线程数目。

4）事件：用来通知线程有一些事件已发生，从而启动后继任务的开始。

8.1.3 内核线程和用户线程

根据操作系统内核是否对线程可感知，可以把线程分为内核线程和用户线程。

内核线程的建立和销毁都是由操作系统负责、通过系统调用完成的，操作系统在调度时，参考各进程内的线程运行情况做出调度决定。如果一个进程中没有就绪态的线程，那么这个进程就不会被调度占用 CPU。和内核线程相对应的是用户线程，用户线程是指不需要内核支持而在用户程序中实现的线程，其不依赖于操作系统核心，用户进程利用线程库提供创建、同步、调度和管理线程的函数来控制用户线程。用户线程多见于一些历史悠久的操作系统，如 UNIX 操作系统，不需要用户态/核心态切换，速度快，操作系统内核不知道多线程的存在，因此一个线程阻塞将使得整个进程（包括它的所有线程）阻塞。由于这里的处理器时间片分配是以进程为基本单位的，所以每个线程执行的时间相对减少。为了在操作系统中加入线程支持，采用了在用户空间增加运行库来实现线程，这些运行库被称为"线程包"，用户线程是不能被操作系统所感知的。

引入用户线程有以下 4 个方面的优势。

1）可以在不支持线程的操作系统中实现。

2）创建和销毁线程、线程切换等线程管理的代价比内核线程少得多。

3）允许每个进程定制自己的调度算法，线程管理比较灵活。

4）线程能够利用的表空间和堆栈空间比内核级线程多。

用户线程的缺点主要有以下两点。

1）同一进程中只能同时有一个线程在运行，如果有一个线程使用了系统调用而阻塞，那么整个进程都会被挂起。

2）页面失效也会导致整个进程都会被挂起。

内核线程的优缺点刚好与用户线程相反。实际上，操作系统可以使用混合的方式来实现线程。

8.2 内存管理

内存管理是计算机中非常重要的一个功能。好的管理方式能降低缺页中断，能大大提升系统的性能。这一节将重点介绍经典的内存管理方式。

8.2.1 内存管理方式

常见的内存管理方式有块式管理、页式管理、段式管理和段页式管理。最常用的是段页式管理。

1）块式管理：把主内存分为一大块一大块的，当所需的程序片断不在主内存时就分配一块主内存空间，把程序片断载入主内存，就算所需的程序片段只有几个字节也只能把这一块分配给它。这样会造成很大的浪费，平均浪费了 50% 的内存空间，但是易于管理。

2）页式管理：用户程序的地址空间被划分成若干个固定大小的区域，这个区域被称为"页"，相应地，内存空间也被划分为若干个物理块，页和块的大小相等。可将用户程序的任一页放在内存的任一块中，从而实现了离散分配。这种方式的优点是页的大小是固定的，因此便于管理；缺点是页长与程序的逻辑大小没有任何关系。这就导致在某个时刻一个程序可能只有一部分在主存中，而另一部分则在辅存中。这不利于编程时的独立性，并给换入换出处理、存储保护和存储共享等操作造成麻烦。

3）段式管理：段是按照程序的自然分界划分的并且长度可以动态改变的区域。使用这种方式，程序员可以把子程序、操作数和不同类型的数据和函数划分到不同的段中。这种方式将用户程序地址空间分成若干个大小不等的段，每段可以定义一组相对完整的逻辑信息。存储分配时，以段为单位，段与段在内存中可以不相邻接，即实现了离散分配。

分页对程序员而言是不可见的，而分段通常对程序员而言是可见的，因而分段为组织程序和数据提供了方便，但是对程序员的要求也比较高。

分段存储主要有如下优点。

① 段的逻辑独立性不仅使其易于编译、管理、修改和保护，也便于多道程序共享。

② 段长可以根据需要动态改变，允许自由调度，以便有效利用主存空间。

③ 方便分段共享，分段保护，动态链接，动态增长。

分段存储的缺点如下。

① 由于段的大小不固定，因此存储管理比较麻烦。

② 会生成段内碎片，这会造成存储空间利用率降低。而且段式存储管理比页式存储管理方式需要更多的硬件支持。

正是由于页式管理和段式管理都有各种各样的缺点，因此，为了把这两种存储方式的优点结合起来，新引入了段页式管理。

4）段页式管理：段页式存储组织是分段式和分页式结合的存储组织方法，这样可充分利用分段管理和分页管理的优点。

① 用分段方法来分配和管理虚拟存储器。程序的地址空间按逻辑单位分成基本独立的段，而每一段有自己的段名，再把每段分成固定大小的若干页。

② 用分页方法来分配和管理内存。即把整个主内存分成与上述页大小相等的存储块，可装入作业的任何一页。程序对内存的调入或调出是按页进行的，但它又可按段实现共享和保护。

8.2.2 虚拟内存

虚拟内存简称虚存，是计算机系统内存管理的一种技术。它是相对于物理内存而言的，可以理解为"假的"内存。它使得应用程序认为它拥有连续可用的内存（一个连续完整的地址空间），允许程序员编写并运行比实际系统拥有的内存大得多的程序，这使得许多大型软件项目能够在具有有限内存资源的系统上运行。而实际上，它通常被分割成多个物理内存碎片，还有部分暂时存储在外部磁盘存储器上，在需要时进行数据交换。相比实存，虚存有以下好处。

1）扩大了地址空间。无论段式虚存，还是页式虚存，或是段页式虚存，寻址空间都比实存大。

2）内存保护。每个进程运行在各自的虚拟内存地址空间，互相不能干扰对方。另外，虚存还对特定的内存地址提供写保护，可以防止代码或数据被恶意篡改。

3）公平分配内存。采用了虚存之后，每个进程都相当于有同样大小的虚存空间。

4）当进程需要通信时，可采用虚存共享的方式实现。

不过，使用虚存也是有代价的，主要表现在以下几个方面的内容。

1）虚存的管理需要建立很多数据结构，这些数据结构要占用额外的内存。

2）虚拟地址到物理地址的转换，增加了指令的执行时间。

3）页面的换入换出需要磁盘I/O，这是很耗时间的。

4）如果一页中只有一部分数据，那么会浪费内存。

8.2.3 内存碎片

内存碎片是由于多次进行内存分配造成的，当进行内存分配时，内存格式一般为：（用户使用段）（空白段）（用户使用段），当空白段很小的时候可能不能提供给用户足够多的空间，比如夹在中间的空白段的大小为5，而用户需要的内存大小为6，这样会产生很多的间隙造成使用效率的下降，这些很小的空隙称为碎片。

内碎片：分配给程序的存储空间没有用完，有一部分是程序不使用，但其他程序也没法用的空间。内碎片是处于区域内部或页面内部的存储块，占有这些区域或页面的进程并不使用这个存储块，而在进程占有这块存储块时，系统无法利用它，直到进程释放它，或进程结束时，系统才有可能利用这个存储块。

外碎片：由于空间太小，小到无法给任何程序分配（不属于任何进程）的存储空间。外部碎片是出于任何已分配区域或页面外部的空闲存储块，这些存储块的总和可以满足当前申请的长度要求，但是由于它们的地址不连续或其他原因，使得系统无法满足当前申请。

内碎片和外碎片是一对矛盾体，一种特定的内存分配算法，很难同时解决好内碎片和外碎片的问题，只能根据应用特点进行取舍。

8.2.4 虚拟地址、逻辑地址、线性地址和物理地址

虚拟地址是指由程序产生的由段选择符和段内偏移地址组成的地址。这两部分组成的地址并没有直接访问物理内存，而是要通过分段地址的变换处理后才会对应到相应的物理内存地址。

逻辑地址是指程序产生的段内偏移地址。有时直接把逻辑地址当成虚拟地址，两者并没有明确的界限。

线性地址是指虚拟地址到物理地址变换之间的中间层，是处理器可寻址的内存空间（称为线性地址空间）中的地址。程序代码会产生逻辑地址，或者说是段中的偏移地址，加上相应段基址就生成了一个线性地址。如果启用了分页机制，那么线性地址可以再经过变换产生物理地址。若是没有采用分页机制，那么线性地址就是物理地址。物理地址是指现在 CPU 外部地址总线上的寻址物理内存的地址信号，是地址变换的最终结果。

虚拟地址到物理地址的转化方法是与体系结构相关的，一般有分段与分页两种方式。以 x86 CPU 为例，它对于分段、分页都是支持的。内存管理单元负责从虚拟地址到物理地址的转化。逻辑地址是段标识+段内偏移量的形式，MMU 通过查询段表，可以把逻辑地址转化为线性地址。如果 CPU 没有开启分页功能，那么线性地址就是物理地址；如果 CPU 开启了分页功能，那么 MMU 还需要查询页表来将线性地址转化为物理地址：逻辑地址（段表）→线性地址（页表）→物理地址。

映射是一种多对一的关系，即不同的逻辑地址可以映射到同一个线性地址上；不同的线性地址也可以映射到同一个物理地址上。而且，同一个线性地址在发生换页以后，也可能被重新装载到另外一个物理地址上，所以这种多对一的映射关系也会随时间发生变化。

8.2.5 Cache 替换算法

数据可以存储在 CPU 或者内存中。CPU 处理速度快，但是容量少；内存容量大，但是转交给 CPU 处理的速度慢。为此，需要 Cache（缓存）来做一个折中。最有可能的数据先从内存调入 Cache，CPU 再从 Cache 读取数据，这样会快许多。然而，Cache 中所存储的数据不足 50%是有用的。CPU 从 Cache 中读取到有用数据称为"命中"。

由于主存中的块比 Cache 中的块多，所以当要从主存中调一个块到 Cache 中时，会出现该块所映射到的一组（或一个）Cache 块已全部被占用的情况。此时，需要被迫腾出其中的某一块，以接纳新调入的块，这就是替换。

Cache 替换算法有 RAND 算法、FIFO 算法、LRU 算法、OPT 算法和 LFU 算法。

1）随机（RAND）算法。随机算法就是用随机数发生器产生一个要替换的块号，将该块替换出去，此算法简单、易于实现，而且它不考虑 Cache 块过去、现在及将来的使用情况。但是由于没有利用上层存储器使用的"历史信息"，没有根据访存的局部性原理，故不能提高 Cache 的命中率，命中率较低。

2）先进先出（FIFO）算法。先进先出（First In First Out，FIFO）算法是将最先进入 Cache 的信息块替换出去。FIFO 算法按调入 Cache 的先后决定淘汰的顺序，选择最早调入 Cache 的字块进行替换，它不需要记录各字块的使用情况，比较容易实现，系统开销小，其缺点是可能会把一些需要经常使用的程序块（如循环程序）也作为最早进入 Cache 的块替换掉，而且没有根据访存的局部性原理，故不能提高 Cache 的命中率。因为最早调入的信息可能以后还要用到，或者经常要用到，如循环程序。此法简单、方便，利用了主存的"历史信息"，但并不能说最先进入的就不经常使用，其缺点是不能正确反映程序局部性原理，命中率不高，可能出现一种异常现象。例如，Solar－16/65 系列机型 Cache 采用组相连方式，每组 4 块，每块都设定一个两位的计数器，当某块被装入或被替换时该块的计数器清为 0，而同组的其他各块的计数器均加 1，当需要替换时就选择计数值最大的块被替换掉。

3）近期最少使用（LRU）算法。近期最少使用（Least Recently Used，LRU）算法是将近期最少使用的 Cache 中的信息块替换出去。

LRU 算法是依据各块使用的情况，总是选择最近最少使用的块被替换。这种方法虽然比较好地反映了程序局部性规律，但是这种替换方法需要随时记录 Cache 中各块的使用情况，以便确定哪个块是近期最少使用的块。LRU 算法相对合理，但实现起来比较复杂，系统开销较大。通常需要对每一块设置一个称为计数器的硬件或软件模块，用以记录其被使用的情况。

实现 LRU 策略的方法有多种，例如计数器法、寄存器栈法及硬件逻辑比较法等，下面简单介绍计数器法的设计思路。

计数器方法：缓存的每一块都设置一个计数器。计数器的操作规则如下。

① 被调入或者被替换的块，其计数器清"0"，而其他的计数器则加"1"。

② 当访问命中时，所有块的计数值与命中块的计数值要进行比较，如果计数值小于命中块的计数值，那么该块的计数值加"1"；如果块的计数值大于命中块的计数值，那么数值不变。最后将命中块的计数器清为"0"。

③ 需要替换时，则选择计数值最大的块被替换。

4）最优替换（OPT）算法。前面介绍的几种页面替换算法主要是以主存储器中页面调度情况的历史信息为依据的，它假设将来主存储器中的页面调度情况与过去一段时间内主存储器中的页面调度情况是相同的，显然，这种假设不总是正确的。最好的算法应该是选择将来最久不被访问的页面作为被替换的页面，这种替换算法的命中率一定是最高的，它就是最优替换算法。使用最优替换（OPTimal replacement，OPT）算法时必须先执行一次程序，统计 Cache 的替换情况。有了这样的先验信息，在第二次执行该程序时便可以用最有效的方式来替换，以达到最优的目的。

要实现 OPT 算法，唯一的办法是让程序先执行一遍，记录下实际的页地址的使用情况。根据这个页地址的使用情况才能找出当前要被替换的页面。显然，这样做是不现实的。因此，

OPT 算法只是一种理想化的算法，然而它也是一种很有用的算法。实际上，经常把这种算法用来作为评价其他页面替换算法好坏的标准。在其他条件相同的情况下，哪一种页面替换算法的命中率与 OPT 算法最接近，那么它就是一种比较好的页面替换算法。

5）最不经常使用淘汰（LFU）算法。最不经常使用淘汰（Least Frequently Used，LFU）算法淘汰一段时间内，使用次数最少的页面。显然，这是一种非常合理的算法，因为到目前为止最少使用的页面，很可能也是将来最少访问的页面。该算法既充分利用了主存中页面调度情况的历史信息，又正确反映了程序的局部性。但是，这种算法实现起来非常困难，它要为每个页面设置一个很长的计数器，并且要选择一个固定的时钟为每个计数器定时计数。在选择被替换页面时，要从所有计数器中找出一个计数值最大的计数器。

第 9 章　算　　法

计算机技术博大精深、日新月异，Hadoop、GPU 计算、移动互联网、模式匹配、图像识别、神经网络、蚁群算法、大数据、机器学习、人工智能、深度学习等新技术让人眼花缭乱，稍有不慎，就会被时代所抛弃。于是，很多 IT 从业者就开始困惑了，不知道从何学起，到底什么才是计算机技术的基石。其实，究其本质与基础，还是最基础的数据结构与算法知识：Hash、动态规划、分治、排序、查找等。所以，无论是世界级的大型企业，还是几个人的小公司，在面试求职者的时候，往往会考察这些最基础的知识，无论你的研究方向是什么，这些基础知识还是应该熟练掌握的。

9.1　如何实现链表的逆序

题目描述：

给定一个带头结点的单链表，请将其逆序。即如果单链表原来为 head->1->2->3->4->5->6 ->7，那么逆序后变为 head->7->6->5->4->3->2->1。

分析与解答：

由于单链表与数组不同，单链表中每个结点的地址都存储在其前驱结点的指针域中，因此，对单链表中任何一个结点的访问只能从链表的头指针开始进行遍历。在对链表的操作过程中，需要特别注意在修改结点指针域的时候，记录下后继结点的地址，否则会丢失后继结点。

方法一：就地逆序

主要思路为：在遍历链表的时候，修改当前结点的指针域指向，让其指向它的前驱结点。为此需要用一个指针变量来保存前驱结点的地址。此外，为了在调整当前结点指针域的指向后还能找到后继结点，还需要另外一个指针变量来保存后继结点的地址，在所有的结点都被保存好以后就可以直接完成指针的逆序了。除此之外，还需要特别注意对链表首尾结点的特殊处理。具体实现方式如图 9-1 所示。

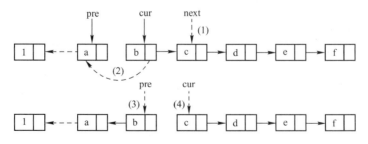

图 9-1　链表结点插入方法

在图 9-1 中，假设当前已经遍历到 cur 结点，由于它所有的前驱结点都已经完成了逆序操作，因此，只需要使 cur.next=pre 即可完成逆序操作，在此之前，为了能够记录当前结点的

后继结点的地址，需要用一个额外的指针 next 来保存后继结点的信息，通过图 9-1 中（1）～
（4）四步把实线的指针调整为虚线的指针就可以完成当前结点的逆序。当前结点完成逆序后，
通过向后移动指针来对后续的结点用同样的方法进行逆序操作。算法实现如下：

```python
class LNode:
    def __init__(self):
        self.data = None   # 数据域
        self.next = None   # 指针域


def Reverse(head):
    # 判断链表是否为空
    if head == None or head.next == None:
        return
    pre = None   # 前驱结点
    cur = None   # 当前结点
    next = None  # 后继结点
    # 把链表首结点变为尾结点
    cur = head.next
    next = cur.next
    cur.next = None
    pre = cur
    cur = next
    # 是当前遍历到的结点 cur 指向其前驱结点
    while cur.next != None:
        next = cur.next
        cur.next = pre
        pre = cur
        cur = next
    # 链表的头结点指向倒数第二个结点
    cur.next = pre
    # 链表的头结点指向原来链表的尾结点
    head.next = cur
if __name__ == '__main__':
    i = 1
    # 链表头结点
    head = LNode()
    head.next = None
    tmp = None
    cur = head
    # 构造单链表
    while i < 8:
        tmp = LNode()
        tmp.data = i
        tmp.next = None
        cur.next = tmp
        cur = tmp
        i += 1
    print('逆序前：', end='')
    cur = head.next
    while cur != None:
```

```
                print(cur.data, end=' ')
                cur = cur.next

        print('\n 逆序后 : ', end='')
        Reverse(head)
        cur = head.next
        while cur != None:
                print(cur.data, end=' ')
                cur = cur.next
```

程序的运行结果为：

```
逆序前: 1  2  3  4  5  6  7
逆序后: 7  6  5  4  3  2  1
```

算法性能分析：

这种方法只需要对链表进行一次遍历，因此，时间复杂度为 O(N)，其中，N 为链表的长度。但是需要常数个额外的变量来保存当前结点的前驱结点与后继结点，因此，空间复杂度为 O(1)。

方法二：递归法

假定原链表为 1->2->3->4->5->6->7，递归法的主要思路为：先逆序除第一个结点以外的子链表（将 1->2->3->4->5->6->7 变为 1->7->6->5->4->3->2），接着把结点 1 添加到逆序的子链表的后面（1->7->6->5->4->3->2 变为 7->6->5->4->3->2->1）。同理，在逆序链表 2->3->4->5->6->7 时，也是先逆序子链表 3->4->5->6->7（逆序为 2->7->6->5->4->3），接着实现链表的整体逆序（2->7->6->5->4->3 转换为 7->6->5->4->3->2）。实现代码如下：

```python
def RecursiveReverse(head):
        # 如果链表为空或链表中只有一个元素
        if head is None or head.next is None:
                return head
        else:
                # 反转后面的结点
                newhead = RecursiveReverse(head.next)
                # 把当前遍历的结点加到后面结点逆序后链表的尾部
                head.next.next = head
                head.next = None
        return newhead


"""
方法功能：对带头结点的单链表进行逆序
输入参数：head：链表头结点
"""


def Reverse (head):
        if head is None:
                return
        # 获取链表第一个结点
```

```
        firstNode = head.next
        # 对链表进行逆序
        newhead = RecursiveReverse(firstNode)
        # 头结点指向逆序后链表的第一个结点
        head.next = newhead
        return newhead
```

算法性能分析：

由于递归法也只需要对链表进行一次遍历，因此，算法的时间复杂度也为 O(N)，其中，N 为链表的长度。递归法的主要优点是：思路比较直观，容易理解，而且也不需要保存前驱结点的地址。缺点是：算法实现的难度较大，此外，由于递归法需要不断地调用自己，需要额外的压栈与弹栈操作，因此，与方法一相比性能会有所下降。

方法三：插入法

插入法的主要思路为：从链表的第二个结点开始，把遍历到的结点插入到头结点的后面，直到遍历结束。假定原链表为 head->1->2->3->4->5->6->7，在遍历到 2 的时候，将其插入到头结点后，链表变为 head->2->1->3->4->5->6->7，同理将后序遍历到的所有结点都插入到头结点 head 后，就可以实现链表的逆序。实现代码如下：

```
def Reverse (head):
        # 判断链表是否为空
        if head is None or head.next is None:
            return
        cur = None    # 当前结点
        next = None    # 后继结点
        cur = head.next.next
        # 设置链表的第一个结点为尾结点
        head.next.next = None
        # 把遍历到结点插入到头结点的后面
        while cur is not None:
            next = cur.next
            cur.next = head.next
            head.next = cur
            cur = next
```

算法性能分析：

这种方法也只需要对单链表进行一次遍历，因此，时间复杂度为 O(N)，其中，N 为链表的长度。与方法一相比，这种方法不需要保存前驱结点的地址，与方法二相比，这种方法不需要递归地调用，效率更高。

引申： 1）对不带头结点的单链表进行逆序。

2）从尾到头输出链表。

分析与解答：

对不带头结点的单链表的逆序读者可以自己练习（方法二已经实现了递归的方法），这里主要介绍单链表逆向输出的方法。

方法一：就地逆序+顺序输出

首先对链表进行逆序，然后顺序输出逆序后的链表。这种方法的缺点是改变了链表原来的结构。

方法二：逆序+顺序输出

申请新的存储空间，对链表进行逆序，然后顺序输出逆序后的链表。逆序的主要思路为：每当遍历到一个结点的时候，申请一块新的存储空间来存储这个结点的数据域，同时把新结点插入到新的链表的头结点后。这种方法的缺点是需要申请额外的存储空间。

方法三：递归输出

递归输出的主要思路为：先输出除当前结点外的后继子链表，然后输出当前结点，假如链表为：1->2->3->4->5->6->7，那么先输出 2->3->4->5->6->7，再输出 1。同理，对于链表 2->3->4->5->6->7，也是先输出 3->4->5->6->7，接着输出 2，直到遍历到链表的最后一个结点 7 的时候会输出结点 7，然后递归地输出 6，5，…，1。实现代码如下：

```
def    ReversePrint(firstNode):
    if    firstNode is None:
            return
    ReversePrint    (firstNode.next)
    print    firstNode.data,
```

算法性能分析：

方法三只需要对链表进行一次遍历，因此，时间复杂度为 O(N)，其中，N 为链表的长度。

9.2 如何对链表进行重新排序

题目描述：

给定链表 L0->L1->L2…Ln-1->Ln，把链表重新排序为 L0->Ln->L1->Ln-1->L2-> Ln-2…。要求：1）在原来链表的基础上进行排序，即不能申请新的结点；2）只能修改结点的 next 域，不能修改数据域。

分析与解答：

主要思路为：1）首先找到链表的中间结点；2）对链表的后半部分子链表进行逆序；3）把链表的前半部分子链表与逆序后的后半部分子链表进行合并。

合并的思路为：分别从两个链表各取一个结点进行合并。实现方法如图 9-2 所示。

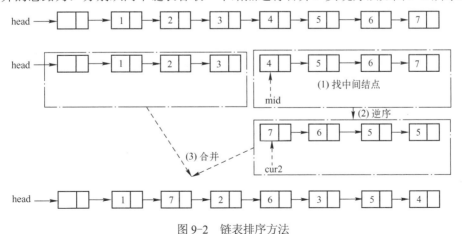

图 9-2 链表排序方法

实现代码如下：

```python
class LNode:
    def __init__(self):
        self.data = None
        self.next = None

'''
*** 方法功能：找出链表 head 的中间结点，把链表从中间断成两个子链表
*** 输入参数：head：链表头结点
*** 返回值：   链表中间结点
'''
def FindMiddleNode(head):
    if head is None or head.next is None:
        return head
    fast = head                      # 遍历链表的时候每次向前走两步
    slow = head                      # 遍历链表的时候每次向前走一步
    slowPre = head                   # 当 fast 到链表尾时，slow 恰好指向链表的中间结点
    while fast is not None and fast.next is not None:
        slowPre = slow
        slow = slow.next
        fast = fast.next.next
    # 把链表断开成两个独立的子链表
    slowPre.next = None
    return slow


'''
*** 方法功能:对不带头结点的单链表翻转
*** 输入参数：head：链表头结点
'''
def Reverse(head):
    if head is None or head.next is None:
        return head
    pre = head                       # 前驱结点
    cur = head.next                  # 当前结点
    next = cur.next                  # 后继结点
    pre.next = None
    # 使当前遍历到的结点 cur 指向前驱结点
    while cur is not None:
        next = cur.next
        cur.next = pre
        pre = cur
        cur = cur.next
        cur = next
    return pre


'''
*** 方法功能:对链表进行排序
*** 输入参数：head：链表头结点
```

```
"""
def Reorder(head):
    if head is None or head.next is None:
        return
    # 前半部分链表第一个结点
    cur1 = head.next
    mid = FindMiddleNode(head.next)
    # 后半部分链表逆序后的第一个结点
    cur2 = Reverse(mid)
    tmp = None
    # 合并两个链表
    while cur1.next is not None:
        tmp = cur1.next
        cur1.next = cur2
        cur1 = tmp
        tmp = cur2.next
        cur2.next = cur1
        cur2 = tmp
    cur1.next = cur2


if __name__ == "__main__":
    i = 1
    head = LNode()
    head.next = None
    tmp = None
    cur = head
    # 构造第一个链表
    while i < 10:
        tmp = LNode()
        tmp.data = i
        tmp.next = None
        cur.next = tmp
        cur = tmp
        i += 1
    print("排序前： ", end="")
    cur = head.next
    while cur is not None:
        print(cur.data, end=' ')
        cur = cur.next
    Reorder(head)
    print("\n 排序后： ", end="")
    cur = head.next
    while cur is not None:
        print(cur.data, end=' ')
        cur = cur.next                cur = cur.next
```

程序的运行结果为：

```
排序前：  1  2  3  4  5  6  7
排序后：  1  7  2  6  3  5  4
```

算法性能分析：

查找链表中间结点的方法的时间复杂度为 O(N)，逆序子链表的时间复杂度也为 O(N)，合并两个子链表的时间复杂度也为 O(N)，因此，整个方法的时间复杂度为 O(N)，其中，N 表示的是链表的长度。由于这种方法只用了常数个额外指针变量，因此，空间复杂度为 O(1)。

引申：如何查找链表的中间结点

主要思路：用两个指针从链表的第一个结点开始同时遍历结点，一个快指针每次走两步，另外一个慢指针每次走 1 步；当快指针先到链表尾部时，慢指针则恰好到达链表中部（快指针到链表尾部时，当链表长度为奇数时，慢指针指向的即是链表中间指针，当链表长度为偶数时，慢指针指向的结点和慢指针指向结点的下一个结点都是链表的中间结点），上面的代码 FindMiddleNode 就是用来求链表的中间结点的。

9.3 如何找出单链表中的倒数第 k 个元素

题目描述：

找出单链表中的倒数第 k 个元素，例如给定单链表：1->2->3->4->5->6->7，则单链表的倒数第 k=3 个元素为 5。

分析与解答：

方法一：顺序遍历两遍法

主要思路：首先遍历一遍单链表，求出整个单链表的长度 n，然后把求倒数第 k 个元素转换为求顺数第 n - k 个元素，再去遍历一次单链表就可以得到结果。但是该方法需要对单链表进行两次遍历。

方法二：快慢指针法

由于单链表只能从头到尾依次访问链表的各个结点，因此，如果要找链表的倒数第 k 个元素，也只能从头到尾进行遍历查找，在查找过程中，设置两个指针，让其中一个指针比另一个指针先前移 k 步，然后两个指针同时往前移动。循环直到先行的指针值为 None 时，另一个指针所指的位置就是所要找的位置。程序代码如下：

```python
class LNode:
    def __init__(self):
        self.data = None
        self.next = None


# 构建一个单链表
def ConstructList():
    i = 1
    head = LNode()
    head.next = None
    tmp = None
    cur = head
    # 构造第一个链表
    while i < 8:
        tmp = LNode()
        tmp.data = i
```

```
                tmp.next = None
                cur.next = tmp
                cur = tmp
                i += 1
        return head

# 顺序打印单链表结点的数据
def PrintList(head):
    cur = head.next
    while cur is not None:
        print(cur.data, end=' ')
        cur = cur.next


'''
*** 方法功能：找出链表倒数第 k 个结点
*** 输入参数：head：链表头结点
*** 返回值：  倒数第 k 个结点
'''
def FindlastK(head, k):
    if head is None or head.next is None:
        return
    slow = LNode()
    fast = LNode()
    slow = head.next
    fast = head.next
    i = 0
    while i < k and fast is not None:
        fast = fast.next
        i += 1
    if i < k:
        return None
    while fast is not None:
        slow = slow.next
        fast = fast.next
    return slow


if __name__ == "__main__":
    head = ConstructList()                      # 链表头
    result = None
    print("链表： ", end='')
    PrintList(head)
    result = FindlastK(head, 3)
    if result is not None:
        print("\n 链表倒数第 3 个元素为： " + str(result.data))
```

程序的运行结果为：

```
链表：  1  2  3  4  5  6  7
链表倒数第 3 个元素为：5
```

算法性能分析：

这种方法只需要对链表进行一次遍历，因此，时间复杂度为 O(N)。另外，由于只需要常量个指针变量来保存结点的地址信息，因此，空间复杂度为 O(1)。

引申：如何将单链表向右旋转 k 个位置

题目描述：

给定单链表 1->2->3->4->5->6->7，k=3，那么旋转后的单链表变为 5->6->7->1->2->3->4。

分析与解答：

主要思路：1）首先找到链表倒数第 k+1 个结点 slow 和尾结点 fast（如图 9-3 所示）；2）把链表断开为两个子链表，其中，后半部分子链表结点的个数为 k；3）使原链表的尾结点指向链表的第一个结点；4）使链表的头结点指向原链表倒数第 k 个结点。

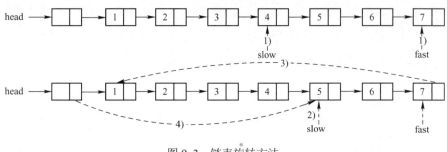

图 9-3　链表旋转方法

实现代码如下：

```python
class LNode:
    def __init__(self):
        self.data = None
        self.next = None


# 方法功能：把链表右旋 k 个位置
def RotateK(head, k):
    if head == None or head.next == None:
        return
    # fast 指针先走 k 步，然后与 slow 指针同时向后走
    slow, fast, tmp = LNode(), LNode(), LNode()
    slow, fast = head.next, head.next
    i = 0
    while i < k and fast != None:          # 前移 k 步
        fast = fast.next
        i += 1
    # 判断 k 是否已超出链表长度
    if i < k:
        return
    # 循环结束后 slow 指向链表倒数第 k+1 个元素，fast 指向链表最后一个元素
    while fast.next != None:
        slow = slow.next
        fast = fast.next
```

```
        tmp = slow
        slow = slow.next
        tmp.next = None
        fast.next = head.next
        head.next = slow

    def ConstructList():
        i = 1
        head = LNode()
        head.next = None
        tmp = None
        cur = head
        # 构造第一个链表
        while i < 8:
            tmp = LNode()
            tmp.data = i
            tmp.next = None
            cur.next = tmp
            cur = tmp
            i += 1
        return head


    # 顺序打印单链表结点的数据
    def PrintList(head):
        cur = head.next
        while cur is not None:
            print(cur.data, end=' ')
            cur = cur.next


    if __name__ == "__main__":
        head = ConstructList()
        print("旋转前：", end='')
        PrintList(head)
        RotateK(head, 3)
        print("\n 旋转后：", end='')
        PrintList(head)
```

程序的运行结果为：

```
旋转前： 1  2  3  4  5  6  7
旋转后： 5  6  7  1  2  3  4
```

算法性能分析：

这种方法只需要对链表进行一次遍历，因此，时间复杂度为 O(N)。另外，由于只需要几个指针变量来保存结点的地址信息，因此，空间复杂度为 O(1)。

9.4　如何检测一个较大的单链表是否有环

题目描述：

单链表有环指的是单链表中某个结点的 next 域指向的是链表中在它之前的某一个结点，

这样在链表的尾部形成一个环形结构。如何判断单链表是否有环存在？

分析与解答：

方法一：蛮力法

定义一个 HashSet 用来存储结点的引用，并将其初始化为空，从链表的头结点开始向后遍历，每遍历到一个结点就判断 HashSet 中是否有这个结点的引用，如果没有，说明这个结点是第一次访问，还没有形成环，那么将这个结点的引用添加到指针 HashSet 中去。如果在 HashSet 中找到了同样的结点，那么说明这个结点已经被访问过了，于是就形成了环。这种方法的时间复杂度为 O(N)，空间复杂度也为 O(N)。

方法二：快慢指针遍历法

定义两个指针 fast（快）与 slow（慢），二者的初始值都指向链表头，指针 slow 每次前进一步，指针 fast 每次前进两步，两个指针同时向前移动，快指针每移动一次都要跟慢指针比较，如果快指针等于慢指针，就证明这个链表是带环的单向链表，否则，证明这个链表是不带环的循环链表。实现代码见后面引申部分。

引申：如果链表存在环，那么如何找出环的入口点？

分析与解答：

当链表有环的时候，如果知道环的入口点，那么在需要遍历链表或释放链表所占的空间的时候方法将会非常简单，下面主要介绍查找链表环入口点的思路。

如果单链表有环，那么按照上述方法二的思路，当走得快的指针 fast 与走得慢的指针 slow 相遇时，slow 指针肯定没有遍历完链表，而 fast 指针已经在环内循环了 n 圈（1<=n）。如果 slow 指针走了 s 步，则 fast 指针走了 2s 步（fast 步数还等于 s 加上在环上多转的 n 圈），假设环长为 r，则满足如下关系表达式。

$2s = s + nr$

由此可以得到：$s = nr$

设整个链表长为 L，入口环与相遇点距离为 x，起点到环入口点的距离为 a。则满足如下关系表达式：

$a + x = nr$

$a + x = (n - 1)r + r = (n-1)r + L - a$

$a = (n-1)r + (L - a - x)$

（L − a − x）为相遇点到环入口点的距离，从链表头到环入口点的距离=(n-1)×环长+相遇点到环入口点的长度，于是从链表头与相遇点分别设一个指针，每次各走一步，两个指针必定相遇，且相遇第一点为环入口点。实现代码如下：

```
class LNode:
    def __init__(self):
        self.data = None
        self.next = None

# 构造链表
def ConstructList():
    i = 1
    head = LNode()
    head.next = None
```

```
            tmp = None
            cur = head
            while i < 8:
                tmp = LNode()
                tmp.data = i
                tmp.next = None
                cur.next = tmp
                cur = tmp
                i += 1
            cur.next = head.next.next.next
            return head


'''
*** 方法功能：判断链表是否有环
*** 输入参数：head：链表头结点
*** 返回值：  None：无环，否则返回 slow 与 fast 相遇点的结点
'''
def isLoop(head):
        if head is None or head.next is None:
                return None
        # 初始化 slow 和 fast，都指向链表的第一个结点
        slow = head.next
        fast = head.next
        while fast is not None and fast.next is not None:
                slow = slow.next
                fast = fast.next.next
                if slow == fast:
                        return slow


'''
*** 方法功能：找出环的入口点
*** 输入参数：head：fast 与 slow 相遇点
*** 返回值：  None：无环，否则返回 slow 与 fast 指针相遇点的结点
'''
def FindLoopNode(head, meetNode):
        first = head.next
        second = meetNode
        while first != second:
                first = first.next
                second = second.next
        return first

if __name__ == "__main__":
        head = ConstructList()
        meetNode = isLoop(head)
        loopNode = None
        if meetNode is not None:
                print("有环")
                loopNode = FindLoopNode(head, meetNode)
                print("环的入口点为：", loopNode.data)
        else:
                print("无环")
```

程序的运行结果为：

> 有环
> 环的入口点为：3

运行结果分析：

示例代码中给出的链表为：1->2->3->4->5->6->7->3（3 实际代表链表第三个结点）。因此，isLoop 函数返回的结果为两个指针相遇的结点，所以，链表有环，通过函数 findLoopNode 可以获取到环的入口点为 3。

算法性能分析：

这种方法只需要对链表进行一次遍历，因此，时间复杂度为 O(N)。另外由于只需要几个指针变量来保存结点的地址信息，因此，空间复杂度为 O(1)。

9.5 如何把链表以 k 个结点为一组进行翻转

题目描述：

k 链表翻转是指把每 k 个相邻的结点看成一组进行翻转，如果剩余结点不足 k 个，则保持不变。假设给定链表 1->2->3->4->5->6->7 和一个数 k，如果 k 的值为 2，那么翻转后的链表为 2->1->4->3->6->5->7。如果 k 的值为 3，那么翻转后的链表为：3->2->1->6-> 5->4->7。

分析与解答：

主要思路为：首先把前 k 个结点看成一个子链表，采用前面介绍的方法进行翻转，把翻转后的子链表链接到头结点后面，然后把接下来的 k 个结点看成另外一个单独的链表进行翻转，把翻转后的子链表链接到上一个已经完成翻转子链表的后面。具体实现方法如图 9-4 所示。

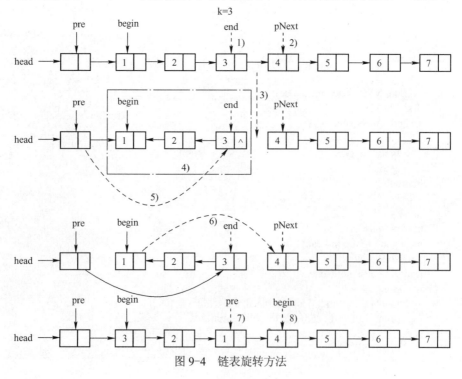

图 9-4 链表旋转方法

在图 9-4 中，以 k=3 为例介绍具体实现的方法。

1）首先设置 pre 指向头结点，然后让 begin 指向链表第一个结点，找到从 begin 开始第 k=3 个结点 end。

2）为了采用 9.1 节中链表翻转的算法，需要使 end.next=None，在此之前需要记录下 end 指向的结点，用 pNext 来记录。

3）使 end.next=None，从而使得从 begin 到 end 为一个单独的子链表，从而可以对这个子链表采用 9.1 节介绍的方法进行翻转。

4）对以 begin 为第一个结点，end 为尾结点所对应的 k=3 个结点进行翻转。

5）由于翻转后子链表的第一个结点从 begin 变为 end，因此，执行 pre.next=end，把翻转后的子链表链接起来。

6）把链表中剩余的还未完成翻转的子链表链接到已完成翻转的子链表后面（主要是针对剩余的结点的个数小于 k 的情况）。

7）让 pre 指针指向已完成翻转的链表的最后一个结点。

8）让 begin 指针指向下一个需要被翻转的子链表的第一个结点（通过 begin=pNext 来实现）。

接下来可以反复使用 1）～8）八个步骤对链表进行翻转。实现代码如下：

```python
class LNode:
    def __init__(self):
        self.data = None
        self.next = None


# 对不带头结点的单链表翻转
def Reverse(head):
    if head == None or head.next == None:
        return
    pre = head                          # 前驱结点
    cur = head.next                     # 当前结点
    next = cur.next                     # 后继结点
    pre.next = None
    # 使当前遍历到的结点 cur 指向前驱结点
    while cur != None:
        next = cur.next
        cur.next = pre
        pre = cur
        cur = cur.next
        cur = next
    return pre


# 对链表 k 翻转

def ReverseK(head, k):
    if head == None or head.next == None or k < 2:
        return
    i = 1
    pre = head
```

```
            begin = head.next
            end = None
            pNext = None
            while begin != None:
                end = begin
                # 找到从 begin 开始第 k 个结点
                while i < k:
                    if end.next != None:
                        end = end.next
                    else:   # 剩余结点的个数小于 k
                        return
                    i += 1
                pNext = end.next
                end.next = None
                pre.next = Reverse(begin)
                begin.next = pNext
                pre = begin
                begin = pNext
                i = 1


    if __name__ == "__main__":
        i = 1
        head = LNode()
        head.next = None
        tmp = None
        cur = head
        while i < 8:
            tmp = LNode()
            tmp.data = i
            tmp.next = None
            cur.next = tmp
            cur = tmp
            i += 1
        print("顺序输出： ", end="")
        cur = head.next
        while cur is not None:
            print(cur.data, end=' ')
            cur = cur.next
        ReverseK(head, 3)
        print("\nK 翻转后输出： ", end="")
        cur = head.next
        while cur is not None:
            print(cur.data, end=' ')
            cur = cur.next
        cur = head.next
        while cur is not None:
            tmp = cur
            cur = cur.next
```

程序的运行结果为：

```
顺序输出：1 2 3 4 5 6 7
逆序输出：3 2 1 6 5 4 7
```

运行结果分析：

由于 k=3，因此，链表可以分成三组（1 2 3）、（4 5 6）、（7）。对（1 2 3）翻转后变为（3 2 1），对（4 5 6）翻转后变为（6 5 4），由于（7）这个子链表只有 1 个结点（小于 3 个），因此，不进行翻转，所以，翻转后的链表就变为：3->2->1->6->5->4->7。

算法性能分析：

这种方法只需要对链表进行一次遍历，因此，时间复杂度为 O(N)。另外由于只需要几个指针变量来保存结点的地址信息，因此，空间复杂度为 O(1)。

9.6 如何实现栈

题目描述：

实现一个栈的数据结构，使其具有以下方法：压栈、弹栈、取栈顶元素、判断栈是否为空以及获取栈中元素个数。

分析与解答：

栈的实现有两种方法，分别为采用数组和链表来实现。下面分别详细介绍这两种方法。

方法一：数组实现

在采用数组来实现栈的时候，栈空间是一段连续的空间。实现思路如图 9-5 所示。

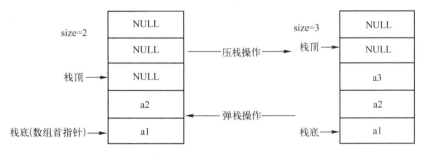

图 9-5 数组实现栈

从图 9-5 中可以看出，可以把数组的首元素当作栈底，同时记录栈中元素的个数 size，假设数组首地址为 arr，压栈的操作其实是把待压栈的元素放到数组 arr[size]中，然后执行 size+操作。同理，弹栈操作其实是取数组 arr[size-1]元素，然后执行 size-操作。根据这个原理可以非常容易实现栈，示例代码如下：

```python
class MyStack1:
    def __init__(self):
        self.items = []
    # 判断栈是否空

    def isEmpty(self):
        return len(self.items) == 0
    # 返回栈的大小
```

```
        def size(self):
            return len(self.items)
    # 返回栈顶元素

        def top(self):
            if not self.isEmpty():
                return self.items[len(self.items) - 1]
            else:
                return None
    # 弹栈

        def pop(self):
            if len(self.items) > 0:
                return self.items.pop()
            else:
                print("栈已经为空")
                return None
    # 压栈

        def push(self, item):
            self.items.append(item)

if __name__ == "__main__":
    s = MyStack1()
    s.push(4)
    print("栈顶元素为：" + str(s.pop()))
    print("栈大小为：" + str(s.size()))
    s.pop()
    print("弹栈成功")
    s.pop()
```

方法二：链表实现

在创建链表的时候经常采用一种从头结点插入新结点的方法，可以采用这种方法来实现栈，最好使用带头结点的链表，这样可以保证对每个结点的操作都是相同的，实现思路如图9-6所示。

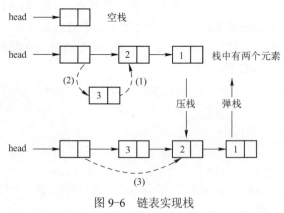

图9-6　链表实现栈

在图 9-6 中，在进行压栈操作的时候，首先需要创建新的结点，把待压栈的元素放到新结点的数据域中，然后只需要（1）和（2）两步就实现了压栈操作（把新结点加到了链表首部）。同理，在弹栈的时候，只需要进行（3）的操作就可以删除链表的第一个元素，从而实现弹栈操作。实现代码如下：

```python
class MyStack2:
    def __init__(self):
        self.data = None
        self.next = None

    # 判断 stack 是否为空，如果为空返回 true，否则返回 false
    def empty(self):
        if self.next == None:
            return True
        else:
            return False
    # 获取栈中元素的个数

    def size(self):
        size = 0
        p = self.next
        while p != None:
            p = p.next
            size += 1
        return size
    # 入栈：把 e 放到栈顶

    def push(self, e):
        p = LNode
        p.data = e
        p.next = self.next
        self.next = p
    # 出栈，同时返回栈顶元素

    def pop(self):
        tmp = self.next
        if tmp != None:
            self.next = tmp.next
            return tmp.data
        print("栈已经为空")
        return None
    # 取得栈顶元素

    def top(self):
        if self.next != None:
            return self.next.data
        print("栈已经为空")
        return None
```

程序的运行结果为：

```
栈顶元素为：1
栈大小为：1
弹栈成功
栈已经为空
```

两种方法的对比：

采用数组实现栈的优点是：一个元素值只占用一个存储空间；它的缺点为：如果初始化申请的存储空间太大，会造成空间的浪费，如果申请的存储空间太小，后期会经常需要扩充存储空间，而扩充存储空间是个费时的操作，这样会造成性能的下降。

采用链表实现栈的优点是：使用灵活方便，只有在需要的时候才会申请空间。它的缺点为：除了要存储元素外，还需要额外的存储空间存储指针信息。

算法性能分析：

这两种方法压栈与弹栈的时间复杂度都为 O(1)。

9.7 如何设计一个排序系统

题目描述：

请设计一个排队系统，能够让每个进入队伍的用户都能看到自己在队列中所处的位置和变化，队伍可能随时有人加入和退出；当有人退出影响到用户的位置排名时需要及时反馈到用户。

分析与解答：

本题不仅要实现队列常见的入队列与出队列的功能，而且还需要实现队列中任意一个元素都可以随时出队列，且出队列后需要更新队列用户位置的变化。实现代码如下：

```python
#!/usr/bin/python
from collections import deque


class User:
    def __init__(self, id, name):
        self.id = id                              # 唯一标识一个用户
        self.name = name
        self.seq = 0

    def getName(self):
        return self.name

    def getSeq(self):
        return self.seq

    def setSeq(self, seq):
        self.seq = seq

    def getId(self):
        return self.id
    # def equals(self,arg0):
```

```
#      o = arg0
#      return self.id = o.getId()

    def toString(self):
        return "id:" + str(self.id) + " name:" + self.name + " seq:" + str(self.seq)


class MyQueue:
    def __init__(self):
        self.deque = deque()

    def enQueue(self, user):                              # 进入队列尾部
        user.setSeq(len(self.deque) + 1)
        self.deque.append(user)
    # 队头出队列

    def deQueue(self):
        self.deque.popleft()
        self.updateSeq()
    # 队列中的人随机离开

    def deQueueMove(self, user):
        self.deque.remove(user)
        self.updateSeq()
    # 出队列后更新队列中每个人的序列

    def updateSeq(self):
        i = 1
        for user in self.deque:
            user.setSeq(i)
            i += 1
    # 打印队列的信息

    def printList(self):
        for user in self.deque:
            print(user.toString())


if __name__ == "__main__":
    user1 = User(1, "user1")
    user2 = User(2, "user2")
    user3 = User(3, "user3")
    user4 = User(4, "user4")
    user5 = User(5, "user5")
    queue = MyQueue()
    queue.enQueue(user1)
    queue.enQueue(user2)
    queue.enQueue(user3)
    queue.enQueue(user4)
    queue.enQueue(user5)
```

```
        queue.deQueue()                              #  队列元素 user1 出列
        queue.deQueueMove(user3)                      #  队列中间的元素 user3 出队列
        queue.enQueue(user1)
        queue.printList()
```

程序的运行结果为:

```
        id:2 name:user2 seq:1
        id:4 name:user4 seq:2
        id:5 name:user5 seq:3
        id:1 name:user1 seq:4
```

9.8 如何实现队列

题目描述:

实现一个队列的数据结构,使其具有入队列、出队列、查看队列首尾元素、查看队列大小等功能。

分析与解答:

与实现栈的方法类似,队列的实现也有两种方法,分别为采用数组和链表来实现。下面分别详细介绍这两种方法。

方法一:数组实现

图 9-7 给出了一种最简单的实现方式,用 front 来记录队列首元素的位置,用 rear 来记录队列尾元素往后一个位置。入队列的时候只需要将待入队列的元素存储到数组下标为 rear 的位置,同时执行 rear+,出队列的时候只需要执行 front+即可。

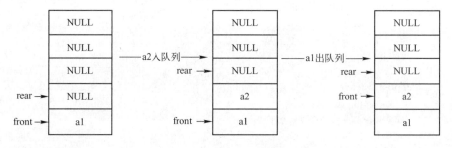

图 9-7 数组实现队列

示例代码如下:

```
class MyQueue:
    def __init__(self):
        self.arr = []
        self.front = 0              # 队列首
        self.rear = 0               # 队列尾

        # 判断队列是否为空
    def isEmpty(self):
        return self.front == self.rear
```

```
                    # 返回队列的大小
                    def size(self):
                        return self.rear - self.front
                    # 返回队列首元素
                    def getFront(self):
                        if self.isEmpty():
                            return None
                        return self.arr[self.front]
                    # 返回队列尾元素
                    def getBack(self):
                        if self.isEmpty():
                            return None
                        return self.arr[self.rear - 1]
                    # 删除队列头元素
                    def deQueue(self):
                        if self.rear > self.front:
                            self.front += 1
                        else:
                            print("队列已经为空")
                    # 把新元素加入队列尾
                    def enQueue(self,item):
                        self.arr.append(item)
                        self.rear += 1

        if __name__ == "__main__":
            queue = MyQueue()
            queue.enQueue(1)
            queue.enQueue(2)
            queue.enQueue(6)
            print("队列头元素为: ",queue.getFront())
            print("队列尾元素为: ",queue.getBack())
            print("队列的大小为: ",queue.size())
```

程序的运行结果为：

```
队列头元素为:    1
队列尾元素为:    6
队列的大小为:    3
```

这种实现方法最大的缺点为：出队列后数组前半部分的空间不能被充分的利用，解决这个问题的方法是把数组看成一个环状的空间（循环队列）。当数组最后一个位置被占用后，可以从数组首位置开始循环利用，具体实现方法可以参考数据结构相关图书。

方法二：链表实现

采用链表实现队列的方法与实现栈的方法类似，分别用两个指针指向队列的首元素与尾元素，如图 9-8 所示。用 pHead 来指向队列的首元素，用 pEnd 来指向队列的尾元素。

在图 9-8 中，刚开始队列中只有元素 1、2 和 3，当新元素 4 要进队列的时候，只需要执行图中（1）和（2）两步，就可以把新结点连接到链表的尾部，同时修改 pEnd 指针指向新增加的结点。出队列的时候只需要步骤（3），改变 pHead 指针使其指向 pHead.next，此外也需要考虑结点所占空间释放的问题。在入队列与出队列的操作中也需要考虑队列尾空时的特殊操作，实现代码如下所示：

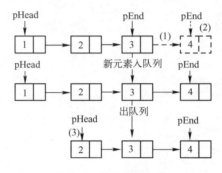

图 9-8 链表实现队列

```python
class MyQueue1(object):
    def __init__(self):
        self.pHead = None
        self.pEnd = None

    # 判断队列是否为空
    def isEmpty(self):
        return self.pHead is None

    # 获取队列中元素的个数
    def size(self):
        size = 0
        p = self.pHead
        while p is not None:
            p = p.next
            size += 1
        return size

    # 入队列，把元素 e 加入到队列尾
    def enQueue(self, elem):
        p = LNode(elem)
        if self.isEmpty():
            self.pHead = p
            self.pEnd = p
        else:
            self.pEnd.next = p
            self.pEnd = p

    # 出队列，删除队列首元素
    def deQueueHead(self):
        if self.isEmpty():
            print("出队列失败，队列已经为空")
        self.pHead = self.pHead.next
        if self.pEnd == None:
            self.pEnd = None
```

```
                # 取得队列首元素
                def getFront(self):
                    if self.isEmpty():
                            print("获取队列首元素失败，队列已经为空")
                            return None
                    return self.pHead.data

                # 获取队列尾元素
                def getrear(self):
                    if self.pEnd == None:
                            print("获取队列尾元素失败，队列已经为空")
                            return None
                    return self.pEnd.data
```

程序的运行结果为：

```
队列头元素为：1
队列尾元素为：2
队列大小为：2
```

显然用链表来实现队列有更好的灵活性，与数组的实现方法相比，它多了用来存储结点关系的指针空间。此外，也可以用循环链表来实现队列，这样只需要一个指向链表最后一个元素的指针即可，因为通过指向链表尾元素可以非常容易地找到链表的首结点。

9.9 如何根据入栈序列判断可能的出栈序列

题目描述：

输入两个整数序列，其中一个序列表示栈的 push（入）顺序，判断另一个序列有没有可能是对应的 pop（出）顺序。

分析与解答：

假如输入的 push 序列是 1、2、3、4、5，那么 3、2、5、4、1 就有可能是一个 pop 序列，但 5、3、4、1、2 就不可能是它的一个 pop 序列。

主要思路是使用一个栈来模拟入栈顺序，具体步骤如下。

1）把 push 序列依次入栈，直到栈顶元素等于 pop 序列的第一个元素，然后栈顶元素出栈，pop 序列移动到第二个元素。

2）如果栈顶继续等于 pop 序列现在的元素，则继续出栈并 pop 后移；否则对 push 序列继续入栈。

3）如果 push 序列已经全部入栈，但是 pop 序列未全部遍历，而且栈顶元素不等于当前 pop 元素，那么这个序列不是一个可能的出栈序列。如果栈为空，而且 pop 序列也全部被遍历过，则说明这是一个可能的 pop 序列。图 9-9 给出一个合理的 pop 序列的判断过程。

在图 9-9 中，（1）～（3）三步，由于栈顶元素不等于 pop 序列第一个元素 3，因此，1,2,3 依次入栈，当 3 入栈后，栈顶元素等于 pop 序列的第一个元素 3，因此，第（4）步执行 3 出栈，接下来指向第二个 pop 序列 2，且栈顶元素等于 pop 序列的当前元素，因此，第（5）步执行 2 出栈；接着由于栈顶元素 4 不等于当前 pop 序列 5，因此，接下来（6）和（7）两步分别执行 4 和 5 入栈；接着由于栈顶元素 5 等于 pop 序列的当前值，因此，第（8）步执行 5 出栈，接下来（9）和（10）两步栈顶元素都等于当前 pop 序列的元素，因此，都执行出栈操作。最后由于栈为空，同时 pop 序列都完成了遍历，因此，{3,2,5,4,1} 是一个合理的出栈序列。

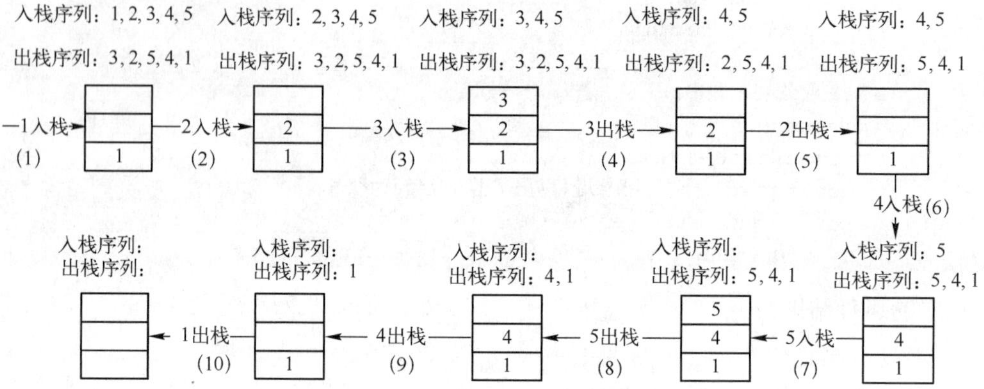

图 9-9　判断 pop 序列的流程

实现代码如下：

```python
class Stack:
    def __init__(self):
        self.items = []
    # 判断栈是否为空
    def isEmpty(self):
        return len(self.items) == 0
    # 返回栈的大小
    def size(self):
        return len(self.items)
    # 返回栈顶元素
    def peek(self):
        if not self.isEmpty():
            return self.items[len(self.items) - 1]
        else:
            return None
    # 弹栈
    def pop(self):
        if len(self.items) > 0:
            return self.items.pop()
        else:
            print("The stack was Null!")
            return None
    # 压栈
    def push(self,item):
        self.items.append(item)

def isPopSerical(push,pop):
    if push is None or pop is None:
```

```
            return False
        pushLength = len(push)
        popLength = len(pop)
        if pushLength != popLength:
            return False
        pushIndex = 0
        popIndex = 0
        stack = Stack()
        while pushIndex < pushLength:
            # 把 push 序列依次入栈，直到栈顶元素定于 pop 序列的第一元素
            stack.push(push[pushIndex])
            pushIndex += 1
            # 栈顶元素出栈，pop 序列移动到下一个元素
            while (not stack.isEmpty()) and stack.peek() == pop[popIndex]:
                stack.pop()
                popIndex += 1
        # 栈为空，且 pop 序列中元素都被遍历过
        return stack.isEmpty() and popIndex == popLength


if __name__ == "__main__":
    push = "12345"
    pop = "32541"
    if isPopSerical(push,pop):
        print(pop + "是" + push + "的一个 pop 序列")
    else:
        print(pop + "不是" + push + "的一个 pop 序列")
```

程序的运行结果为：

32541 是 12345 的一个 pop 序列

算法性能分析：

这种方法在处理一个合理的 pop 序列的时候需要操作的次数最多，即把 push 序列进行一次压栈和出栈操作，操作次数为 2N，因此，时间复杂度为 O(N)，此外，这种方法使用了额外的栈空间，因此，空间复杂度为 O(N)。

9.10　如何实现 LRU 缓存方案

题目描述：

LRU 是 Least Recently Used 的缩写，它的意思是"最近最少使用"，LRU 缓存就是使用这种原理实现，简单地说就是缓存一定量的数据，当超过设定的阈值时就把一些过期的数据删除掉。常用于页面置换算法，是虚拟页式存储管理中常用的算法。如何实现 LRU 缓存方案？

分析与解答：

我们可以使用两个数据结构实现一个 LRU 缓存。

1）使用双向链表实现的队列，队列的最大容量为缓存的大小。在使用过程中，把最近使用的页面移动到队列头，最近没有使用的页面将被放在队列尾的位置。

2）使用一个哈希表，把页号作为键，把缓存在队列中的结点的地址作为值。

当引用一个页面时，如果所需的页面在内存中，只需要把这个页对应的结点移动到队列的前面。如果所需的页面不在内存中，此时需要把这个页面加载到内存中。简单地说，就是将一个新结点添加到队列的前面，并在哈希表中更新相应的结点地址。如果队列是满的，那么就从队列尾部移除一个结点，并将新结点添加到队列的前面。实现代码如下：

```python
from collections import deque

class LRU:
    def __init__(self, casheSize):
        self.casheSize = casheSize
        self.queue = deque()
        self.hashSet = set()

    # 判断缓存队列是否已满
    def isQueueFull(self):
        return len(self.queue) == self.casheSize
    # 把页号为 pageNum 的页缓存到队列中，同时添加到 hash 表中

    def enQueue(self, pageNum):
        # 如果队列已满，需要删除队尾的缓存的页
        if self.isQueueFull():
            self.hashSet.remove(self.queue[-1])
            self.queue.pop()
        self.queue.appendleft(pageNum)
        # 把新缓存的结点同时添加到 hash 表中
        self.hashSet.add(pageNum)

#'''
# 当访问某一个 page 的时候，会调用这个函数，对于访问的 page 有两种情况：
#   1)如果 page 在缓存队列中，直接把这个结点移动到队首
#   2)如果 page 不在缓存队列中，把这个 page 缓存到队首
#'''

    def accessPage(self, pageNum):
        # page 不在缓存队列中，把它缓存到队首
        if pageNum not in self.hashSet:
            self.enQueue(pageNum)
        # page 已经在缓存队列中，移动到队首
        elif pageNum != self.queue[0]:
            self.queue.remove(pageNum)
            self.queue.appendleft(pageNum)

    def printQueue(self):
        while len(self.queue) > 0:
            print(self.queue.popleft(), end='   ')


if __name__ == "__main__":
    # 假设缓存大小为 3
    lru = LRU(3)
```

```
        lru.accessPage(1)
        lru.accessPage(2)
        lru.accessPage(5)
        lru.accessPage(1)
        lru.accessPage(16)
        lru.accessPage(17)
        # 通过上面的访问序列后，缓存的信息为
    lru.printQueue()
```

程序的运行结果为：

```
    7 6 1
```

9.11 如何把一个有序整数数组放到二叉树中

题目描述：

如何把一个有序整数数组放到二叉树中？

分析与解答：

如果要把一个有序的整数数组放到二叉树中，那么所构造出来的二叉树必定也是一棵有序的二叉树。鉴于此，实现思路为：取数组的中间元素作为根结点，将数组分成左右两部分，对数组的两部分用递归的方法分别构建左右子树。如图9-10所示。

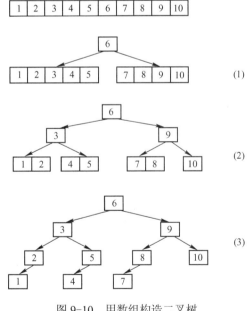

图9-10 用数组构造二叉树

首先取数组的中间结点 6 作为二叉树的根结点，把数组分成左右两部分，然后对于数组的左右两部分子数组分别运用同样的方法进行二叉树的构建，例如，对于左半部分子数组，取中间结点 3 作为树的根结点，再把子数组分成左右两部分。依此类推，就可以完成二叉树的构建，实现代码如下：

```python
class BiTNode:
    def __init__(self):
        self.data = None
        self.lchild = None
        self.rchild = None

# 方法功能：把有序数组转换为二叉树
def arraytotree(arr, start, end):
    root = None
    if end >= start:
        root = BiTNode()
        mid = (start+end+1)//2
        # 树的根结点为数组中间的元素
        root.data = arr[mid]
        # 递归的用左半部分数组构造 root 的左子树
        root.lchild = arraytotree(arr, start, mid-1)
        # 递归的用右半部分数组构造 root 的右子树
        root.rchild = arraytotree(arr, mid+1, end)
    else:
        root = None
    return root

# 用中序遍历的方式打印出二叉树结点的内容
def printTreeMidOrder(root):
    if root == None:
        return
    # 遍历 root 结点的左子树
    if root.lchild != None:
        printTreeMidOrder(root.lchild)
    # 遍历 root 结点
    print(root.data, end=' ')
    # 遍历 root 结点的右子树
    if root.rchild != None:
        printTreeMidOrder(root.rchild)

if __name__ == "__main__":
    arr = [1, 2, 3, 4, 5, 6, 7, 8, 9, 10]
    print("数组：", end="")
    i = 0
    while i < len(arr):
        print(arr[i], end=' ')
        i += 1
    print()
    root = arraytotree(arr, 0, len(arr)-1)
    print("转换成树的中序遍历为:", end="")
    printTreeMidOrder(root)
```

程序的运行结果为：

数组：1 2 3 4 5 6 7 8 9 10
转换成树的中序遍历为:1 2 3 4 5 6 7 8 9 10

算法性能分析：

由于这种方法只遍历了一次数组，因此，算法的时间复杂度为 O(N)，其中，N 表示的是数组长度。

9.12 如何从顶部开始逐层打印二叉树结点数据

题目描述：

给定一棵二叉树，要求逐层打印二叉树结点的数据，如图 9-11 所示。

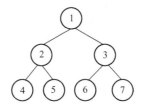

图 9-11 二叉树

对这棵二叉树层序遍历的结果为 1，2，3，4，5，6，7。

分析与解答：

为了实现对二叉树的层序遍历，就要求在遍历一个结点的同时记录下它的孩子结点的信息，然后按照这个记录的顺序来访问结点的数据，在实现的时候可以采用队列来存储当前遍历到的结点的孩子结点，从而实现二叉树的层序遍历，遍历过程如图 9-12 所示。

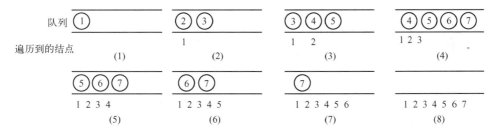

图 9-12 层序遍历二叉树

在图 9-12 中，图（1）首先把根结点 1 放到队列里面，然后开始遍历。图（2）队列首元素（结点 1）出队列，同时它的孩子结点 2 和结点 3 进队列；图（3）接着出队列的结点为 2，同时把它的孩子结点 4 和结点 5 放到队列里，依此类推就可以实现对二叉树的层序遍历。

实现代码如下：

```python
from collections import deque

class BiTNode:
    def __init__(self):
        self.data = None
        self.lchild = None
        self.rchild = None
```

```
# 方法功能：把有序数组转换为二叉树
def arraytotree(arr, start, end):
    root = None
    if end >= start:
        root = BiTNode()
        mid = (start+end+1)//2
        # 树的根结点为数组中间的元素
        root.data = arr[mid]
        # 递归的用左半部分数组构造 root 的左子树
        root.lchild = arraytotree(arr, start, mid-1)
        # 递归的用右半部分数组构造 root 的右子树
        root.rchild = arraytotree(arr, mid+1, end)

    else:
        root = None
    return root


"""
方法功能：用层序遍历的方式打印出二叉树结点的内容
输入参数：root：二叉树根结点
"""
def printTreeLayer(root):
    if root == None:
        return
    queue = deque()
    # 树根结点进队列
    queue.append(root)
    while len(queue) > 0:
        p = queue.popleft()
        # 访问当前结点
        print(p.data, end=' ')
        # 如果这个结点的左孩子不为空则入队列
        if p.lchild != None:
            queue.append(p.lchild)
        # 如果这个结点的右孩子不为空则入队列
        if p.rchild != None:
            queue.append(p.rchild)

if __name__ == "__main__":
    arr = [1, 2, 3, 4, 5, 6, 7, 8, 9, 10]
    root = arraytotree(arr, 0, len(arr)-1)
    print("树的层序遍历结果为:", end="")
    printTreeLayer(root)
```

程序的运行结果为：

树的层序遍历结果为:6 3 9 2 5 8 10 1 4 7

算法性能分析：

在二叉树的层序遍历过程中，对树中的各个结点只进行了一次访问，因此，时间复杂度为 O(N)，此外，这种方法还使用了队列来保存遍历的中间结点，所使用队列的大小取决于二叉树中每一层中结点个数的最大值。具有 N 个结点的完全二叉树的深度为 $h=\log_2 N+1$。而深度为 h 的这一层最多的结点个数为 $2h-1=n/2$。也就是说队列中可能的最多的结点个数为 N/2。因此，这种算法的空间复杂度为 O(N)。

引申：用空间复杂度为 O(1)的算法来实现层序遍历

上面介绍的算法的空间复杂度为 O(N)，显然不满足要求。在通常情况下，提高空间复杂度都是要以牺牲时间复杂度作为代价的。对于本题而言，主要的算法思路为：不使用队列来存储每一层遍历到的结点，而是每次都会从根结点开始遍历。把遍历二叉树的第 k 层的结点，转换为遍历二叉树根结点的左右子树的第 k-1 层结点。算法如下所示。

```
def   printAtLevel(root,level):
    if   root==None or level < 0:
        return   0
    elif   level == 0:
        print   root.data
        return   1
    else:
        # 把打印根结点 level 层的结点转换为求解根结点的孩子结点的 level-1 层的结点
    return   printAtLevel(root.lchild, level - 1)+
            printAtLevel(root.rchild, level - 1)
```

通过上述算法，可以首先求解出二叉树的高度 h，然后调用上面的函数 h 次就可以打印出每一层的结点。

9.13 如何求一棵二叉树的最大子树和

题目描述：

给定一棵二叉树，它的每个结点都是正整数或负整数，如何找到一棵子树，使得它所有结点的和最大？

分析与解答：

要求一棵二叉树的最大子树和，最容易想到的办法就是针对每棵子树，求出这棵子树中所有结点的和，然后从中找出最大值。恰好二叉树的后序遍历就能做到这一点。在对二叉树进行后序遍历的过程中，如果当前遍历的结点的值与其左右子树和的值相加的结果大于最大值，则更新最大值。如图 9-13 所示。

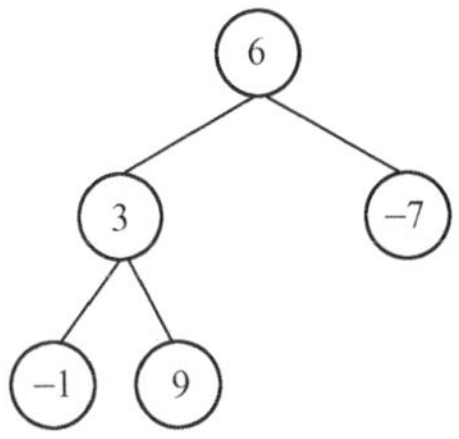

在图 9-13 中，首先遍历结点-1，这个子树的最大值为-1，同理，当遍历到结点 9 时，子树的最大值为 9，当遍历到结点 3 的时候，这个结点与其左右孩子结点值的和（3-1+9=11）大于最大值（9）。因此，此时最大的子树为以 3 为根结点的子树，依此类推，直到遍历完整棵树为止。实现代码如下：

图 9-13　二叉树

```
class BiTNode:
```

```
        def __init__(self):
            self.data = None
            self.lchild = None
            self.rchild = None


class Test:

    def __init__(self):
        self.maxSum = -2**31
    """
    方法功能：求最大子树
    输入参数：root：根结点；
    maxRoot 最大子树的根结点
    返回值：以 root 为根结点子树所有结点的和
    """
    def findMaxSubTree(self, root, maxRoot):
        if root == None:
            return 0
        # 求 root 左子树所有结点的和
        lmax = self.findMaxSubTree(root.lchild, maxRoot)
        # 求 root 右子树所有结点的和
        rmax = self.findMaxSubTree(root.rchild, maxRoot)
        sums = lmax+rmax+root.data
        # 以 root 为根的子树的和大于前面求出的最大值
        if sums > self.maxSum:
            self.maxSum = sums
            maxRoot.data = root.data
        # 返回以 root 为根结点的子树的所有结点的和
        return sums


    """
    方法功能：构造二叉树
    返回值：返回新构造的二叉树的根结点
    """
    def constructTree(self):
        root = BiTNode()
        node1 = BiTNode()
        node2 = BiTNode()
        node3 = BiTNode()
        node4 = BiTNode()
        root.data = 6
        node1.data = 3
        node2.data = -7
        node3.data = -1
        node4.data = 9
        root.lchild = node1
        root.rchild = node2
        node1.lchild = node3
        node1.rchild = node4
        node2.lchild = node2.rchild = node3.lchild = node3.rchild = \
```

```
                node4.lchild = node4.rchild = None
            return root


if __name__ == "__main__":
        # 构造二叉树
        test = Test()
        root = test.constructTree()

        maxRoot = BiTNode()    # 最大子树的根结点
        test.findMaxSubTree(root, maxRoot)
        print("最大子树和为："+str(test.maxSum))
        print("对应子树的根结点为："+str(maxRoot.data))
```

程序的运行结果为：

```
最大子树和为：11
对应子树的根结点为：3
```

算法性能分析：

这种方法与二叉树的后序遍历有相同的时间复杂度，即为 O(N)，其中，N 为二叉树的结点个数。

9.14 如何找出排序二叉树上任意两个结点的最近共同父结点

题目描述：

对于一棵给定的排序二叉树，求两个结点的共同父结点，例如，在图 9-14 中，结点 1 和结点 5 的共同父结点为 3。

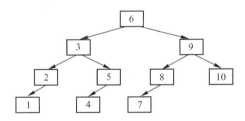

图 9-14 求公共父结点的二叉树

分析与解答：

方法一：路径对比法

对于一棵二叉树的两个结点，如果知道了从根结点到这两个结点的路径，就可以很容易地找出它们最近的公共父结点。因此，可以首先分别找出从根结点到这两个结点的路径（例如图 9-14 中从根结点到结点 1 的路径为 6->3->2->1，从根结点到结点 5 的路径为 6->3->5）；然后遍历这两条路径，只要是相等的结点都是它们的父结点，找到最后一个相等的结点即为离它们最近的共同父结点，在这个例子中，结点 3 就是它们共同的父结点。示例代码如下：

```
class BiTNode:
    def __init__(self):
        self.data = None
        self.lchild = None
        self.rchild = None


class stack:
    # 模拟栈
    def __init__(self):
        self.items = []
    # 判断栈是否为空
    def isEmpty(self):
        return len(self.items) == 0

    # 返回栈的大小
    def size(self):
        return len(self.items)

    # 返回栈顶元素
    def peek(self):
        if not self.isEmpty():
            return self.items[len(self.items)-1]
        else:
            return None

    # 弹栈
    def pop(self):
        if len(self.items) > 0:
            return self.items.pop()
        else:
            print("栈已经为空")
            return None
    # 压栈

    def push(self, item):
        self.items.append(item)

# 方法功能：把有序数组转换为二叉树
def arraytotree(arr, start, end):
    root = None
    if end >= start:
        root = BiTNode()
        mid = (start+end+1)//2
        # 树的根结点为数组中间的元素
        root.data = arr[mid]
        # 递归的用左半部分数组构造 root 的左子树
        root.lchild = arraytotree(arr, start, mid-1)
        # 递归的用右半部分数组构造 root 的右子树
        root.rchild = arraytotree(arr, mid+1, end)
    else:
```

```
        root = None
    return root

"""
方法功能：获取二叉树从根结点 root 到 node 结点的路径
输入参数：root：根结点；node：二叉树中的某个结点；s：用来存储路径的栈
返回值：node 在 root 的子树上，或 node==root 时返回 true，否则返回 false
"""
def getPathFromRoot(root, node, s):
    if root == None:
        return False
    if root == node:
        s.push(root)
        return True
    """
    如果 node 结点在 root 结点的左子树或右子树上，
    那么 root 就是 node 的祖先结点，把它加到栈里
    """
    if getPathFromRoot(root.lchild, node, s) or getPathFromRoot(root.rchild, node, s):
        s.push(root)
        return True
    return False


"""
方法功能：查找二叉树中两个结点最近的共同父结点
输入参数：root：根结点；node1 与 node2 为二叉树中两个结点
返回值：node1 与 node2 最近的共同父结点
"""
def FindParentNode(root, node1, node2):
    stack1 = stack()    # 保存从 root 到 node1 的路径
    stack2 = stack()    # 保存从 root 到 node2 的路径
    # 获取从 root 到 node1 的路径
    getPathFromRoot(root, node1, stack1)
    # 获取从 root 到 node2 的路径
    getPathFromRoot(root, node2, stack2)
    commonParent = None
    # 获取最靠近 node1 和 node2 的父结点
    while stack1.peek() == stack2.peek():
        commonParent = stack1.peek()
        stack1.pop()
        stack2.pop()
    return commonParent


if __name__ == "__main__":
    arr = [1, 2, 3, 4, 5, 6, 7, 8, 9, 10]
    root = arraytotree(arr, 0, len(arr)-1)
    node1 = root.lchild.lchild.lchild
    node2 = root.lchild.rchild
    res = None
```

```
        res = FindParentNode(root, node1, node2)
        if res != None:
            print(str(node1.data)+"与"+str(node2.data)+"的最近公共父结点为："+str(res.data),end='')
        else:
            print("没有公共父结点")
```

程序的运行结果为：

1 与 5 的最近公共父结点为：3

算法性能分析：

当获取二叉树从根结点 root 到 node 结点的路径时，最坏的情况就是把树中所有结点都遍历了一遍，这个操作的时间复杂度为 O(N)，再分别找出从根结点到两个结点的路径后，找它们最近的公共父结点的时间复杂度也为 O(N)，因此，这种方法的时间复杂度为 O(N)。此外，这种方法用栈保存了从根结点到特定结点的路径，在最坏的情况下，这个路径包含了树中所有的结点，因此，空间复杂度也为 O(N)。

很显然，这种方法还不够理想。下面介绍另外一种能降低空间复杂度的方法。

方法二：结点编号法

可以把二叉树看成是一棵完全二叉树（不管实际的二叉树是否为完全二叉树，二叉树中的结点都可以按照完全二叉树中对结点编号的方式进行编号），图 9-15 为对二叉树中的结点按照完全二叉树中结点的编号方式进行编号后的结果，结点右边的数字为其对应的编号。

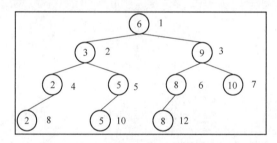

图 9-15　二叉树的编号

根据二叉树的性质可以知道，一个编号为 n 的结点，它的父亲结点的编号为 n/2。假如要求 node1 与 node2 的最近的共同父结点，首先把这棵树看成是一棵完全二叉树（不管结点是否存在），分别求得这两个结点的编号 n1 和 n2。然后每次找出 n1 与 n2 中较大的值除以 2，直到 n1==n2 为止，此时 n1 或 n2 的值对应结点的编号就是它们最近的共同父结点的编号，接着可以根据这个编号信息找到对应的结点，具体方法为：通过观察二叉树中结点的编号可以发现：首先把根结点 root 看成 1，求 root 的左孩子编号的方法为把 root 对应的编号看成二进制，然后向左移一位，末尾补 0，如果是 root 的右孩子，那么末尾补 1，因此，通过结点位置的二进制码就可以确定这个结点。例如结点 3 的编号为 2（二进制 10），它的左孩子的求解方法为：10，向左移一位末尾补 0，可以得到二进制 100（十进制 4），位置为 4 的结点的值为 2。从这个特性可以得出通过结点位置信息获取结点的方法，例如要求位置 4 的结点，4 的二进制码为 100，由于 1 代表根结点，接下来的一个 0 代表是左子树 root.lchild，最后一个 0 也表示左子树 root.lchild.lchild，通过这种方法非常容易根据结点的编号找到对应的结点。实现

代码如下:

```
import math

class BiTNode:
    def __init__(self):
        self.data = None
        self.lchild = None
        self.rchild = None


# 方法功能: 把有序数组转换为二叉树
def arraytotree(arr, start, end):
    root = None
    if end >= start:
        root = BiTNode()
        mid = (start+end+1)//2
        # 树的根结点为数组中间的元素
        root.data = arr[mid]
        # 递归的用左半部分数组构造 root 的左子树
        root.lchild = arraytotree(arr, start, mid-1)
        # 递归的用右半部分数组构造 root 的右子树
        root.rchild = arraytotree(arr, mid+1, end)
    else:
        root = None
    return root


class IntRef:
    def __init__(self):
        self.num = None


"""
方法功能: 找出结点在二叉树中的编号
输入参数: root: 根结点; node: 待查找结点; number: node 结点在二叉树中的编号
返回值: true: 找到该结点的位置, 否则返回 false
"""
def getNo(root, node, number):
    if root == None:
        return False
    if root == node:
        return True
    tmp = number.num
    number.num = 2 * tmp
    # node 结点在 root 的左子树中, 左子树编号为当前结点编号的 2 倍
    if getNo(root.lchild, node, number):
        return True
    # node 结点在 root 的右子树中, 右子树编号为当前结点编号的 2 倍加 1
    else:
        number.num = tmp * 2 + 1
        return getNo(root.rchild, node, number)
```

```
"""
方法功能：根据结点的编号找出对应的结点
输入参数：root：根结点；number 为结点的编号
返回值：编号为 number 对应的结点
"""
def getNodeFromNum(root, number):
    if root == None or number < 0:
        return None
    if number == 1:
        return root
    # 结点编号对应二进制的位数（最高位一定为 1，因为根结点代表 1）
    lens = int((math.log(number) / math.log(2)))
    # print(lens)
    # 去掉根结点表示的 1
    # number -= 1 << lens
    while lens > 0:
        # 如果这一位二进制的值为 1，
        # 那么编号为 number 的结点必定在当前结点的右子树上
        if (1 << (lens - 1)) & number == 1:
            root = root.rchild
        else:
            root = root.lchild
        lens -= 1
    return root



"""
方法功能：查找二叉树中两个结点最近的共同父结点
输入参数：root：根结点；node1 与 node2 为二叉树中两个结点
返回值：node1 与 node2 最近的共同父结点
"""
def FindParentNode(root, node1, node2):
    ref1 = IntRef()
    ref1.num = 1
    ref2 = IntRef()
    ref2.num = 1
    getNo(root, node1, ref1)
    getNo(root, node2, ref2)
    num1 = ref1.num
    num2 = ref2.num
    # 找出编号为 num1 和 num2 的共同父结点
    while num1 != num2:
        if num1 > num2:
            num1 /= 2
        else:
            num2 /= 2
    # num1 就是它们最近的公共父结点的编号，通过结点编号找到对应的结点
    return getNodeFromNum(root, num1)
```

```
if __name__ == "__main__":
    arr = [1, 2, 3, 4, 5, 6, 7, 8, 9, 10]
    root = arraytotree(arr, 0, len(arr)-1)
    node1 = root.lchild.lchild.lchild
    node2 = root.lchild.rchild
    res = None
    res = FindParentNode(root, node1, node2)
    if res != None:
        print(str(node1.data)+"与"+str(node2.data)+"的最近公共父结点为："+str(res.data),end='')
    else:
        print("没有公共父结点",end='')
```

算法性能分析：

这种方法的时间复杂度也为 O(N)，与方法一相比，在求解的过程中只用了个别的几个变量，因此，空间复杂度为 O(1)。

方法三：后序遍历法

很多与二叉树相关的问题都可以通过对二叉树的遍历方法进行改编而求解。对于本题而言，可以通过对二叉树的后序遍历进行改编而得到。具体思路为：查找结点 node1 与结点 node2 的最近共同父结点可以转换为找到一个结点 node，使得 node1 与 node2 分别位于结点 node 的左子树或右子树中。例如题目给出的图 9-14 中，结点 1 与结点 5 的最近共同父结点为结点 3，因为结点 1 位于结点 3 的左子树上，而结点 5 位于结点 3 的右子树上。实现代码如下：

```
def FindParentNode(root, node1, node2):
    if None == root or root == node1 or root == node2:
        return root
    lchild = FindParentNode(root.lchild, node1, node2)
    rchild = FindParentNode(root.rchild, node1, node2)
    # root 的左子树中没有结点 node1 和 node2，那么一定在 root 的右子树上
    if None == lchild:
        return rchild
    # root 的右子树中没有结点 node1 和 node2，那么一定在 root 的左子树上
    elif None == rchild:
        return lchild
    # node1 与 node2 分别位于 root 的左子树与右子树上，root 就是它们最近的共同父结点
    else:
        return root
```

把方法一中的 FindParentNode 替换为本方法的 FindParentNode，可以得到同样的输出结果。

算法性能分析：

这种方法与二叉树的后序遍历方法有着相同的时间复杂度 O(N)。

引申：如何计算二叉树中两个结点的距离

题目描述：

在没有给出父结点的条件下，计算二叉树中两个结点的距离。两个结点之间的距离是从一个结点到达另一个结点所

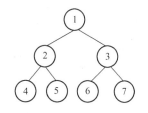

图 9-16 求结点距离的二叉树

需的最小的边数。例如：给出下面的二叉树（如图 9-16 所示）：

Dist(4,5)=2，Dist(4,6)=4。

分析与解答：

对于给定的二叉树 root，只要能找到两个结点 n1 与 n2 最低的公共父结点 parent，那么就可以通过下面的公式计算出这两个结点的距离：

Dist(n1, n2) = Dist(root, n1) + Dist(root, n2) - 2*Dist(root, parent)

9.15 如何实现反向 DNS 查找缓存

题目描述：

反向 DNS 查找指的是使用 Internet IP 地址查找域名。例如，如果在浏览器中输入 74.125.200.106，它会自动重定向到 google.com。

如何实现反向 DNS 查找缓存？

分析与解答：

要想实现反向 DNS 查找缓存，主要需要完成如下功能：

1）将 IP 地址添加到缓存中的 URL 映射。

2）根据给定 IP 地址查找对应的 URL。

对于本题，常见的一种解决方案是使用字典法（使用字典来存储 IP 地址与 URL 之间的映射关系），由于这种方法相对比较简单，这里就不做详细的介绍了。下面重点介绍另外一种方法：Trie 树。这种方法的主要优点如下。

1）使用 Trie 树，在最坏的情况下的时间复杂度为 O(1)，而哈希方法在平均情况下的时间复杂度为 O(1)。

2）Trie 树可以实现前缀搜索（对于有相同前缀的 IP 地址，可以寻找所有的 URL）。

当然，由于树这种数据结构本身的特性，所以使用树结构的一个最大的缺点就是需要耗费更多的内存，但是对于本题而言，这却不是一个问题，因为 Internet IP 地址只包含有 11 个字母（0 到 9 和.）。所以，本题实现的主要思路为：在 Trie 树中存储 IP 地址，而在最后一个结点中存储对应的域名。实现代码如下：

```python
# Trie 树的结点
class   TrieNode:
    def   __init__(self):
        CHAR_COUNT=11
        self.isLeaf=False
        self.url=None
        self.child=[None]*CHAR_COUNT     # TrieNode[CHAR_COUNT] # CHAR_COUNT
        i=0
        while   i<CHAR_COUNT:
            self.child[i]=None
            i +=1

    def   getIndexFromChar(c):
        return   10 if c == '.' else (ord(c) - ord('0'))
```

```python
def getCharFromIndex(i):
    return '.' if i==10 else ('0' + str(i))


class DNSCache:
    def __init__(self):
        self.CHAR_COUNT=11          # IP 地址最多有 11 个不同的字符
        self.root =TrieNode() # IP 地址最大的长度
    def insert(self,ip,url):
        # IP 地址的长度
        lens = len(ip)
        pCrawl = self.root
        level=0
        while level<lens:
            # 根据当前遍历到的 IP 中的字符，找出子结点的索引
            index = getIndexFromChar(ip[level])
            # 如果子结点不存在，则创建一个
            if pCrawl.child[index] ==None:
                pCrawl.child[index] = TrieNode()
            # 移动到子结点 */
            pCrawl = pCrawl.child[index]
            # 在叶子结点中存储 IP 对应的 URL
            pCrawl.isLeaf = True
            pCrawl.url = url
            level +=1
    # 通过 IP 地址找到对应的 URL
    def searchDNSCache(self,ip):
        pCrawl = self.root
        lens = len(ip)
        # 遍历 IP 地址中所有的字符
        level=0
        while level<lens:
            index = getIndexFromChar(ip[level])
            if pCrawl.child[index] ==None:
                return None
            pCrawl = pCrawl.child[index]
            level +=1
        # 返回找到的 URL
        if pCrawl!=None and pCrawl.isLeaf:
            return pCrawl.url
        return None


if __name__=="__main__":
    ipAdds=["10.57.11.127", "121.57.61.129","66.125.100.103"]
    url =["www.samsung.com", "www.samsung.net","www.google.in"]
    n = len(ipAdds)
    cache=DNSCache()
    for i in range(n):
        cache.insert(ipAdds[i],url[i])
```

```
            i +=1
        ip = "121.57.61.129"
        res_url = cache.searchDNSCache(ip)
        if  res_url != None:
            print("找到了 IP 对应的 URL:\n"+ ip+"--->"+ res_url)
        else:
            print("没有找到对应的 URL\n")
```

程序的运行结果为：

```
找到了 IP 对应的 URL:
121.57.61.129 --> www.samsung.net
```

显然，由于上述算法中涉及的 IP 地址只包含特定的 11 个字符（数字和.），所以，该算法也有一些异常情况不能处理，例如不能处理用户输入的不合理的 IP 地址的情况，有兴趣的读者可以继续朝着这个思路完善后面的算法。

9.16 如何找出数组中第 k 小的数

题目描述：

给定一个整数数组，如何快速地求出该数组中第 k 小的数。假如数组为[4,0,1,0,2,3]，那么第 3 小的元素是 1。

分析与解答：

由于对一个有序的数组而言，能非常容易地找到数组中第 k 小的数，因此，可以通过对数组进行排序的方法来找出第 k 小的数。同时，由于只要求第 k 小的数，因此，没有必要对数组进行完全排序，只需要对数组进行局部排序就可以了。下面分别介绍这几种不同的实现方法。

方法一：排序法

最简单的方法就是首先对数组进行排序，在排序后的数组中，下标为 k-1 的值就是第 k 小的数。例如：对数组[4,0,1,0,2,3]进行排序后的序列变为[0,0,1,2,3,4]，第 3 小的数就是排序后数组中下标为 2 对应的数：1。由于最高效的排序算法（例如快速排序）的平均时间复杂度为 $O(Nlog_2N)$，因此，此时该方法的平均时间复杂度为 $O(Nlog_2N)$，其中，N 为数组的长度。

方法二：部分排序法

由于只需要找出第 k 小的数，因此，没必要对数组中所有的元素进行排序，可以采用部分排序的方法。具体思路为：通过对选择排序进行改造，第一次遍历从数组中找出最小的数，第二次遍历从剩下的数中找出最小的数（在整个数组中是第二小的数），第 k 次遍历就可以从 N-k+1（N 为数组的长度）个数中找出最小的数（在整个数组中是第 k 小的）。这种方法的时间复杂度为 $O(N×k)$。当然也可以采用堆排序进行 k 趟排序找出第 k 小的值。

方法三：类快速排序方法

快速排序的基本思想为：将数组 array[low～high]中某一个元素（取第一个元素）作为划分依据，然后把数组划分为三部分：array[low～i-1]（所有的元素的值都小于或等于 array[i]）、array[i]、array[i+1～high]（所有的元素的值都大于 array[i]）。在此基础上可以用下面的方法求出第 k 小的元素：

1）如果 i-low==k-1，说明 array[i]就是第 k 小的元素，那么直接返回 array[i]。

2）如果 i-low>k-1，说明第 k 小的元素肯定在 array[low～i-1]中，那么只需要递归地在 array[low～i-1]中找第 k 小的元素即可。

3）如果 i-low<k-1，说明第 k 小的元素肯定在 array[i+1～high]中，那么只需要递归地在 array[i+1～high]中找第 k-(i-low)-1 小的元素即可。

对于数组(4,0,1,0,2,3)，第一次划分后，划分为下面三部分：

(3,0,1,0,2)，(4)，()

接下来需要在(3,0,1,0,2)中找第 3 小的元素，把(3,0,1,0,2)划分为三部分：

(2,0,1,0)，(3)，()

接下来需要在(2,0,1,0)中找第 3 小的元素，把(2,0,1,0)划分为三部分：

(0,0,1)，(2)，()

接下来需要在(0,0,1)中找第 3 小的元素，把(0,0,1)划分为三部分：

(0)，(0)，(1)

此时 i=1，low=0；(i-1=1)<(k-1=2)，接下来需要在 1）中找第 k-(i-low)-1=1 小的元素即可。显然，1）中第 1 小的元素就是 1。

实现代码如下：

```
'''
**** 方法功能：在数组 array 中找出第 k 个小的数
**** 输入参数：array：整数数组；low：为数组起始下标；high:数组右边界的下标；k 为整数
**** 返回值：   数组中第 k 小的值
'''
def findSmallK(array,low,high,k):
    i = low
    j = high
    splitElem = array[i]
    # 把小于等于 splitElem 的数放到数组中 splitElem 的左边，大于 splitElem 的值放到右边
    while i < j:
        while i < j and array[j] >= splitElem:
            j -= 1
        if i < j:
            array[i] = array[j]
            i += 1
        while i < j and array[i] <= splitElem:
            i += 1
        if i < j:
            array[j] = array[i]
    array[i] = splitElem
    # splitElem 在子数组 array[low~high]中下标的偏移量
    subArrayIndex = i - low
    # splitElem 在 array[low~high]所在的位置恰好为 k-1，那么它就是第 k 小的值
    if subArrayIndex == k-1:
        return array[i]
    # splitElem 在 array[low~high]所在的位置大于 k-1，那么只需要在 array[low~i]中找第 k 小的值
    elif subArrayIndex > k-1:
```

```
                    return findSmallK(array,low,i-1,k)
               # 在 array[i+1~high]中找第 k 小的值
               else:
                    return findSmallK(array,i+1,high,k-(i-low)-1)
      if __name__ == "__main__":
               array = [4,0,1,0,2,3]
               k = 3
               print("第"+str(k)+"小的值为："+str(findSmallK(array,0,len(array)-1,k)))
```

程序的运行结果为：

第 3 小的值为：1

算法性能分析：

快速排序的平均时间复杂度为 $O(Nlog_2N)$。快速排序需要对划分后的所有子数组继续排序处理，而本方法只需要取划分后的其中一个子数组进行处理即可，因此，平均时间复杂度肯定小于 $O(Nlog_2N)$。由此可以看出，这种方法的效率要高于方法一。但是这种方法也有缺点：它改变了数组中数据原来的顺序。当然可以申请额外的 N（其中，N 为数组的长度）个空间来解决这个问题，但是这样做会增加算法的空间复杂度，所以，通常做法是根据实际情况选取合适的方法。

引申：$O(N)$时间复杂度内查找数组中前三名

分析与解答：

这道题可以转换为在数组中找出前 k 大的值（例如，k=3）。

如果没有时间复杂度的要求，可以首先对整个数组进行排序，然后根据数组下标就可以非常容易地找出最大的三个数，即前三名。由于这种方法的效率高低取决于排序算法的效率高低，因此，这种方法在最好的情况下时间复杂度都为 $O(Nlog_2N)$。

通过分析发现，最大的三个数比数组中其他的数都大。因此，可以采用类似求最大值的方法来求前三名，具体实现思路为：初始化前三名（r1：第一名，r2：第二名，r3：第三名）为最小的整数。然后开始遍历数组。

1）如果当前值 tmp 大于 r1：r3=r2，r2=r1，r1=tmp。

2）如果当前值 tmp 大于 r2 且不等于 r1：r3=r2，r2=tmp。

3）如果当前值 tmp 大于 r3 且不等于 r2：r3=tmp。

实现代码如下：

```
      def findTop3(array):
           if array == None or len(array) < 3:
                print("参数不合理")
                return
           r1 = r2 = r3 = -2**31
           i = 0
           while i < len(array):
                if array[i] > r1:
                     r3 = r2
                     r2 = r1
                     r1 = array[i]
                elif array[i] > r2 and array[i] != r1:
```

```
                        r3 = r2
                        r2 = array[i]
                elif array[i] > r3 and array[i] < r2:
                        r3 = array[3]
                i += 1
        print("前三名分别为："+str(r1)+","+str(r2)+","+str(r3))

if __name__ == "__main__":
        array = [4,7,1,2,3,5,3,6,3,2]
        findTop3(array)
```

程序的运行结果为：

前三名分别为:7,6,5

算法性能分析：

这种方法虽然能够在 O(N)的时间复杂度求出前三名，但是当 k 取值很大的时候，比如求前 10 名，这种方法就不是很好了。比较经典的方法就是维护一个大小为 k 的小顶堆来保存最大的 k 个数，具体思路为：维护一个大小为 k 的小顶堆用来存储最大的 k 个数，堆顶保存了堆中最小的数，每次遍历一个数 m，如果 m 比堆顶元素小，那么说明 m 肯定不是最大的 k 个数，因此，不需要调整堆，如果 m 比堆顶元素大，则用这个数替换堆顶元素，替换后重新调整堆为小顶堆。这种方法的时间复杂度为 O(Nlog$_2$k)。这种方法适用于数据量大的情况。

9.17 如何求数组连续最大和

题目描述：

一个有 n 个元素的数组，这 n 个元素既可以是正数也可以是负数，数组中连续的一个或多个元素可以组成一个连续的子数组，一个数组可能有多个这种连续的子数组，求子数组和的最大值。例如：对于数组[1, -2, 4, 8, -4, 7, -1, -5]而言，其最大和的子数组为[4, 8, -4, 7]，最大值为 15。

分析与解答：

这是一道非常经典的在笔试面试中碰到的算法题，有多种解决方法，下面分别从简单到复杂逐个介绍各种方法。

方法一：蛮力法

最简单也是最容易想到的方法就是找出所有的子数组，然后求出子数组的和，在所有子数组的和中取最大值。实现代码如下：

```
def maxSubArray1(array):
        if array == None or len(array) < 1:
                print("数组不存在")
                return
        ThisSum = 0
        MaxSum = 0
        i = 0
        while i < len(array):
                j = i
```

```
            while j < len(array):
                ThisSum = 0
                k = i
                while k < j:
                    ThisSum += array[k]
                    k += 1
                if ThisSum > MaxSum:
                    MaxSum = ThisSum
                j += 1
            i += 1
        return MaxSum

    if __name__=="__main__":
        arr=[1, -2, 4, 8, -4, 7, -1, -5]
        print("连续最大和为：", maxSubArray1(array))
```

程序的运行结果为：

连续最大和为：15

算法性能分析：

这种方法的时间复杂度为 O(n3)，显然效率太低，通过对该方法进行分析发现，许多子数组都重复计算了，鉴于此，下面给出一种优化的方法。

方法二：重复利用已经计算的子数组和

由于 Sum[i,j]=Sum[i,j-1]+arr[j]，在计算 Sum[i,j]的时候可以使用前面已计算出的 Sum[i,j-1]而不需要重新计算，采用这种方法可以省去计算 Sum[i,j-1]的时间，因此，可以提高程序的效率。

实现代码如下：

```
    def maxSubArray2(array):
        if array == None or len(array) < 1:
            print("数组不存在")
            return
        maxSum = -2**31
        i = 0
        while i < len(array):
            sums = 0
            j = i
            while j < len(array):
                sums += array[j]
                if sums > maxSum:
                    maxSum = sums
                j += 1
            i += 1
        return maxSum
```

算法性能分析：

这种方法使用了双重循环，因此，时间复杂度为 O(n2)。

方法三：动态规划方法

可以采用动态规划的方法来降低算法的时间复杂度。实现思路如下。

首先可以根据数组的最后一个元素 arr[n-1]与最大子数组的关系分为以下三种情况讨论：

1）最大子数组包含 arr[n-1]，即最大子数组以 arr[n-1]结尾。

2）arr[n-1]单独构成最大子数组。

3）最大子数组不包含 arr[n-1]，那么求 arr[1⋯n-1]的最大子数组可以转换为求 arr[1⋯n-2]的最大子数组。

通过上述分析可以得出如下结论：假设已经计算出子数组 arr[1⋯i-2]的最大的子数组和 All[i-2]，同时也计算出 arr[0⋯i-1]中包含 arr[i-1]的最大的子数组和为 End[i-1]。则可以得出如下关系：All[i-1]=max(End[i-1],arr[i-1],All[i-2])。利用这个公式和动态规划的思想可以得到如下代码：

```
def maxSubArray3(array):
    if array == None or len(array) < 1:
        print("数组不存在")
        return
    End = [None]*len(array)
    All = [None]*len(array)
    End[len(array)-1] = array[len(array)-1]
    All[len(array)-1] = array[len(array)-1]
    End[0] = All[0] = array[0]
    i = 1
    while i < len(array):
        End[i] = max(End[i-1]+array[i], array[i])
        All[i] = max(End[i], All[i-1])
        i += 1
    return All[len(array)-1]
```

算法性能分析：

与前面几个方法相比，这种方法的时间复杂度为 O(N)，显然效率更高，但是由于在计算的过程中额外申请了两个数组，因此，该方法的空间复杂度也为 O(N)。

方法四：优化的动态规划方法

方法三中每次其实只用到了 End[i-1]与 All[i-1]，而不是整个数组中的值，因此，可以定义两个变量来保存 End[i-1]与 All[i-1]的值，并且可以反复利用。实现代码如下：

```
def maxSubArray4(array):
    if array == None or len(array) < 1:
        print("数组不存在")
        return
    nAll = array[0]                      # 最大子数组和
    nEnd = array[0]                      # 包含最后一个元素的最大子数组和
    i = 1
    while i < len(array):
        nEnd = max(nEnd+array[i], array[i])
        nAll = max(nEnd, nAll)
        i += 1
    return nAll
```

算法性能分析：

这种方法在保证了时间复杂度为 O(N)的基础上，把算法的空间复杂度也降到了 O(1)。

引申：在知道子数组最大值后，如何才能确定最大子数组的位置

分析与解答：

为了得到最大子数组的位置，首先介绍另外一种计算最大子数组和的方法。在上例的方法三中，通过对公式 End[i] = max(End[i-1]+arr[i],arr[i]) 的分析可以看出，当 End[i-1]<0 时，End[i]=array[i]，其中 End[i] 表示包含 array[i] 的子数组和，如果某一个值使得 End[i-1]<0，那么就从 arr[i] 重新开始。可以利用这个性质非常容易地确定最大子数组的位置。实现代码如下：

```python
class Test:
    def __init__(self):
        self.begin = 0                          # 记录最大子数组起始位置
        self.end = 0                            # 记录最大子数组结束位置

    def maxSubArray(self, array):
        maxSum = -2**31                         # 子数组最大值
        nSum = 0                                # 包含子数组最后一位的最大值
        nStart = 0
        i = 0
        while i < len(array):
            if nSum < 0:
                nSum = array[i]
                nStart = i
            else:
                nSum += array[i]
            if nSum > maxSum:
                maxSum = nSum
                self.begin = nStart
                self.end = i
            i += 1
        return maxSum

    def getBegin(self):
        return self.begin

    def getEnd(self):
        return self.end


if __name__ == "__main__":
    t = Test()
    arr = [1, -2, 4, 8, -4, 7, -1, -5]
    print("连续最大和为: " + str(t.maxSubArray(arr)))
    print("最大和对应的数组起始与结束坐标分别为: " + str(t.getBegin()) + "," + str(t.getEnd()))
```
程序的运行结果为：
连续最大和为：15
最大和对应的数组起始与结束坐标分别为：2,5

9.18 如何求数组中两个元素的最小距离

题目描述：

给定一个数组，数组中含有重复元素，给定两个数字 num1 和 num2，求这两个数字在数组中出现的位置的最小距离。

分析与解答：

对于这类问题，最简单的方法就是对数组进行双重遍历，找出最小距离，但是这种方法效率比较低下。由于在求距离的时候只关心 num1 与 num2 这两个数，因此，只需要对数组进行一次遍历即可，在遍历的过程中分别记录遍历到 num1 或 num2 的位置就可以非常方便地求出最小距离，下面分别详细介绍这两种实现方法。

方法一：蛮力法

主要思路为：对数组进行双重遍历，外层循环遍历查找 num1，只要遍历到 num1，内层循环对数组从头开始遍历找 num2，每当遍历到 num2，就计算它们的距离 dist。当遍历结束后最小的 dist 值就是它们最小的距离。实现代码如下：

```python
def minDistance1(array,num1,num2):
    if array == None or len(array) < 1:
        print("参数不合理")
        return 2**32
    minDis = 2**32                    #num1 和 num2 的最小距离
    dist = 0
    i = 0
    while i < len(array):
        if array[i] == num1:
            j = 0
            while j < len(array):
                if array[j] == num2:
                    dist = abs(i - j)     # 当前遍历的 num1 和 num2 的距离
                    if dist < minDis:
                        minDis = dist
                j += 1
        i += 1
    return minDis

if __name__ == "__main__":
    array = [4,6,7,4,7,4,6,4,7,8,5,6,4,3,10,8]
    num1 = 4
    num2 = 8
    print(minDistance1(array,num1,num2))
```

程序的运行结果为：

```
2
```

算法性能分析：

这种方法需要对数组进行两次遍历，因此，时间复杂度为 O(n2)。

方法二：动态规划

上述方法的内层循环对 num2 的位置进行了很多次重复的查找。可以采用动态规划的方法把每次遍历的结果都记录下来从而减少遍历次数。具体实现思路为：遍历数组，会遇到以下两种情况。

1）当遇到 num1 时，记录下 num1 值对应的数组下标的位置 lastPos1，通过求 lastPos1 与上次遍历到 num2 下标的位置的值 lastPos2 的差可以求出最近一次遍历到的 num1 与 num2 的距离。

2）当遇到 num2 时，同样记录下它在数组中下标的位置 lastPos2，然后通过求 lastPos2 与上次遍历到 num1 的下标值 lastPos1，求出最近一次遍历到的 num1 与 num2 的距离。

假设给定数组为：[4, 5, 6, 4, 7, 4, 6, 4, 7, 8, 5, 6, 4, 3, 10, 8]，num1=4，num2=8。根据以上方法，执行过程如下。

1）在遍历的时候首先会遍历到 4，下标为 lastPos1=0，由于此时还没有遍历到 num2，因此，没必要计算 num1 与 num2 的最小距离。

2）接着往下遍历，又遍历到 num1=4，更新 lastPos1=3。

3）接着往下遍历，又遍历到 num1=4，更新 lastPos1=7。

4）接着往下遍历，又遍历到 num2=8，更新 lastPos2=9；此时由于前面已经遍历到过 num1，因此，可以求出当前 num1 与 num2 的最小距离为| lastPos2- lastPos1|=2。

5）接着往下遍历，又遍历到 num2=8，更新 lastPos2=15；此时由于前面已经遍历到过 num1，因此，可以求出当前 num1 与 num2 的最小距离为| lastPos2- lastPos1|=8；由于 8>2，所以，num1 与 num2 的最小距离为 2。实现代码如下：

```python
def minDistance2(array,num1,num2):
    if array == None or len(array) < 1:
        print("参数不合理")
        return 2**32
    lastPos1 = -1                              # 上次遍历到 num1 的位置
    lastPos2 = -1                              # 上次遍历到 num2 的位置
    minDis = 2**32                             # num1 和 num2 的最小距离
    i = 0
    while i < len(array):
        if array[i] == num1:
            lastPos1 = i
            if lastPos2 >= 0:
                minDis = min(minDis,lastPos1 - lastPos2)
        if array[i] == num2:
            lastPos2 = i
            if lastPos1 >= 0:
                minDis = min(minDis,lastPos2-lastPos1)
        i += 1
    return minDis
```

算法性能分析：

这种方法只需要对数组进行一次遍历，因此，时间复杂度为 O(N)。

9.19　如何求解最小三元组距离

题目描述：

已知三个升序整数数组 a[l]、b[m] 和 c[n]，请在三个数组中各找一个元素，使得组成的三元组距离最小。三元组距离的定义是：假设 a[i]、b[j] 和 c[k] 是一个三元组，那么距离为：Distance = max(|a[i]–b[j]|, |a[i]–c[k]|, |b[j]–c[k]|)，请设计一个求最小三元组距离的最优算法。

分析与解答：

最简单的方法就是找出所有可能的组合，从所有的组合中找出最小的距离，但是显然这种方法的效率比较低下。通过分析发现，当 ai≤bi≤ci 时，此时它们的距离肯定为 Di=ci-ai。此时就没必要求 bi-ai 与 ci-ai 的值了，从而可以省去很多没必要的步骤，下面分别详细介绍这两种方法。

方法一：蛮力法

最容易想到的方法就是分别遍历三个数组中的元素，对遍历到的元素分别求出它们的距离，然后从这些值里面查找最小值，实现代码如下：

```python
def maxs(a,b,c):
    Maxs = b if a < b else a
    Maxs = c if Maxs < c else Maxs
    return Maxs

def MinDistance1(a,b,c):
    aLen = len(a)
    bLen = len(b)
    cLen = len(c)
    minDist = maxs(abs(a[0]-b[0]),abs(a[0]-c[0]),abs(b[0]-c[0]))
    dist = 0
    i = 0
    while i < aLen:
        j = 0
        while j < bLen:
            k = 0
            while k < cLen:
                dist = maxs(abs(a[i]-b[j]),abs(a[i]-c[k]),abs(b[j]-c[k]))
                # 找出最小距离
                if minDist > dist:
                    minDist = dist
                k += 1
            j    += 1
        i += 1
    return minDist

if __name__ == "__main__":
    a = [3,4,5,7,15]
    b = [10,12,14,16,17]
    c = [20,21,23,24,37,30]
```

```
                print("最小距离为：",MinDistance1(a,b,c))
```

程序的运行结果为：

最小距离为：5

算法性能分析：

这种方法的时间复杂度为 $O(l\times m\times n)$，显然这种方法没有用到数组升序这一特性，因此，该方法肯定不是最好的方法。

方法二：最小距离法

假设当前遍历到这三个数组中的元素分别为 a_i、b_i、c_i，并且 $a_i\leq b_i\leq c_i$，此时它们的距离肯定为 $D_i=c_i-a_i$，那么接下来可以分如下三种情况讨论。

1）如果接下来求 a_i、b_i、c_{i+1} 的距离，由于 $c_{i+1}\geq c_i$，此时它们的距离必定为 $D_{i+1}=c_{i+1}-a_i$，显然 $D_{i+1}\geq D_i$，因此，D_{i+1} 不可能为最小距离。

2）如果接下来求 a_i、b_{i+1}、c_i 的距离，由于 $b_{i+1}\geq b_i$，如果 $b_{i+1}\leq c_i$，此时它们的距离仍然为 $D_{i+1}=c-a_i$；如果 $b_{i+1}>c_i$，那么此时它们的距离为 $D_{i+1}=b_{i+1}-a_i$，显然 $D_{i+1}\geq D_i$，因此，D_{i+1} 不可能为最小距离。

3）如果接下来求 a_{i+1}、b_i、c_i 的距离，如果 $a_{i+1}<c_i-|c_i-a_i|$，此时它们的距离 $D_{i+1}=max(c_i-a_{i+1}, c_i-b_i)$，显然 $D_{i+1}<D_i$，因此，D_{i+1} 有可能是最小距离。

综上所述，在求最小距的时候只需要考虑第 3 种情况即可。具体实现思路为：从三个数组的第一个元素开始，首先求出它们的距离 minDist，接着找出这三个数中最小数所在的数组，只对这个数组的下标往后移一个位置，接着求三个数组中当前遍历元素的距离，如果比 minDist 小，则把当前距离赋值给 minDist，依此类推，直到遍历完其中一个数组为止。

例如给定数组： a=[3, 4, 5, 7 ,15]; b = [10, 12, 14, 16, 17]; c= [20, 21, 23, 24, 37, 30];

1）首先从三个数组中找出第一个元素 3、10、20，显然它们的距离为 20-3=17。

2）由于 3 最小，因此，数组 a 往后移一个位置，求 4、10、20 的距离为 16，由于 16<17，因此，当前数组的最小距离为 16。

3）同理，对数组 a 后移一个位置，依次类推直到遍历到 15 的时候，当前遍历到三个数组中的值分别为 15、10、20，最小距离为 10。

4）由于 10 最小，因此，数组 b 往后移动一个位置遍历 12，此时三个数组遍历到的数字分别为 15、12、20，距离为 8，当前最小距离是 8。

5）由于 8 最小，数组 b 往后移动一个位置为 14，依然是三个数中最小值，往后移动一个位置为 16，当前的最小距离变为 5，由于 15 是数组 a 的最后一个数字，因此，遍历结束，求得最小距离为 5。

实现代码如下：

```
        def mins(a,b,c):
            mins = a if a < b else b
            mins = mins if mins < c else c
            return mins

        def MinDistance2(a,b,c):
            curDist = 0
```

```
        minsd = 0
        minDist = 2**32
        i = 0                          # 数组 a 的下标
        j = 0                          # 数组 b 的下标
        k = 0                          # 数组 c 的下标
        while True:
                curDist = maxs(abs(a[i] - b [j]),abs(a[i] - c[k]),abs(b[j] - c [k]))
                if curDist < minDist:
                        minDist = curDist
                # 找出当前遍历到三个数组中的最小值
                minsd = mins(a[i],b[j],c[k])
                if minsd == a[i]:
                        i += 1
                        if i >= len(a):
                                break
                elif minsd == b[j]:
                        j += 1
                        if j >= len(b):
                                break
                else:
                        k += 1
                        if k >= len(c):
                                break
        return minDist
```

算法性能分析：

采用这种算法最多只需要对三个数组分别遍历一遍，因此，时间复杂度为 $O(l+m+n)$。

方法三：数学运算法

采用数学方法对目标函数变形，有两个关键点，第一个关键点：

$$\max\{|x1–x2|,|y1–y2|\} = (|x1+y1–x2–y2|+|x1–y1–(x2–y2)|)/2 \qquad （公式 1）$$

我们假设 x1=a[i]，x2=b[j]，x3=c[k]，则

$$Distance = \max(|x1–x2|, |x1–x3|, |x2–x3|)$$
$$= \max(\max(|x1–x2|, |x1–x3|) , |x2 –x3|) \qquad （公式 2）$$

根据公式 1，$\max(|x1 – x2|, |x1 – x3|) = 1/2 (|2x1 – x2– x3| + |x2 – x3|)$，带入公式 2，得到

$$Distance=\max(1/2(|2x1–x2–x3|+|x2–x3|),|x2–x3|)$$
$$=1/2*\max(|2x1–x2–x3|,|x2–x3|)+ 1/2*|x2–x3| \ //把相同部分 1/2*|x2 – x3|分离出来$$
$$=1/2 * \max(|2x1–(x2+x3)|,|x2–x3|)+1/2*|x2–x3| \ //把(x2 + x3)看成一个整体,使用公式 1$$
$$=1/2 * 1/2 *((|2x1–2x2|+|2x1–2x3|)+1/2*|x2–x3|$$
$$=1/2 *|x1–x2|+1/2*|x1–x3|+1/2*|x2–x3|$$
$$=1/2 *(|x1–x2|+|x1–x3|+|x2–x3|) \ //求出等价公式，完毕$$

第二个关键点：如何设计算法找到$(|x1–x2|+|x1–x3|+|x2–x3|)$ 的最小值，x1、x2、x3 分别是三个数组中的任意一个数，算法思想与方法二相同，用三个下标分别指向 a、b、c 中最小的数，计算一次它们最大距离的 Distance，然后再移动三个数中较小的数组的下标，再计算一次，每次移动一个，直到其中一个数组结束为止。

示例代码如下：

```
def MinDistance3(a,b,c):
    MinSum = 0                                            # 最小的绝对值和
    Sum = 0                                               # 计算三个绝对值的和，与最小做比较
    MinOFabc = 0                                          # a[i],b[j], c[k]的最小值
    cnt = 0                                               # 循环次数统计，最多是 1+m+n 次
    i = j = k = 0
    MinSum = (abs(a[i]-b[j])+abs(a[i]-c[k])+abs(b[j]-c[k])) // 2
    while cnt <= len(a)+len(b)+len(c):
        Sum = (abs(a[i]-b[j])+abs(a[i]-c[k])+abs(b[j]-c[k])) // 2
        MinSum = MinSum if MinSum < Sum else Sum
        MinOFabc = mins(a[i],b[j],c[k])          #找到 a[i,b[j],c[k]的最小值
        # 判断哪个是最小值，做出相应的索引移动
        if MinOFabc == a[i]:
            i += 1
            if i >= len(a):
                break
        if MinOFabc == b[j]:
            j += 1
            if j >= len(b):
                break
        if MinOFabc == c[k]:
            k += 1
            if k >= len(c):
                break
        cnt += 1
    return MinSum
```

程序的运行结果为：

最小距离为：5

算法性能分析：

与方法二类似,这种方法最多需要执行(l+ m + n)次循环,因此,时间复杂度为 O(l+ m + n)。

9.20　如何在不排序的情况下求数组中的中位数

题目描述：

所谓中位数就是一组数据从小到大排列后中间的那个数字。如果数组长度为偶数，那么中位数的值就是中间两个数字相加除以 2，如果数组长度为奇数，那么中位数的值就是中间那个数字。

分析与解答：

根据定义，如果数组是一个已经排序好的数组，那么直接通过索引即可获取到所需的中位数。如果题目允许排序，那么本题的关键在于选取一个合适的排序算法对数组进行排序。一般而言，快速排序的平均时间复杂度较低，为 $O(Nlog_2N)$，所以，如果采用排序方法，算法的平均时间复杂度为 $O(Nlog_2N)$。

可是，题目要求，不许使用排序算法。那么前一种方法显然走不通。此时，可以换一种思路：分治的思想。快速排序算法在每一次局部递归后都保证某个元素左侧的元素的值都比

它小，右侧的元素的值都比它大，因此，可以利用这个思路快速地找到第 N 大元素，而与快速排序算法不同的是，这种方法关注的并不是元素的左右两边，而仅仅是某一边。

根据快速排序的方法，可以采用一种类似快速排序的方法，找出这个中位数。具体而言，首先把问题转化为求一列数中第 i 小的数的问题，求中位数就是求一列数的第（length/2+1）小的数的问题（其中 length 表示的是数组序列的长度）。

当使用一次类快速排序算法后，分割元素的下标为 pos。

1）当 pos>length/2 时，说明中位数在数组左半部分，那么继续在左半部分查找。

2）当 pos==lengh/2 时，说明找到该中位数，返回 A[pos]即可。

3）当 pos<length/2 时，说明中位数在数组右半部分，那么继续在数组右半部分查找。

以上默认此数组序列长度为奇数，如果为偶数则调用上述方法两次找到中间的两个数求平均值。示例代码如下：

```python
class Test:
    def __init__(self):
        self.pos = 0
    # 以 array[low]为基准把数组分成两部分
    def partition(self,array,low,high):
        key = array[low]
        while low < high:
            while low < high and array[high] >= key:
                high -= 1
            array[low] = array[high]
            while low < high and array[low] <= key:
                low += 1
            array[high] = array[low]
        array[low] = key
        self.pos = low

    def getMid(self,array):
        low = 0
        high = len(array) - 1
        mid = (low + high) // 2
        while True:
            # array[low]为基准把数组分成两部分
            self.partition(array,low,high)
            if self.pos == mid:                    # 找到中位数
                break
            elif self.pos > mid:                   # 继续在右半部分查找
                high = self.pos - 1
            else:                                  # 继续在左半部分查找
                low = self.pos + 1
        # 如果数组长度为奇数，中位数为中间的元素，否则就是中间两个数的平均值
        return array[mid] if len(array)%2 != 0 else (array[mid] + array[mid+1])/2

if __name__ == "__main__":
    array = [7,5,3,1,11,9]
    result = Test().getMid(array)
    print(result)
```

程序的运行结果为：

    6

算法性能分析：

这种方法在平均情况下的时间复杂度为 O(N)。

9.21 如何获取最好的矩阵链相乘方法

题目描述：

给定一个矩阵序列，找到最有效的方式将这些矩阵相乘在一起。给定表示矩阵链的数组 p，使得第 i 个矩阵 A i 的维数为 p [i-1]×p [i]。编写一个函数 MatrixChainOrder()，该函数应该返回乘法运算所需的最小乘法数。

输入：p = (40，20，30，10，30)

输出：26000

有 4 个大小为 40×20、20×30、30×10 和 10×30 的矩阵。假设这四个矩阵为 A、B、C 和 D，该函数的执行方法可以使执行乘法运算的次数最少。

分析与解答：

该问题实际上并不是执行乘法，而只是决定以哪个顺序执行乘法。由于矩阵乘法是关联的，所以我们有很多选择来进行矩阵链的乘法运算。换句话说，无论我们采用哪种方法来执行乘法，结果将是一样的。例如，如果我们有四个矩阵 A、B、C 和 D，可以有如下几种执行乘法的方法：

（ABC）D =（AB）（CD）= A（BCD）= …

虽然这些方法的计算结果相同。但是，不同的方法需要执行乘法的次数是不相同的，因此效率也是不相同的。例如，假设 A 是 10×30 矩阵，B 是 30×5 矩阵，C 是 5×60 矩阵。那么，（AB）C 的执行乘法运算的次数为（10×30×5）+（10×5×60）= 1500 + 3000 = 4500 次。

A（BC）的执行乘法运算的次数为（30×5×60）+（10×30×60）= 9000 + 18000 =27000 次。

显然，第一种方法需要执行更少的乘法运算，因此效率更高。

对于本题中示例而言，执行乘法运算的次数最少的方法如下：

（A（BC））D 的执行乘法运算的次数为 20×30×10 + 40×20×10 + 40×10×30。

方法一：递归法

最简单的方法就是在所有可能的位置放置括号，计算每个放置的成本并返回最小值。在大小为 n 的矩阵链中，我们可以以 n-1 种方式放置第一组括号。例如，如果给定的链是四个矩阵。（A）（BCD）、（AB）（CD）和（ABC）（D）中，有三种方式放置第一组括号。每个括号内的矩阵链可以被看作较小的子问题。因此，可以使用递归方便地求解。递归的实现代码如下：

```
def MatrixChainOrder1(p,i,j):
    if i == j:
        return 0
    mins = 2**32
    # '''
```

```
# 通过把括号放在第一个不同的地方来获取最小的代价
# 每个括号内都可以递归地使用相同的方法来计算
# '''
k = i
while k < j:
    count = MatrixChainOrder1(p,i,k) + MatrixChainOrder1(p,k+1,j) + p[i-1]*p[k]*p[j]
    if count < mins:
        mins = count
    k += 1
return mins

if __name__ == "__main__":
    array = [1,5,2,4,6]
    print("最少的乘法次数为：",MatrixChainOrder1(array,1,len(array)-1))
```

程序的运行结果为：

最少的乘法次数为 42

这种方法的时间复杂度是指数级的。可以注意到，这种算法会对一些子问题进行重复的计算。例如在计算（A）（BCD）这种方案的时候会计算 C×D 的代价，而在计算（AB）（CD）这种方案的时候又会重复计算 C×D 的代价。显然子问题是有重叠的，对于这种问题，通常可以用动态规划的方法来降低时间复杂度。

方法二：动态规划

典型的动态规划的方法是使用自下而上的方式来构造临时数组来保存子问题的中间结果，从而可以避免大量重复的计算。实现代码如下：

```
def MatrixChainOrder2(p,n):
    cost =[([None]*n) for i in range(n)]
    i = 1
    while i < n:
        cost[i][i] = 0
        i += 1
    cLen = 2
    while cLen < n:
        i = 1
        while i < n-cLen+1:
            j = i+cLen-1
            cost[i][j] = 2**31
            k = i
            while k <=j-1:
                q = cost[i][k]+cost[k+1][j]+p[i-1]*p[k]*p[j]
                if q < cost[i][j]:
                    cost[i][j] = q
                k += 1
            i += 1
        cLen += 1
    return cost[1][n-1]
```

算法性能分析:

这种方法的时间复杂度为 $O(n^3)$,空间复杂度为 $O(n^2)$。

9.22 如何对有大量重复数字的数组排序

题目描述:

给定一个数组,已知这个数组中有大量的重复的数字,如何对这个数组进行高效的排序?

分析与解答:

如果使用常规的排序方法,虽然最好的排序算法的时间复杂度为 $O(Nlog_2N)$,但是使用常规排序算法显然没有用到数组中有大量重复数字这个特性。如何能使用这个特性呢? 下面介绍两种更加高效的算法。

方法一: AVL 树

这种方法的主要思路为: 根据数组中的数构建一个 AVL 树,这里需要对 AVL 树做适当的扩展,在结点中增加一个额外的数据域来记录这个数字出现的次数,在 AVL 树构建完成后,可以对 AVL 树进行中序遍历,根据每个结点对应数字出现的次数,把遍历结果放回到数组中就完成了排序,实现代码如下:

```python
# AVL 树的结点
class AVLNode:
    def __init__(self,data):
        self.data = data
        self.left = self.right = None
        self.height = self.count = 1


class Sort:
    # 中序遍历 AVL 树,把遍历结果放入到数组中
    def inorder(self,array,root,index):
        if root != None:
            # 中序遍历左子树
            index = self.inorder(array,root.left,index)
            # 把 root 结点对应的数字根据出现的次数放入到数组中
            i = 0
            while i < root.count:
                array[index] = root.data
                index += 1
                i += 1
            # 中序遍历右子树
            index = self.inorder(array,root.right,index)
        return index
    # 得到树的高度
    def getHeight(self,node):
        if node == None:
            return 0
        else:
            return node.height
    # 把以 y 为根的子树向右旋转
```

```
def rightRotate(self,y):
    x = y.left
    T2 = x.right
    # 旋转
    x.right = y
    y.left = T2
    y.height = max(self.getHeight(y.left),self.getHeight(y.right)) + 1
    x.height = max(self.getHeight(x.left),self.getHeight(x.right)) + 1
    # 返回新的根结点
    return x
    # 把以 x 为根的子树向右旋转
def leftRotate(self,x):
    y = x.right
    T2 = y.left
    y.left = x
    x.right = T2
    x.height = max(self.getHeight(x.left),self.getHeight(x.right)) + 1
    y.height = max(self.getHeight(y.left),self.getHeight(y.right)) + 1
    return y
# 获取树的平衡因子
def getBalance(self,N):
    if N == None:
        return 0
    return self.getHeight(N.left) - self.getHeight(N.right)
#'''
# 如果 data 在 AVL 树中不存在，则把 data 插入到 AVL 树中
# 否则把这个结点对应的 count 加 1
#'''
def insert(self,root,data):
    if root == None:
        return AVLNode(data)
    # data 在树中存在，把对应的结点的 count 加 1
    if data == root.data:
        root.count += 1
        return root
    # 在左子树中继续查找 data 是否存在
    if data < root.data:
        root.left = self.insert(root.left,data)
    # 在右子树中继续查找 data 是否存在
    else:
        root.right = self.insert(root.right,data)
    # 插入新的结点后更新 root 结点的高度
    root.height = max(self.getHeight(root.left),self.getHeight(root.right)) + 1
    # 获取树的平衡因子
    balance = self.getBalance(root)
    # 如果树不平衡，根据数据结构中学过的 4 种情况进行调整
    #LL 型
    if balance > 1 and data < root.left.data:
        return self.rightRotate(root)
    #RR 型
```

```
        elif balance < -1 and data > root.right.data:
            return self.leftRotate(root)
        # LR 型
        elif balance > 1 and data > root.left.data:
            root.left = self.leftRotate(root.left)
            return self.rightRotate(root)
        # RL 型
        elif balance < -1 and data < root.right.data:
            root.right = self.rightRotate(root.right)
            return self.leftRotate(root)
        # 返回树的根结点
        return root


    # 使用 AVL 树实现排序
    def sort(self,array):
        root = None
        i = 0
        while i < len(array):
            root = self.insert(root,array[i])
            i += 1
        index = 0
        self.inorder(array,root,index)


if __name__ == "__main__":
    array = [15,12,15,2,2,12,2,3,12,100,3,3]
    s = Sort()
    s.sort(array)
    i = 0
    while i < len(array):
        print(array[i],end=' ')
```

i += 1 代码运行结果为:

2 2 2 3 3 3 12 12 12 15 15 100

算法性能分析:

这种方法的时间复杂度为 $O(Nlog_2M)$,其中,N 为数组的大小,M 为数组中不同数字的个数,空间复杂度为 $O(N)$。

方法二:哈希法

这种方法的主要思路为创建一个哈希表,然后遍历数组,把数组中的数字放入哈希表中,在遍历的过程中,如果这个数在哈希表中存在,则直接把哈希表中这个 key 对应的 value 加 1;如果这个数在哈希表中不存在,则直接把这个数添加到哈希表中,并且初始化这个 key 对应的 value 为 1。实现代码如下:

```
def sort(array):
    data_count = dict()
    # 把数组中的数放入 map 中
    i = 0
    while i < len(array):
```

```
        if str(array[i]) in data_count:
                data_count[str(array[i])] = data_count.get(str(array[i])) + 1
        else:
                data_count[str(array[i])] = 1
        i += 1
    index = 0
    for key,value in data_count.items():
        i = value
        while i > 0:
                array[index] = key
                index += 1
                i -= 1
if __name__ == "__main__":
    array = [15,12,15,2,2,12,2,3,12,100,3,3]
    sort(array)
    i = 0
    while i < len(array):
        print(array[i],end=' ')
        i += 1
```

算法性能分析：

这种方法的时间复杂度为 $O(N + M \log_2 M)$，空间复杂度为 $O(M)$。

9.23　如何在有规律的二维数组中进行高效的数据查找

题目描述：

在一个二维数组中，每一行都按照从左到右递增的顺序排序，每一列都按照从上到下递增的顺序排序。请实现一个函数，输入这样的一个二维数组和一个整数，判断数组中是否含有该整数。

例如，下面的二维数组就是符合这种约束条件的。如果在这个数组中查找数字 7，由于数组中含有该数字，则返回 true；如果在这个数组中查找数字 5，由于数组中不含有该数字，则返回 false。

1	2	8	9
2	4	9	12
4	7	10	13
6	8	11	15

分析与解答：

最简单的方法就是对二维数组进行顺序遍历，然后判断待查找元素是否在数组中，这种方法的时间复杂度为 $O(M \times N)$，其中，M、N 分别为二维数组的行数和列数。

虽然上述方法能够解决问题，但这种方法显然没有用到二维数组中数组元素有序的特点，因此，该方法肯定不是最好的方法。

此时需要转换一种思路进行思考，在一般情况下，当数组中元素有序的时候，二分查找是一个很好的方法，对于本题而言，同样适用二分查找，实现思路如下。

给定数组 array（行数：rows，列数：columns，待查找元素：data），首先，遍历数组右上角的元素（i=0，j=columns-1），如果 array[i][j] == data，则在二维数组中找到了 data，直接返回；如果 array[i][j]> data，则说明这一列其他的数字也一定大于 data，因此，没有必要在这一列继续查找了，通过 j-操作排除这一列。同理，如果 array[i][j]<data，则说明这一行中其他数字也一定比 data 小，因此，没有必要再遍历这一行了，可以通过 i+操作排除这一行。依次类推，直到遍历完数组结束。

实现代码如下：

```python
def findWithBinary(array,data):
    if array == None or len(array) < 1:
        print("参数不合理")
        return False
    # 从二维数组右上角元素开始遍历
    i = 0
    rows = len(array)
    columns = len(array[0])
    j = columns - 1
    while i < rows and j >= 0:
        # 在数组中找到 data
        if array[i][j] == data:
            return True
        # 当前遍历到数组中的值大于 data，data 肯定不在这一列中
        elif array[i][j] > data:
            j -= 1
        # 当前遍历到数组中的值小于 data，data 肯定不在这一行中
        else:
            i += 1
    return    False
if __name__ == "__main__":
    array =[[1,2,3,4],
            [11,12,13,14],
            [21,22,23,24],
            [31,32,33,34],
            [41,42,43,44]]
    print(findWithBinary(array,17))
    print(findWithBinary(array,24))
```

程序的运行结果为：

```
false
true
```

算法性能分析：

这种方法主要从二维数组的右上角遍历到左下角，因此，算法的时间复杂度为 O(M+N)，此外，这种方法没有申请额外的存储空间。

9.24　如何从三个有序数组中找出它们的公共元素

题目描述：

给定以非递减顺序排序的三个数组，找出这三个数组中的所有公共元素。例如，给出下面三个数组：ar1= [2, 5, 12, 20, 45, 85]，ar2= [16, 19, 20, 85, 200]，ar3= [3, 4, 15, 20, 39, 72, 85, 190]。那么这三个数组的公共元素为[20，85]。

分析与解答：

最容易想到的方法是首先找出两个数组的交集，然后再把这个交集存储在一个临时数组中，最后再找出这个临时数组与第三个数组的交集。这种方法的时间复杂度为 $O(N^1+N^2+N^3)$，其中 N^1、N^2 和 N^3 分别为三个数组的大小。这种方法不仅需要额外的存储空间，而且还需要额外的两次循环遍历。下面介绍另外一种只需要一次循环遍历，而且不需要额外存储空间的方法，主要思路如下。

假设当前遍历的三个数组的元素分别为 ar1[i]、ar2[j]、ar3[k]，则存在以下几种可能性。

1）如果 ar1[i]、ar2[j]和 ar3[k]相等，则说明当前遍历的元素是三个数组的公共元素，可以直接打印出来，然后通过执行 i+、j+、k+使三个数组同时向后移动，此时继续遍历各数组后面的元素。

2）如果 ar1[i]<ar2[j]，则执行 i+来继续遍历 ar1 中后面的元素，因为 ar1[i]不可能是三个数组公共的元素。

3）如果 ar2[j]<ar3[k]，同理可以通过 j+来继续遍历 ar2 后面的元素。

4）如果前面的条件都不满足，说明 ar1[i]>ar2[j]，而且 ar2[j]>ar3[k]，此时可以通过 k+来继续遍历 ar3 后面的元素。

实现代码如下：

```
def findCommon(array1,array2,array3):
    i = 0
    j = 0
    k = 0
    # 遍历三个数组
    while i < len(array1) and j < len(array2) and k < len(array3):
        # 找到公共元素
        if array1[i] == array2[j] == array3[k]:
            print(array1[i],end=' ')
            i += 1
            j += 1
            k += 1
        # array1[i]不是公共元素
        elif array1[i] < array2[j]:
            i += 1
        # array2[j]  不是公共元素
        elif array2[j] < array3[k]:
            j += 1
        # array3[k]不是公共元素
        else:
```

```
                    k += 1

    if __name__ == "__main__":
        array1 = [2,5,12,20,45,85]
        array2 = [16,19,20,85,200]
        array3 = [3,4,15,20,39,72,85,190]
        findCommon(array1,array2,array3)
```

程序的运行结果为：

```
20 85
```

算法性能分析：

这种方法的时间复杂度为 $O(N^1+N^2+N^3)$。

9.25　如何求一个字符串的所有排列

题目描述：

设计一个程序，当输入一个字符串时，要求输出这个字符串的所有排列。例如，输入字符串 abc，要求输出由字符 a、b、c 所能排列出来的所有字符串：abc、acb、bac、bca、cba、cab。

分析与解答：

这道题主要考察对递归的理解，可以采用递归的方法来实现。当然也可以使用非递归的方法来实现，但是与递归法相比，非递归法难度增加了很多。下面分别介绍这两种方法。

方法一：递归法

下面以字符串 abc 为例介绍对字符串进行全排列的方法。具体步骤如下。

1）首先固定第一个字符 a，然后对后面的两个字符 b 与 c 进行全排列。

2）交换第一个字符与其后面的字符，即交换 a 与 b，然后固定第一个字符 b，接着对后面的两个字符 a 与 c 进行全排列。

3）由于第 2）步交换了 a 和 b 破坏了字符串原来的顺序，因此，需要再次交换 a 和 b 使其恢复到原来的顺序，然后交换第一个字符与第三个字符（交换 a 和 c），接着固定第一个字符 c，对后面的两个字符 a 与 b 求全排列。

在对字符串求全排列的时候就可以采用递归的方式来求解，实现方法如图 9-17 所示。

在使用递归方法求解的时候，需要注意以下两个问题：

1）逐渐缩小问题的规模，并且可以用同样的方法来求解子问题；

2）递归一定要有结束条件，否则会导致程序陷入死循环。本题目递归方法实现代码如下：

```
    def swap(str,i,j):
        tmp = str[i]
        str[i] = str[j]
        str[j] = tmp

    '''
    ***** 方法功能：对字符串中的字符进行全排列
    ***** 输入参数：str：待排列的字符串；start：待排列的子字符串的首字符下标
    '''
```

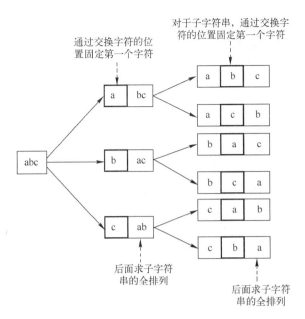

图 9-17 求字符串全排列方法

```
def Permutation(str,start):
    if str == None or start < 0:
        return
    # 完成全排列后输出当前排列的字符串
    if start == len(str)-1:
        print("".join(str),end=' ')
    else:
        i = start
        while i < len(str):
            # 交换 start 与 i 所在位置的字符
            swap(str,start,i)
            #固定第一个字符，对剩余的字符进行全排列
            Permutation(str,start+1)
            # 换原 start 与 i 所在位置的字符
            swap(str,start,i)
            i += 1

def Permutation_transe(s):
    str = list(s)
    Permutation(str,0)

if __name__ == "__main__":
    a = "abc"
    Permutation_transe(a)
    print()
```

程序的运行结果为：

abc acb bac bca cba cab

算法性能分析：

假设这种方法需要的基本操作数为 f(n)，那么 f(n)=n×f(n-1)=n×(n-1)×f(n-2)···=n!。所以，算法的时间复杂度为 O(n!)。算法在对字符进行交换的时候用到了常量个指针变量，因此，算法的空间复杂度为 O(1)。

方法二：非递归法

递归法比较符合人的思维，因此，算法的思路以及算法实现都比较容易。下面介绍另外一种非递归的方法。算法的主要思想为：从当前字符串出发找出下一个排列（下一个排列为大于当前字符串的最小字符串）。

通过引入一个例子来介绍非递归算法的基本思想：假设要对字符串"12345"进行排序。第一个排列一定是"12345"，依此获取下一个排列："12345"->"12354"->"12435"->"12453"->"12534"->"12543"->"13245"->···。从"12543"->"13245"可以看出找下一个排列的主要思路为：

1）从右到左找到两个相邻递增（从左向右看是递增的）的字符串，例如"12543"，从右到左找出第一个相邻递增的子串为"25"；记录这个小的字符的下标为 pmin。

2）找出 pmin 后面的比它大的最小的字符进行交换，在本例中"2"后面的子串中比它大的最小的字符为"3"，因此，交换"2"和"3"得到字符串"13542"。

3）为了保证下一个排列为大于当前字符串的最小字符串，在第 2）步中完成交换后需要对 pmin 后的子串重新组合，使其值最小，只需对 pmin 后面的字符进行逆序即可（因为此时 pmin 后面的子字符串中的字符必定是按照降序排列的，逆序后字符就按照升序排列了），逆序后就能保证当前的组合是新的最小的字符串。在这个例子中，上一步得到的字符串为"13542"，pmin 指向字符"3"，对其后面的子串"542"逆序后得到字符串"13245"；

4）当找不到相邻递增的子串时，说明找到了所有的组合。

需要注意的是，这种方法适用于字符串中的字符是按照升序排列的情况。因此，非递归方法的主要思路为：

1）首先对字符串进行排序（按字符进行升序排列）。

2）依次获取当前字符串的下一个组合直到找不到相邻递增的子串为止。

实现代码如下：

```
'''
***** 方法功能：根据当前字符串的组合
***** 输入参数：str:字符数组
***** 返回值：   还有下一个返回 True，否则返回 False
'''
def getNextPermutation(str):
    end = len(str) - 1              # 字符串最后一个字符的下标
    cur = end                       # 用来从后向前遍历字符串
    suc = 0                         # cur 的后继
    tmp = 0
    while cur != 0:
        # 从后向前开始遍历字符串
        suc = cur
        cur -= 1
        if str[cur] < str[suc]:
```

```
                    # 相邻递增字符，cur 指向较小的字符
                    # 找出 cur 后面最小的字符 tmp
                    tmp = end
                    while str[tmp] < str[cur]:
                            tmp -= 1
                    # 交换 cur 和 tmp
                    swap(str,cur,tmp)
                    # 把 cur 后面的字符串进行翻转
                    Reverse(str,suc,end)
                    return True
        return False
"""
***** 方法功能：翻转字符串
***** 输入参数：begin 和 end 分别为字符串中的第一个字符和最后一个字符的下标
"""
def Reverse(str,begin,end):
        i = begin
        j = end
        while i < j:
                swap(str,i,j)
                i += 1
                j -= 1
"""
***** 方法功能：获取字符串中字符的所有组合
***** 输入参数：str：字符数组
"""
def Permutation2(s):
        if s == None or len(s) < 1:
                return
        str = list(s)
        str.sort()                          # 升序排列字符串数组
        print("".join(str))
        while getNextPermutation(str):
                print("".join(str),end=' ')
```

程序的运行结果为：

```
abc  acb  bac  bca  cab  cba
```

算法性能分析：

首先对字符串进行排序的时间复杂度为 $O(n^2)$，接着求字符串的全排列，由于长度为 n 的字符串全排列个数为 n!，因此 Permutation 函数中的循环执行的次数为 n!，循环内部调用函数 getNextPermutation，getNextPermutation 内部用到了双重循环，因此它的时间复杂度为 $O(n^2)$。所以求全排列算法的时间复杂度为 $O(n! \times n^2)$。

引申：如何去掉重复的排列

分析与解答：

当字符串中没有重复的字符时，它的所有组合对应的字符串也就没有重复的情况了，但是当字符串中有重复的字符时，例如"baa"，此时如果按照上面介绍的算法求全排列会有重复的字符串。

由于全排列的主要思路为：从第一个字符起每个字符分别与它后面的字符进行交换：例如对于"baa"，交换第一个与第二个字符后得到"aba"，再考虑交换第一个与第三个字符后得到"aab"，由于第二个字符与第三个字符相等，因此，会导致这两种交换方式对应的全排列是重复的（在固定第一个字符的情况下它们对应的全排列都为"aab"和"aba"）。从上面的分析可以看出去掉重复排列的主要思路为：从第一个字符起每个字符分别与它后面非重复出现的字符进行交换。在递归方法的基础上只需要增加一个判断字符是否重复的函数即可。

9.26　如何消除字符串的内嵌括号

题目描述：

给定一个如下格式的字符串：(1,(2,3),(4,(5,6),7))，括号内的元素可以是数字，也可以是另一个括号，实现一个算法消除嵌套的括号，例如把上面的表达式变成 (1,2,3,4,5,6,7)，如果表达式有误则报错。

分析与解答：

从问题描述可以看出，这道题要求实现两个功能：一个是判断表达式是否正确；另一个是消除表达式中嵌套的括号。对于判定表达式是否正确这个问题，可以从如下几个方面来入手：首先，表达式中只有数字、逗号和括号这几种字符，如果有其他的字符出现，那么是非法表达式。其次，判断括号是否匹配，如果碰到'('，那么把括号的计数器的值加上 1；如果碰到')'，那么判断此时计数器的值，如果计数器的值大于 1，那么把计数器的值减去 1，否则为非法表达式，当遍历完表达式后，括号计数器的值为 0，则说明括号是配对出现的，否则括号不配对，表达式为非法表达式。对于消除括号这个问题，可以通过申请一个额外的存储空间，在遍历原字符串的时候把除了括号以外的字符保存到新申请的额外的存储空间中，这样就可以去掉嵌套的括号了。需要特别注意的是，字符串首尾的括号还需要保存。实现代码如下：

```
def removeNestedPare(str):
    if str == None:
        return
    Parentheses_num = 0                          # 用来记录不匹配的"("出现的次数
    if list(str)[0] != '(' or list(str)[-1] != ')':
        return None
    sb ='('
    # 字符串首尾的括号可以单独处理
    i = 1
    while i < len(str)-1:
        ch = list(str)[i]
        if ch == '(':
            Parentheses_num += 1
        elif ch == ')':
            Parentheses_num -= 1
        else:
            sb = sb + (list(str)[i])
        i += 1
    # 判断括号是否匹配
    if Parentheses_num != 0:
```

```
            print("由于括号不匹配，因此不做任何操作")
            return None
    # 处理字符串结尾的")"
    sb = sb +')'
    return sb


if __name__ == "__main__":
    str = "(1,(2,3),(4,(5,6),7))"
    print(str+"去除嵌套括号后为：",removeNestedPare(str))
```

程序的运行结果为：

(1,(2,3),(4,(5,6),7))去除嵌套括号后为：(1,2,3,4,5,6,7)

算法性能分析：

这种方法对字符串进行了一次遍历，因此时间复杂度为 O(N)（其中，N 为字符串的长度）。此外，这种方法申请了额外的 N+1 个存储空间，因此空间复杂度也为 O(N)。

9.27 如何求字符串的编辑距离

题目描述：

编辑距离又称 Levenshtein 距离，是指两个字符串之间由一个转成另一个所需的最少编辑操作次数。许可的编辑操作包括将一个字符替换成另一个字符、插入一个字符、删除一个字符。请设计并实现一个算法来计算两个字符串的编辑距离，并计算其复杂度。在某些应用场景下，替换操作的代价比较高，假设替换操作的代价是插入和删除的两倍，算法该如何调整？

分析与解答：

本题可以使用动态规划的方法来解决，具体思路如下。

给定字符串 s1、s2，首先定义一个函数 D(i,j)（$0 \leq i \leq$ strlen(s1)，$0 \leq j \leq$ strlen(s2)），用来表示第一个字符串 s1 长度为 i 的子串与第二个字符串 s2 长度为 j 的子串的编辑距离。从 s1 变到 s2 可以通过如下三种操作完成。

1）添加操作。假设已经计算出 D(i,j-1)的值（s1[0…i]与 s2[0…j-1]的编辑距离），则 D(i,j)= D(i,j-1)+1（s1 长度为 i 的字串后面添加 s2[j]即可）。

2）删除操作。假设已经计算出 D(i-1,j)的值（s1[0…i-1]到 s2[0…j]的编辑距离），则 D(i,j)= D(i-1,j)+1（s1 长度为 i 的字串删除最后的字符 s1[j]即可）。

3）替换操作。假设已经计算出 D(i-1,j-1)的值（s1[0…i-1]与 s2[0…j-1]的编辑距离），如果 s1[i]=s2[j]，那么 D(i,j)= D(i-1, j-1)，如果 s1[i]!=s2[j]，那么 D(i,j)= D(i-1,j-1)+1（替换 s1[i]为 s2[j]，或替换 s2[j]为 s1[i]）。

此外，D(0,j)=j 且 D(i,0)=i（一个字符串与空字符串的编辑距离为这个字符串的长度）。

由此可以得出如下实现方式：对于给定的字符串 s1、s2，定义一个二维数组 D，则有以下几种可能性。

1）如果 i==0，那么 D[i,j]=j（$0 \leq j \leq$ strlen(s2)）。

2）如果 j==0，那么 D[i,j]=i（$0 \leq i \leq$ strlen(s1)）。

3）如果 i>0 且 j>0，

① 如果 s1[i]= =s2[j]，那么 D (i, j) = min{ edit(i–1, j) + 1, edit(i, j–1) + 1, edit(i–1, j–1) }。

② 如果 s1[i]!=s2[j]，那么 D (i, j) = min{ edit(i–1, j) + 1, edit(i, j–1) + 1, edit(i–1, j–1)+1 }。

通过以上分析可以发现，对于第一个问题可以直接采用上述的方法来解决。对于第二个问题，由于替换操作是插入或删除操作的两倍，只需要修改如下条件即可：

如果 s1[i]!=s2[j]，那么 D (i, j) = min{ edit(i–1, j) + 1, edit(i, j–1) + 1, edit(i–1, j–1)+2 }。

根据上述分析，给出实现代码如下：

```python
class EditDistance:
    def mins(self,a,b,c):
        tmp = a if a < b else b
        return tmp if tmp < c else c
    # 参数 replaceWight 用来表示替换操作与插入删除操作的倍数
    def edit(self,s1,s2,replaceWight):
        # 两个空串的编辑距离为 0
        if s1 == None and s2 == None:
            return 0
        # 其中一个为空串，那么编辑距离为另一个字符串的长度
        if s1 == None:
            return len(s2)
        if s2 == None:
            return len(s1)
        # 申请二维数组来存储中间的计算结果
        D = [([None]*(len(s2)+1)) for i in range(len(s1)+1)]
        i = 0
        while i < len(s1)+1:
            D[i][0] = i
            i += 1
        i = 0
        while i < len(s2)+1:
            D[0][i] = i
            i += 1
        i = 1
        while i < len(s1)+1:
            j = 1
            while j < len(s2)+1:
                if list(s1)[i-1] == list(s2)[j-1]:
                    D[i][j] = self.mins(D[i-1][j]+1,D[i][j-1]+1,D[i-1][j-1])
                else:
                    D[i][j] = min(D[i-1][j]+1,D[i][j-1]+1,D[i-1][j-1]+replaceWight)
                j += 1
            i += 1
        print("---------------------------------")
        i = 0
        while i < len(s1)+1:
            j = 0
            while j < len(s2)+1:
                print(D[i][j],end=' ')
                j += 1
            print()
```

```
                    i += 1
                print("--------------------------------")
                dis = D[len(s1)][len(s2)]
                return dis
if __name__ == "__main__":
    s1 = "bciln"
    s2 = "fciling"
    ed = EditDistance()
    print("第一问：")
    print("编辑距离为：",str(ed.edit(s1,s2,1)))
    print("第二问：")
    print("编辑距离为：",str(ed.edit(s1,s2,2)))
```

程序的运行结果为：

```
第一问：
--------------------------------
0 1 2 3 4 5 6 7
1 1 2 3 4 5 6 7
2 2 1 2 3 4 5 6
3 3 2 1 2 3 4 5
4 4 3 2 1 2 3 4
5 5 4 3 2 2 2 3
--------------------------------
编辑距离：3
第二问：
--------------------------------
0 1 2 3 4 5 6 7
1 2 3 4 5 6 7 8
2 3 2 3 4 5 6 7
3 4 3 2 3 4 5 6
4 5 4 3 2 3 4 5
5 6 5 4 3 4 3 4
--------------------------------
编辑距离：4
```

算法性能分析：

这种方法的时间复杂度与空间复杂度都为 $O(m×n)$（其中，m、n 分别为两个字符串的长度）。

9.28 如何实现字符串的匹配

题目描述：

给定主字符串 s 与模式字符串 p，判断 p 是否是 s 的子串，如果是，那么找出 p 在 s 中第一次出现的下标。

分析与解答：

对于字符串的匹配，最直接的方法就是逐个比较字符串中的字符，虽然这种方法比较容易实现，但是效率也比较低下。对于这种字符串匹配的问题，除了最常见的直接比较法外，经典的 KMP 算法也是不二选择，它能够显著提高运行效率，下面分别介绍这两种方法。

方法一：直接计算法

假定主串 S= "$S_0 S_1 S_2 \cdots S_m$"，模式串 P = "$P_0 P_1 P_2 \cdots P_n$"。实现方法为：比较从主串 S 中以 S_i（$0 \leq i < m$）为首的字符串和模式串 P，判断 P 是否为 S 的前缀，如果是，那么 P 在 S 中第一次出现的位置则为 i，否则接着比较从 S_{i+1} 开始的子串与模式串 P，这种方法的时间复杂度为 O(m×n)。此外如果 i>m-n，那么在主串中以 S_i 为首的子串的长度必定小于模式串 P 的长度，因此，在这种情况下就没有必要再做比较了。实现代码如下：

```
"""
***** 方法功能：判断 p 是否是 s 的子串，如果是返回 p 在 s 中第一次出现的下标，否则返回-1
***** 输入参数：s 和 p 分别为主串和模式串
"""
def match(s,p):
    # 检查参数是否合理
    if s == None or p == None:
        print("参数不合理")
        return -1
    slength = len(s)
    plength = len(p)
    #p 肯定不是 s 的子串
    if slength < plength:
        return -1
    i = 0
    j = 0
    while i < slength and j < plength:
        if list(s)[i] == list(p)[j]:
            # 如果相同，那么继续比较后面的字符
            i += 1
            j += 1
        else:
            # 后退回去重新比较
            i = i - j + 1
            j = 0
            if i > (slength - plength):
                return -1
    if j >= plength:                    # 匹配成功
        return i - plength
    return -1

if __name__ == "__main__":
    s = "xyzsabcd"
    p = "abc"
    print(match(s,p))
```

程序的运行结果为：

```
3
```

算法性能分析：

这种方法在最差的情况下需要对模式串 p 遍历 m-n 次（m、n 分别为主串和模式串的长度），因此，算法的时间复杂度为 $O(n(m-n))$。

方法二：KMP 算法

在方法一中，如果"$P_0 P_1 P_2 \cdots P_{j-1}$"=="$S_{i-j} \cdots S_{i-1}$"，那么模式串的前 j 个字符已经和主串中 i-j 到 i-1 的字符进行了比较，此时如果 $P_j != S_i$，那么模式串需要回退到 0，主串需要回退到 i-j+1 的位置重新开始下一次比较。而在 KMP 算法中，如果 $P_j != S_i$，那么不需要回退，即 i 保持不动，j 也不用清零，而是向右滑动模式串，用 P_k 和 S_i 继续匹配。这种方法的核心就是确定 k 的大小，显然，k 的值越大越好。

如果 $P_j != S_i$，可以继续用 P_k 和 S_i 进行比较，那么必须满足：

"$P_0 P_1 P_2 \cdots P_{k-1}$"=="$S_{i-k} \cdots S_{i-1}$"

已经匹配的结果应满足下面的关系：

"$P_{j-k} \cdots P_{j-1}$"=="$S_{i-k} \cdots S_{i-1}$"

由以上这两个公式可以得出如下结论：

"$P_0 P_1 P_2 \cdots P_{k-1}$"="$P_{j-k} \cdots P_{j-1}$"

因此，当模式串满足"$P_0 P_1 P_2 \cdots P_{k-1}$"=="$P_{j-k} \cdots P_{j-1}$"时，如果主串第 i 个字符与模式串第 j 个字符匹配失败，那么只需要接着比较主串第 i 个字符与模式串第 k 个字符。

为了在任何字符匹配失败的时候都能找到对应 k 的值，这里给出 next 数组的定义，next[i]=m 表示的意思为："$P_0 P_1 \cdots P_{m-1}$"="$P_{i-m} \cdots P_{i-2} P_{i-1}$"。计算方法如下：

1）next[j]=-1　　（当 j==0 时）

2）next[j]=max　　（Max{k|1<k<j 且 "$P_0 \cdots P_k$"=="$P_{j-k-1} \cdots P_{j-1}$"）

3）next[j]=0　　（其他情况）

实现代码如下：

```python
class Test:
    def __init__(self):
        self.startIndex = None
        self.lens = 0
    def getStartIndex(self):
        return self.startIndex
    def getLens(self):
        return self.lens
    # 对字符串 str，以 c1 和 c2 为中心向两侧扩展寻找回文字符串
    def expandBothSide(self,strs,c1,c2):
        n = len(strs)
        while c1 >= 0 and c2 < n and list(strs)[c1] == list(strs)[c2]:
            c1 -= 1
            c2 += 1
        tmpStartIndex = c1 + 1
        tmpLen = c2 - c1 - 1
        if tmpLen > self.lens:
            self.lens = tmpLen
            self.startIndex = tmpStartIndex
    # 方法功能：找出字符串最长的回文子串
    def getLongestPalindrome(self,strs):
        if strs == None:
            return
```

```
        n = len(strs)
        if n < 1:
            return
        i = 0
        while i < n-1:
            # 找回文子串长度为奇数的情况
            self.expandBothSide(strs,i,i)
            # 找回文子串长度为偶数的情况
            self.expandBothSide(strs,i,i+1)
            i += 1

if __name__ == "__main__":
    strs = "abcdefgfedxyz"
    t = Test()
    t.getLongestPalindrome(strs)
    if t.getStartIndex() != -1 and t.getLens() != -1:
        print("最长的回文字符串为：",end="")
        i = t.getStartIndex()
        while i < t.getStartIndex()+t.getLens():
            print(list(strs)[i],end="")
            i += 1
    else:
        print("查找失败")
```

程序的运行结果为：

```
next 数组为：-1,0,0,1,1
i=0,j=0
i=1,j=1
i=2,j=2
i=3,j=3
i=3,j=1
i=4,j=2
i=5,j=3
i=5,j=1
i=6,j=2
i=7,j=3
i=8,j=4
i=9,j=5
匹配结果为：4
```

从运行结果可以看出，模式串 P="abaabc"的 next 数组为[-1,0,0,1,1]，next[3]=1，说明 p[0]==p[2]。当 i=3，j=3 的时候 S[i]!=P[j]，此时主串 S 不需要回溯，跟模式串位置 j=next[j]=next[3]=1 的字符继续进行比较。因为此时 S[i-1]一定与 P[0]相等，所以，就没有必要再比较了。

算法性能分析：

这种方法在求 next 数组的时候循环执行的次数为 n（n 为模式串的长度），在模式串与主串匹配的过程中循环执行的次数为 m（m 为主串的长度）。因此，算法的时间复杂度为 O(m+n)。但是由于算法申请了额外的 n 个存储空间来存储 next 数组，因此，算法的空间复杂度为 O(N)。

9.29　如何求两个字符串的最长公共子串

题目描述：

找出两个字符串的最长公共子串，例如字符串"abccade"与字符串"dgcadde"的最长公共子串为"cad"。

分析与解答：

对于这道题而言，最容易想到的方法就是采用蛮力法，假设字符串 s1 与 s2 的长度分别为 len1 和 len2（假设 len1≥len2），首先可以找出 s2 的所有可能的子串，然后判断这些子串是否也是 s1 的子串，通过这种方法可以非常容易地找出两个字符串的最长子串。当然，这种方法的效率是非常低下的，主要原因为：s2 中的大部分字符需要与 s1 进行很多次的比较。那么是否有更好的方法来减少比较的次数呢？下面介绍两种通过减少比较次数从而降低时间复杂度的方法。

方法一：动态规划法

通过把中间的比较结果记录下来，从而可以避免字符的重复比较。主要思路如下。

首先定义二元函数 f(i, j)：表示分别以 s1[i]、s2[j] 结尾的公共子串的长度，显然，f(0, j) = 0(j≥0)，f(i, 0) = 0 (i≥0)，那么，对于 f(i+1, j+1) 而言，则有如下两种取值：

1）f(i+1, j+1) =0，当 str1[i+1] != str2[j+1]时；

2）f(i+1, j+1) = f(i, j) + 1，当 str1[i+1] == str2[j+1]时。

根据这个公式可以计算出 f(i, j)（0≤i≤len(s1)，0≤j≤len(s2)）所有的值，从而可以找出最长的子串，如图 9-18 所示。

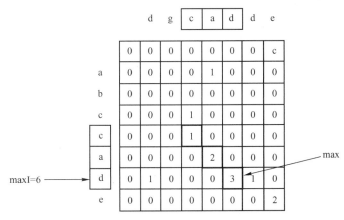

图 9-18　动态规划求解过程

通过图9-18的计算结果可以求出最长公共子串的长度max与最长子串结尾字符在字符数组中的位置maxI，由这两个值就可以唯一确定一个最长公共子串为"**cad**"。这个子串在数组中的起始下标为：maxI -max=3，子串长度为 max=3。实现代码如下：

```
"""
***** 方法功能：获取两个字符串的最长公共子串
***** 输入参数：str1 和 str2 为指向字符的指针
```

```
"
def getMaxSubStr(str1,str2):
    len1 = len(str1)
    len2 = len(str2)
    sb = "
    maxs = 0
    maxI = 0
    # 申请新的空间来记录公共字串长度信息
    M = [[0 for i in range(len1+1)] for j in range(len2+1)]
    # 通过利用递归公式填写新建的二维数组（公共字串的长度信息）
    i = 0
    while i < len1+1:
        M[i][0] = 0
        i += 1
    j = 0
    while j < len2+1:
        M[0][j] = 0
        j += 1
    i = 1
    while i < len1+1:
        j = 1
        while j < len2+1:
            if list(str1)[i-1] == list(str2)[j-1]:
                M[i][j] = M[i-1][j-1] + 1
                if M[i][j] > maxs:
                    maxs = M[i][j]
                    maxI = i
            else:
                M[i][j] = 0
            j += 1
        i += 1
    # 找出公共字串
    i = maxI - maxs
    while i < maxI:
        sb = ''.join(list(str1)[i])
        i += 1
    return sb


if __name__ == "__main__":
    str1 = "abcade"
    str2 = "dgcadde"
    print(getMaxSubStr(str1,str2))
```

程序的运行结果为：

```
cad
```

算法性能分析：

由于这种方法使用了二重循环分别遍历两个字符数组，因此时间复杂度为 $O(m \times n)$（其中，

m 和 n 分别为两个字符串的长度)。此外,由于这种方法申请了一个 m×n 的二维数组,因此,算法的空间复杂度也为 O(m×n)。很显然,这种方法的主要缺点为申请了 m×n 个额外的存储空间。

方法二:滑动比较法

这种方法的主要思路为:保持 s1 的位置不变,然后移动 s2,接着比较它们重叠的字符串的公共子串(记录最大的公共子串的长度 maxLen 以及最长公共子串在 s1 中结束的位置 maxLenEnd1),在移动的过程中,如果当前重叠子串的长度大于 maxLen,那么更新 maxLen 为当前重叠子串的长度。最后通过 maxLen 和 maxLenEnd1 就可以找出它们最长的公共子串。实现方法如图 9-19 所示。

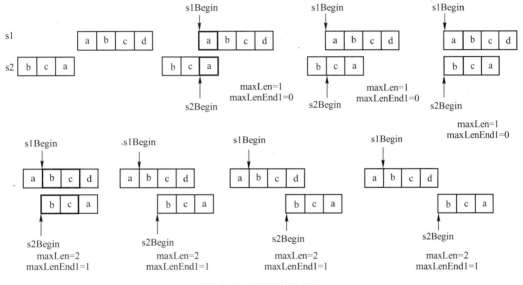

图 9-19　滑动窗口方法

在图 9-19 中,这两个字符串的最长公共子串为"bc",实现代码如下:

```
def getMaxSubStr(s1,s2):
    len1 = len(s1)
    len2 = len(s2)
    maxLen = 0
    tmpmaxLen = 0
    maxLenEnd = 0
    sb = "
    i = 0
    while i < len1 + len2:
        s1begin = s2begin = 0
        tmpmaxLen = 0
        if i < len1:
            s1begin = len1 - i
        else:
            s2begin = i - len1
        j = 0
        while (s1begin + j < len1) and (s2begin + j < len2):
```

```
                if list(s1)[s1begin+j] == list(s2)[s2begin+j]:
                    tmpmaxLen += 1
                else:
                    if tmpmaxLen > maxLen:
                        maxLen = tmpmaxLen
                        maxLenEnd = s1begin + j
                    else:
                        tmpmaxLen = 0
                j += 1
            if tmpmaxLen > maxLen:
                maxLen = tmpmaxLen
                maxLenEnd = s1begin + j
            i += 1
        i = maxLenEnd - maxLen
        while i < maxLenEnd:
            sb = sb + list(s1)[i]
            i += 1
        return sb

if __name__ == "__main__":
    str1 = "abcade"
    str2 = "dgcadde"
    print(getMaxSubStr(str1,str2))
```

算法性能分析：

这种方法用双重循环来实现，外层循环的次数为 m+n（其中，m 和 n 分别为两个字符串的长度），内层循环最多执行 n 次，算法的时间复杂度为 O((m+n)×n)。此外，这种方法只使用了几个临时变量，因此算法的空间复杂度为 O(1)。

9.30 如何求数字的组合

题目描述：

用 1、2、2、3、4、5 这 6 个数字，写一个 main 函数，打印出所有不同的排列，例如：512234、412345 等，要求："4" 不能在第三位，"3" 与 "5" 不能相连。

分析与解答：

打印数字的排列组合方式的最简单的方法就是递归，但本题存在两个难点：第一，数字中存在重复数字；第二，明确规定了某些位的特性。显然，采用常规的求解方法似乎不能完全适用了。

其实，可以换一种思维，把求解这 6 个数字的排列组合问题转换为大家都熟悉的图的遍历的问题，解答起来就容易多了。可以把 1、2、2、3、4、5 这 6 个数看成是图的 6 个结点，对这 6 个结点两两相连可以组成一个无向连通图，这 6 个数对应的全排列等价于从这个图中各个结点出发深度优先遍历这个图中所有可能路径所组成的数字集合。例如，从结点 "1" 出发所有的遍历路径组成了以 "1" 开头的所有数字的组合。由于 "3" 与 "5" 不能相连，因此，在构造图的时候使图中 "3" 和 "5" 对应的结点不连通就可以满足这个条件。对于 "4" 不能在第三位，可以在遍历结束后判断是否满足这个条件。

具体而言，实现步骤如下所示。

1）用 1、2、2、3、4、5 这 6 个数作为 6 个结点，构造一个无向连通图。除了 "3" 与 "5" 不连通外，其他的所有结点都两两相连。

2）分别从这 6 个结点出发对图做深度优先遍历。每次遍历完所有结点的时候，把遍历的路径对应数字的组合记录下来，如果这个数字的第三位不是 "4"，那么把这个数字存储到集合 Set 中（由于这 6 个数中有重复的数，因此，最终的组合肯定也会有重复的。由于集合 Set 的特点为集合中的元素是唯一的，不能有重复的元素，因此，通过把组合的结果存储到 Set 中可以过滤掉重复的组合）。

3）遍历 Set 集合，打印出集合中所有的结果，这些结果就是本问题的答案。

实现代码如下：

```python
class Test:
    def __init__(self,array):
        self.numbers = array
        # 用来标记图中结点是否被遍历过
        self.Visited = [None]*len(self.numbers)
        # 图的二维数组表示
        self.graph = [([None]*len(self.numbers)) for i in range(len(self.numbers))]
        self.n = 6
        # 用来标记图中结点是否被遍历过
        self.Visited = None
        # 数字的组合
        self.combination = ''
        # 存储所有的组合
        self.s = set()
    '''
    ****** 功能方法：对图从结点 start 位置开始进行深度遍历
    ****** 输入参数：start：遍历的起始位置
    '''
    def depthFirstSearch(self,start):
        self.Visited[start] = True
        self.combination += str(self.numbers[start])
        if len(self.combination) == self.n:
            #4 不出现在第三个位置
            if self.combination.index("4") != 2:
                self.s.add((self.combination))
        j = 0
        while j < self.n:
            if self.graph[start][j] == 1 and self.Visited[j] == False:
                self.depthFirstSearch(j)
            j += 1
        self.combination = self.combination[:-1]
        self.Visited[start] = False
    '''
    ****** 功能方法：获取 1、2、2、3、4、5 的左右组合，使得"4"不能在第三位，"3"与"5"
不能连接
    '''
    def getAllCombinations(self):
```

```
# 构造图
i = 0
while i < self.n:
    j = 0
    while j < self.n:
        if i == j:
            self.graph[i][j] = 0
        else:
            self.graph[i][j] = 1
        j += 1
    i += 1
# 确保在遍历的时候 3 与 5 是不可达的
self.graph[3][5] = 0
self.graph[5][3] = 0
# 分别从不同的结点出发深度遍历图
i = 0
while i < self.n:
    self.depthFirstSearch(i)
    i += 1

def PrintAllCombination(self):
    for strs in self.s:
        print(strs)

if __name__ == "__main__":
    array = [1,2,2,3,4,5]
    t = Test(array)
    t.getAllCombinations()
    # 打印所有组合
    t.PrintAllCombination()
```

由于结果过多，这里只给出部分运行结果：

102345 145203 312045 503124 541032 310425 301425 543201 243015 243150 310542 231405 150324 431250 405132 401325 230541 315204 251034 023145 450123 052431 543102 132540 542013 120543 231450 302541

9.31 如何求拿到最多金币的概率

题目描述：

10 个房间里放着数量随机的金币。每个房间只能进入一次，并只能在一个房间中拿金币。一个人采取如下策略：前 4 个房间只看不拿。随后的房间只要看到比前 4 个房间都多的金币数，就拿。否则就拿最后一个房间的金币。编程计算这种策略拿到最多金币的概率。

分析与解答：

这道题的要求是一个概率的问题，由于 10 个房间里放的金币的数量是随机的，因此，在编程实现的时候首先需要生成 10 个随机数来模拟 10 个房间里金币的数量。然后判断通过这种策略是否能拿到最多的金币。如果仅仅通过一次模拟来求拿到最多金币的概率显然是不准确的，那么就需要进行多次模拟，通过记录模拟的次数 m，拿到最多金币的次数 n，从而可以计算出拿到最多金币的概率 n/m。显然这个概率与金币的数量以及模拟的次数有关系。模拟的次数越多越能接近真实值。下面以金币数为 1～10 的随机数，模拟次数为 1000 次为例给出实现代码：

```
import random

'''
******* 功能方法：总共 n 个房间，判断用指定的策略是否能拿到最多金币
******* 返回值：   如果能拿到返回 True，否则返回 False
'''
def getMaxNum(n):
    if n < 1:
        print("参数不合法")
        return
    a = [None]*n
    # 随机生成 n 个房间里金币的个数
    i = 0
    while i < n:
        a[i] = random.uniform(1,n)              # 生成 1～n 的随机数
        i += 1
    # 找出前四个房间中最多的金币个数
    max4 = 0
    i = 0
    if i < 4:
        if a[i] > max4:
            max4 = a[i]
        i += 1
    i = 4
    while i < n-1:
        if a[i] > max4:                         # 能拿到最多的金币
            return True
        i += 1
    return False                                # 不能拿到最多的金币

if __name__ == "__main__":
    monitorCount = 1000+0.0
    success = 0
    i = 0
    while i < monitorCount:
        if getMaxNum(10):
            success += 1
        i += 1
    print(success/monitorCount)
```

程序的运行结果为：

0.421

运行结果分析：

运行结果与金币个数的选择以及模拟的次数都有关系，而且由于是个随机问题，因此同

样的程序每次的运行结果也会不同。

9.32　如何求正整数 n 所有可能的整数组合

题目描述：

给定一个正整数 n，求解出所有和为 n 的整数组合，要求组合按照递增方式展示，而且唯一。例如：4=1+1+1+1、1+1+2、1+3、2+2、4（4+0）。

分析与解答：

以数值 4 为例，和为 4 的所有的整数组合一定都小于 4（1,2,3,4）。首先选择数字 1，然后用递归的方法求和为 3（4-1）的组合，一直递归下去直到用递归求和为 0 的组合的时候，所选的数字序列就是一个和为 4 的数字组合。然后第二次选择 2，接着用递归求和为 2（4-2）的组合；同理下一次选 3，然后用递归求和为 1（4-3）的所有组合。依此类推，直到找出所有的组合为止，实现代码如下：

```python
"""
******* 方法功能：求和为 n 的所有整数组合
******* 输入参数：sums：正整数；result：存储组合结果；count：记录组合中数字的个数
"""
def getAllCombination(sums,result,count):
    if sums < 0:
        return
    # 数字的组合满足和为 sums 的条件，打印出所有组合
    if sums == 0:
        print("满足条件的组合：",end='')
        i = 0
        while i < count:
            print(result[i],end=' ')
            i += 1
        print()
        return
    # 打印 debug 信息，为了方便理解
    print("-------当前组合：",end='')
    i = 0
    while i < count:
        print(str(result[i]),end=' ')
        i += 1
    print("--------------")
    # 确定组合中下一个取值
    i = 1 if count == 0 else result[count-1]
    print("----"+" i = "+str(i)+" count = "+str(count)+"-----")
    while i <= sums:
        result[count] = i
        count += 1
        getAllCombination(sums-i,result,count)       # 求和为 sums-i 的组合
        count -= 1                                    # 递归完成后，去掉最后一个组合的数字
        i += 1                                        # 找下一个数字作为组合中的数字

# 方法功能：找出和为 n 的所有整数的组合
```

```
def showAllCombination(n):
    if n < 1:
        print("参数不满足要求")
        return
    result = [None]*n                          # 存储和为 n 的组合方式
    getAllCombination(n,result,0)


if __name__ == "__main__":
    showAllCombination(4)
```

程序的运行结果为：

```
----当前组合：----
---i=1 count=0---
----当前组合：1 ----
---i=1 count=1---
----当前组合：1 1 ----
---i=1 count=2---
----当前组合：1 1 1 ----
---i=1 count=3---
满足条件的组合：1 1 1 1
满足条件的组合：1 1 2
----当前组合：1 2 ----
---i=2 count=2---
满足条件的组合：1 3
----当前组合：2 ----
---i=2 count=1---
满足条件的组合：2 2
----当前组合：3 ----
---i=3 count=1---
满足条件的组合：4
```

运行结果分析：

从上面运行结果可以看出，满足条件的组合为：{1,1,1,1}、{1,1,2 }、{1,3}、{2 ,2}、{4}，其他的为调试信息。从打印出的信息可以看出：在求和为 4 的组合中，第一步选择了 1；然后求 3（4-1）的组合也选了 1，求 2（3-1）的组合的第一步也选择了 1，依次类推，找出第一个组合为{1,1,1,1}。然后通过 count-和 i+找出最后两个数字 1 与 1 的另外一种组合 2，最后三个数字的另外一种组合 3；接下来用同样的方法分别选择 2、3 作为组合的第一个数字，就可以得到以上结果。

代码 i = (count = = 0 ? 1 : result[count - 1]);用来保证：组合中的下一个数字一定不会小于前一个数字，从而保证了组合的递增性。如果不要求递增（例如把{1,1,2}和{2,1,1}看作两种组合），那么把上面一行代码改成 i=1 即可。

9.33 如何用一个随机函数得到另外一个随机函数

题目描述：

有一个函数 func1 能返回 0 和 1 两个值，返回 0 和 1 的概率都是 1/2，问怎么利用这个函数得到另一个函数 func2，使 func2 也只能返回 0 和 1，且返回 0 的概率为 1/4，返回 1 的概率为 3/4。

分析与解答：

func1 得到 1 与 0 的概率都为 1/2。因此，可以调用两次 func1，分别生成两个值 a1 与 a2，用这两个数组成一个二进制 a2a1，它的取值的可能性为 00,01,10,11，并且得到每个值的概率都为 (1/2)*(1/2)=1/4，因此，如果得到的结果为 00，那么返回 0（概率为 1/4），其他情况返回 1（概率为 3/4）。实现代码如下：

```python
import random
# 返回 0 和 1 的概率都为 1/2
def func1():
    return int(round(random.random()))

# 返回 0 的概率为 1/4，返回 1 的概率为 3/4
def func2():
    a1 = func1()
    a2 = func1()
    tmp = a1
    tmp |= (a2 << 1)
    if tmp == 0:
        return 0
    else:
        return 1


if __name__ == "__main__":
    i = 0
    while i < 16:
        print(func2(),end="")
        i += 1
    print()
    i = 0
    while i < 16:
        print(func2(),end="")
        i += 1
```

程序的运行结果为：

```
1110110110111101
1111111111000010
```

由于结果是随机的，调用的次数越大，返回的结果就越接近 1/4 与 3/4。

9.34 如何等概率地从大小为 n 的数组中选取 m 个整数

题目描述：

随机地从大小为 n 的数组中选取 m 个整数，要求每个元素被选中的概率相等。

分析与解答:

从 n 个数中随机选出一个数的概率为 1/n,然后在剩下的 n-1 个数中再随机找出一个数的概率也为 1/n(第一次没选中这个数的概率为 (n-1)/n,第二次选中这个数的概率为 1/(n-1),因此,随机选出第二个数的概率为((n-1)/n)×(1/(n-1))=1/n),依次类推,在剩下的 k 个数中随机选出一个元素的概率都为 1/n。因此,这种方法的思路为:首先从有 n 个元素的数组中随机选出一个元素,然后把这个选中的数字与数组第一个元素交换,接着从数组后面的 n-1 个数字中随机选出 1 个数字与数组第二个元素交换,依次类推,直到选出 m 个数字为止,数组前 m 个数字就是随机选出来的 m 个数字,且它们被选中的概率相等。实现代码如下:

```
import  random
def  getRandomM(a,n,m):
    if  a= =None or n<=0 or n<m:
        print   "参数不合理"
        return
    i=0
    while   i<m:
        j=random.randint(i,n-1) # // 获取 i 到 n-1 间的随机数
        # 随机选出的元素存储在数组的前面
        tmp=a[i]
        a[i]=a[j]
        a[j]=tmp
        i +=1

if  __name__ ==" _main__":
    a= [1, 2, 3, 4, 5, 6, 7, 8, 9,10 ]
    n = 10
    m = 6
    getRandomM(a, n, m)
    i=0
    while   i<m:
        print   a[i],
        i +=1
```

程序的运行结果为:

```
1  8  9  7  2  4
```

算法性能分析:

这种方法的时间复杂度为 O(m)。

9.35 如何求组合 1、2、5 这三个数使其和为 100 的组合个数

题目描述:

求出用 1、2、5 这三个数不同个数组合的和为 100 的组合个数。为了更好地理解题目的意思,下面给出几组可能的组合:100 个 1,0 个 2 和 0 个 5,它们的和为 100;50 个 1,25

个 2，0 个 5 的和也是 100；50 个 1，20 个 2，2 个 5 的和也为 100。

分析与解答：

方法一：蛮力法

最简单的方法就是对所有的组合进行尝试，然后判断组合的结果是否满足和为 100，这些组合有如下限制：1 的个数最多为 100 个，2 的个数最多为 50 个，5 的个数最多为 20 个。实现思路为：遍历所有可能的组合 1 的个数 x（0<=x<=100），2 的个数 y（0<=y<=50），5 的个数 z（0<=z<=20），判断 x+2y+5z 是否等于 100，如果相等，那么满足条件，实现代码如下：

```
def combinationCount1(n):
    count = 0
    num1 = n                          # 1 最多的个数
    num2 = n//2                       # 2 最多的个数
    num5 = n//5                       # 5 最多的个数
    x = 0
    while x <= num1:
        y = 0
        while y <= num2:
            z = 0
            while z <= num5:
                if x+y*2+z*5 == n:
                    count += 1
                z += 1
            y += 1
        x += 1
    return count

if __name__ == "__main__":
    print(combinationCount1(100))
```

程序的运行结果为：

```
541
```

算法性能分析：

这种方法循环的次数为 $101×51×21$，显然这种方法循环次数过多。

方法二：数字规律法

针对这种数学公式的运算，一般都可以通过找出运算的规律进而简化运算的过程，对于本题而言，对 $x + 2y + 5z = 100$ 进行变换可以得到 $x + 5z = 100 - 2y$。从这个表达式可以看出，$x + 5z$ 是偶数且 $x + 5z <= 100$。因此，求满足 $x + 2y + 5z = 100$ 组合的个数就可以转换为求满足 "$x + 5z$ 是偶数且 $x + 5z <= 100$" 的个数。可以通过对 z 的所有可能的取值（0<=z<=20）进行遍历从而计算满足条件的 x 的值。

当 z=0 时，x 的取值为 0,2,4，…，100（100 以内所有的偶数），个数为（100+2）/2。

当 z=1 时，x 的取值为 1,3,5，…，95（95 以内所有的奇数），个数为（95+2）/2。

当 z=2 时，x 的取值为 0,2,4，…，90（90 以内所有的偶数），个数为（90+2）/2。

当 z=3 时，x 的取值为 1,3,5，…，85（85 以内所有的奇数），个数为（85+2）/2。

……

当 z=19 时，x 的取值为 5, 3, 1（5 以内所有的奇数），个数为（5+2）/2。

当 z=20 时，x 的取值为 0（0 以内所有的偶数），个数为（0+2）/2。

根据这个思路，实现代码如下：

```
def combinationCount2(n):
    count = 0
    m = 0
    while m <= n:
        count += (m+2)//2
        m += 5
    return count
```

算法性能分析：

这种方法循环的次数为 21。

9.36　如何判断还有几盏灯泡亮着

题目描述：

100 个灯泡排成一排，第一轮将所有灯泡打开；第二轮每隔一个灯泡关掉一个，即排在偶数的灯泡被关掉，第三轮每隔两个灯泡，将开着的灯泡关掉，关掉的灯泡打开。依次类推，第 100 轮结束的时候，还有几盏灯泡亮着？

分析与解答：

1）对于每盏灯，当拉动的次数是奇数时，灯就是亮着的，当拉动的次数是偶数时，灯就是关着的。

2）每盏灯拉动的次数与它的编号所含约数的个数有关，它的编号有几个约数，这盏灯就被拉动几次。

3）1～100 这 100 个数中有哪几个数约数的个数是奇数？

我们知道，一个数的约数都是成对出现的，只有完全平方数约数的个数才是奇数个。

所以，这 100 盏灯中有 10 盏灯是亮着的，它们的编号分别是 1、4、9、16、25、36、49、64、81、100。

下面是程序的实现：

```
def factorIsOdd(a):
    total = 0
    i = 1
    while i <= a:
        if a%i == 0:
            total += 1
        i += 1
    if total%2 == 1:
        return 1
    else:
        return 0

def totalCount(num,n):
```

```
        count = 0
        i = 0
        while i < n:
                # 判断因子数是否为奇数，如果是奇数（灯亮），那么加 1
                if factorIsOdd(num[i]) == 1:
                        print("亮着的灯的编号为：",num[i])
                        count += 1
                i += 1
        return count


if __name__ == "__main__":
        num = [None] * 100
        i = 0
        while i < 100:
                num[i] = i + 1
                i += 1
        count = totalCount(num,100)
        print("最后总共有"+str(count)+"盏灯亮着。")
```

程序的运行结果为：

```
亮着的灯的编号是：1
亮着的灯的编号是：4
亮着的灯的编号是：9
亮着的灯的编号是：16
亮着的灯的编号是：25
亮着的灯的编号是：36
亮着的灯的编号是：49
亮着的灯的编号是：64
亮着的灯的编号是：81
亮着的灯的编号是：100
最后总共有 10 盏灯亮着。
```

9.37 如何从大量的 url 中找出相同的 url

题目描述：

给定 a、b 两个文件，各存储 50 亿个 url，每个 url 各占 64B，内存限制是 4GB，请找出 a、b 两个文件共同的 url。

分析与解答：

由于每个 url 需要占 64B，所以 50 亿个 url 占用空间的大小为 50 亿×64=5GB×64=320GB。由于内存大小只有 4GB，因此不可能一次性把所有的 url 都加载到内存中处理。对于这个类型的题目，一般都需要使用分治法，即把一个文件中的 url 按照某一特征分成多个文件，使得每个文件的内容都小于 4GB，这样就可以把这个文件一次性读到内存中进行处理了。对于本题而言，主要的实现思路如下。

1）遍历文件 a，对遍历到的 url 求 hash(url)%500，根据计算结果把遍历到的 url 分别存储到 a0,a1,a2,…,a499（计算结果为 i 的 url 存储到文件 ai 中），这样每个文件的大小大约为 600MB。

当某一个文件中 url 的大小超过 2GB 的时候，可以按照类似的思路把这个文件继续分为更小的子文件（例如：如果 a1 大小超过 2GB，那么可以把文件继续分成 a11,a12…）。

2）使用同样的方法遍历文件 b，把文件 b 中的 url 分别存储到文件 b0,b1,…,b499 中。

3）通过上面的划分，与 ai 中 url 相同的 url 一定在 bi 中。由于 ai 与 bi 中所有的 url 的大小不会超过 4GB，因此可以把它们同时读入到内存中进行处理。具体思路为：遍历文件 ai，把遍历到的 url 存入到 hash_set 中，接着遍历文件 bi 中的 url，如果这个 url 在 hash_set 中存在，那么说明这个 url 是这两个文件共同的 url，可以把这个 url 保存到另外一个单独的文件中。当把文件 a0~a499 都遍历完成后，就找到了两个文件共同的 url。

9.38 如何从大量数据中找出高频词

题目描述：

有一个 1GB 大小的文件，文件里面每一行是一个词，每个词的大小不超过 16B，内存大小限制是 1MB，要求返回频数最高的 100 个词。

分析与解答：

由于文件大小为 1GB，而内存大小只有 1MB，因此不可能一次把所有的词读入到内存中处理，因此也需要采用分治的方法，把一个大的文件分解成多个小的子文件，从而保证每个文件的大小都小于 1MB，进而可以直接被读取到内存中处理。具体的思路如下。

1）遍历文件，对遍历到的每一个词，执行如下 hash 操作：hash(x)%2000，将结果为 i 的词存储到文件 ai 中，通过这个分解步骤，可以使每个子文件的大小大约为 400KB 左右，如果这个操作后某个文件的大小超过 1MB，那么可以采用相同的方法对这个文件继续分解，直到文件的大小小于 1MB 为止。

2）统计出每个文件中出现频率最高的 100 个词。最简单的方法为使用字典来实现，具体实现方法为，遍历文件中的所有词，对于遍历到的词，如果在字典中不存在，那么把这个词存入字典中（键为这个词，值为 1），如果这个词在字典中已经存在了，那么把这个词对应的值加 1。遍历完后可以非常容易地找出出现频率最高的 100 个词。

3）第 2 步找出了每个文件出现频率最高的 100 个词，这一步可以通过维护一个小顶堆来找出所有词中出现频率最高的 100 个。具体方法为，遍历第一个文件，把第一个文件中出现频率最高的 100 个词构建成一个小顶堆。（如果第一个文件中词的个数小于 100，那么可以继续遍历第 2 个文件，直到构建好有 100 个结点的小顶堆为止）。继续遍历，如果遍历到的词的出现次数大于堆顶上词的出现次数，那么可以用新遍历到的词替换堆顶的词，然后重新调整这个堆为小顶堆。当遍历完所有文件后，这个小顶堆中的词就是出现频率最高的 100 个词。当然这一步也可以采用类似归并排序的方法把所有文件中出现频率最高的 100 个词排序，最终找出出现频率最高的 100 个词。

引申：怎么在海量数据中找出重复次数最多的一个

前面的算法是求解 top100，而这道题目只是求解 top1，可以使用同样的思路来求解。唯一不同的是，在求解出每个文件中出现次数最多的数据后，接下来从各个文件中出现次数最多的数据中找出出现次数最多的数不需要使用小顶堆，只需要使用一个变量就可以完成。方法很简单，此处不再赘述。

9.39 如何找出访问百度最多的 IP

题目描述:

现有海量日志数据保存在一个超级大的文件中,该文件无法直接读入内存,要求从中提取某天访问 BD 次数最多的那个 IP。

分析与解答:

由于这道题只关心某一天访问 BD 最多的 IP,因此可以首先对文件进行一次遍历,把这一天访问 BD 的 IP 相关信息记录到一个单独的文件中。接下来可以用上一节介绍的方法来求解。由于求解思路是一样的,这里就不再详细介绍了。唯一需要确定的是把一个大文件分为几个小文件比较合适。以 IPv4 为例,由于一个 IP 地址占用 32 位,因此最多会有 2^{32}=4G 种取值情况。如果使用 hash(IP)%1024 值,那么把海量 IP 日志分别存储到 1024 个小文件中。这样,每个小文件最多包含 4M 个 IP 地址。如果使用 2048 个小文件,那么每个文件会最多包含 2M 个 IP 地址。因此,对于这类题目而言,首先需要确定可用内存的大小,然后确定数据的大小。由这两个参数就可以确定 hash 函数应该怎么设置才能保证每个文件的大小都不超过内存的大小,从而可以保证每个小的文件都能被一次性加载到内存中。

9.40 如何在大量的数据中找出不重复的整数

题目描述:

在 2.5 亿个整数中找出不重复的整数,注意,内存不足以容纳这 2.5 亿个整数。

分析与解答:

由于这道题目与前面的题目类似,也是无法一次性把所有数据加载到内存中,因此也可以采用类似的方法求解。

方法一:分治法

采用 hash 的方法,把这 2.5 亿个数划分到更小的文件中,从而保证每个文件的大小不超过可用的内存的大小。然后对于每个小文件而言,所有的数据可以一次性被加载到内存中,因此可以使用子典或 set 来找到每个小文件中不重复的数。当处理完所有的文件后就可以找出这 2.5 亿个整数中所有的不重复的数。

方法二:位图法

对于整数相关的算法的求解,位图法是一种非常实用的算法。对于本题而言,如果可用的内存空间超过 1GB 就可以使用这种方法。具体思路为:假设整数占用 4B(如果占用 8B,那么求解思路类似,只不过需要占用更大的内存),4B 也就是 32 位,可以表示的整数的个数为 2^{32}。由于本题只查找不重复的数,而不关心具体数字出现的次数,因此可以分别使用 2bit 来表示各个数字的状态:用 00 表示这个数字没有出现过,01 表示出现过 1 次,10 表示出现了多次,11 暂不使用。

根据上面的逻辑,在遍历这 2.5 亿个整数的时候,如果这个整数对应的位图中的位为 00,那么修改成 01,如果为 01 那么修改为 10,如果为 10 那么保持原值不变。这样当所有数据遍历完成后,可以再遍历一遍位图,位图中为 01 的对应的数字就是没有重复的数字。

9.41 如何在大量的数据中判断一个数是否存在

题目描述:

在 2.5 亿个整数中找出不重复的整数,注意,内存不足以容纳这 2.5 亿个整数。

分析与解答:

显然数据量太大,不可能一次性把所有的数据都加载到内存中,那么最容易想到的方法当然是分治法。

方法一: 分治法

对于大数据相关的算法题,分治法是一个非常好的方法。针对这道题而言,主要的思路为:可以根据实际可用内存的情况,确定一个 hash 函数,比如 hash(value)%1000,通过这个 hash 函数可以把这 2.5 亿个数字划分到 1000 个文件中(a1, a2, …, a1000),然后再对待查找的数字使用相同的 hash 函数求出 hash 值,假设计算出的 hash 值为 i,如果这个数存在,那么它一定在文件 ai 中。通过这种方法就可以把题目的问题转换为文件 ai 中是否存在这个数。那么在接下来的求解过程中可以选用的思路比较多,具体如下。

1)由于划分后的文件比较小,可以直接被装载到内存中,可以把文件中所有的数字都保存到 hash_set 中,然后判断待查找的数字是否存在。

2)如果这个文件中的数字占用的空间还是太大,那么可以用相同的方法把这个文件继续划分为更小的文件,然后确定待查找的数字可能存在的文件,然后在相应的文件中继续查找。

方法二:位图法

对于这类判断数字是否存在、判断数字是否重复的问题,位图法是一种非常高效的方法。这里以 32 位整型为例,它可以表示数字的个数为 2^{32}。可以申请一个位图,让每个整数对应位图中的一个 bit,这样 2^{32} 个数需要位图的大小为 512MB。具体实现的思路为:申请一个 512MB 大小的位图,并把所有的位都初始化为 0;接着遍历所有的整数,对遍历到的数字,把相应位置上的 bit 设置为 1。最后判断待查找的数对应的位图上的值是多少,如果是 0,那么表示这个数字不存在,如果是 1,那么表示这个数字存在。

9.42 如何查询最热门的查询串

题目描述:

搜索引擎会通过日志文件把用户每次检索使用的所有查询串都记录下来,每个查询串的长度为 1~255B。

假设目前有 1000 万个记录(这些查询串的重复度比较高,虽然总数是 1000 万,但如果除去重复后,那么不超过 300 万个。一个查询串的重复度越高,说明查询它的用户越多,也就是越热门),请统计最热门的 10 个查询串,要求使用的内存不能超过 1GB。

分析与解答:

从题目中可以发现,每个查询串最长为 255B,1000 万个字符串需要占用 2.55GB 内存,因此无法把所有的字符串全部读入到内存中处理。对于这类型的题目,分治法是一个非常实用的方法。

方法一：分治法

对字符串设置一个 hash 函数，通过这个 hash 函数把字符串划分到更多、更小的文件中，从而保证每个小文件中的字符串都可以直接被加载到内存中处理，然后求出每个文件中出现次数最多的 10 个字符串；最后通过一个小顶堆统计出所有文件中出现最多的 10 个字符串。

从功能角度出发，这种方法是可行的，但是由于需要对文件遍历两遍，而且 hash 函数也需要被调用 1000 万次，所以性能不是很好，针对这道题的特殊性，下面介绍另外一种性能较好的方法。

方法二：字典法

虽然字符串的总数比较多，但是字符串的种类不超过 300 万个，因此可以考虑把所有字符串出现的次数保存在一个字典中（键为字符串，值为字符串出现的次数）。字典所需要的空间为 300 万×（255+4）=3MB×259=777MB（其中，4 表示用来记录字符串出现次数的整数占用 4B）。由此可见 1GB 的内存空间是足够用的。基于以上的分析，本题的求解思路如下。

1）遍历字符串，如果字符串在字典中不存在，那么直接存入字典中，键为这个字符串，值为 1。如果字符串在字典中已经存在了，那么把对应的值直接加 1。这一步操作的时间复杂度为 O(N)，其中 N 为字符串的数量。

2）在第一步的基础上找出出现频率最高的 10 个字符串。可以通过小顶堆的方法来完成，遍历字典的前 10 个元素，并根据字符串出现的次数构建一个小顶堆，然后接着遍历字典，只要遍历到的字符串的出现次数大于堆顶字符串的出现次数，就用遍历的字符串替换堆顶的字符串，然后把堆调整为小顶堆。

3）对所有剩余的字符串都遍历一遍，遍历完成后堆中的 10 个字符串就是出现次数最多的字符串。这一步的时间复杂度为 O(Nlog10)。

方法三：trie 树法

方法二中使用字典来统计每个字符串出现的次数。当这些字符串有大量相同前缀的时候，可以考虑使用 trie 树来统计字符串出现的次数。可以在树的结点中保存字符串出现的次数，0 表示没有出现。具体的实现方法为，在遍历的时候，在 trie 树中查找，如果找到，那么把结点中保存的字符串出现的次数加 1，否则为这个字符串构建新的结点，构建完成后把叶子结点中字符串的出现次数设置为 1。这样遍历完字符串后就可以知道每个字符串的出现次数，然后通过遍历这个树就可以找出出现次数最多的字符串。

trie 树经常被用来统计字符串的出现次数。它的另外一个大的用途就是字符串查找，判断是否有重复的字符串等。

9.43 如何统计不同电话号码的个数

题目描述：

已知某个文件内包含一些电话号码，每个号码为 8 位数字，统计不同号码的个数。

分析与解答：

这个题目从本质上而言也是求解数据重复的问题，对于这类问题，一般而言，首先会考虑位图法。8 位电话号码可以表示的范围为：0000 0000～9999 9999，如果用 1bit 表示一个号码，那么总共需要 1 亿个 bit，总共需要大约 100MB 的内存。

通过上面的分析可知，这道题的主要思路为：申请一个位图并初始化为 0，然后遍历所有电话号码，把遍历到的电话号码对应的位图中的 bit 设置为 1。当遍历完成后，如果 bit 值为 1，那么表示这个电话号码在文件中存在，否则这个 bit 对应的电话号码在文件中不存在。所以 bit 值为 1 的数量即为不同电话号码的个数。

那么对于这道题而言，最核心的算法是如何确定电话号码对应的是位图中的哪一位。下面重点介绍这个转化的方法，这里使用下面的对应方法。

00000000 对应位图最后一位：0x0000…000001。

00000001 对应位图倒数第二位：0x0000…0000010（1 向左移一位）。

00000002 对应位图倒数第三位：0x0000…0000100（1 向左移 2 位）。

00000012 对应位图的倒数十三为：0x0000…0001 0000 0000 0000。

通常而言，位图都是通过一个整数数组来实现的（这里假设一个整数占用 4B）。由此可以得出通过电话号码获取位图中对应位置的方法为（假设电话号码为 P）。

1）通过 P/32 就可以计算出该电话号码在 bitmap 数组的下标。因为每个整数占用 32bit，通过这个公式就可以确定这个电话号码需要移动多少个 32 位，也就是可以确定它对应的 bit 在数组中的位置。

2）通过 P%32 就可以计算出这个电话号码在这个整型数字中具体的 bit 的位置，也就是 1 这个数字对应的左移次数。因此可以通过把 1 向左移 P%32 位然后把得到的值与这个数组中的值做或运算，这样就可以把这个电话号码在位图中对应的位设置为 1。

这个转换的操作可以通过一个非常简单的函数来实现：

```
def   phoneToBit(phone):
    bitmap [phone / (8*4)] |= 1<<(phone%(8*4))      # bitmap 表示申请的位图
```

9.44 如何从 5 亿个数中找出中位数

题目描述：

从 5 亿个数中找出中位数。数据排序后，位置在最中间的数值就是中位数。当样本数为奇数时，中位数=(N+1)/2；当样本数为偶数时，中位数为 N/2 与 1+N/2 的均值（那么 10G 个数的中位数，就是第 5G 大的数与第 5G+1 大的数的平均值了）。

分析与解答：

如果这道题目没有内存大小的限制，那么可以把所有的数字排序后找出中位数，但是最好的排序算法的时间复杂度都是 O(NlogN)（N 为数字的个数）。这里介绍另外一种求解中位数的算法：双堆法。

方法一：双堆法

这种方法的主要思路是维护两个堆，一个大顶堆，一个小顶堆，且这两个堆需要满足如下两个特性。

特性一：大顶堆中最大的数值小于等于小顶堆中最小的数。

特性二：保证这两个堆中的元素个数的差不能超过 1。

当数据总数为偶数的时候，当这两个堆建立好以后，中位数显然就是两个堆顶元素的平均值。当数据总数为奇数的时候，根据两个堆的大小，中位数一定在数据多的堆的堆顶。对于本题而言，具体实现思路为：维护两个堆 maxHeap 与 minHeap，这两个堆的大小分别为 max_size 和 min_size。然后开始遍历数字。对于遍历到的数字 data：

1）如果 data<maxHeap 的堆顶元素，那么此时为了满足特性 1，只能把 data 插入到 maxHeap 中。为了满足特性二，需要分以下几种情况讨论。

a）如果 max_size≤min_size，那么说明大顶堆元素个数小于小顶堆元素个数，此时把 data 直接插入大顶堆中，并把这个堆调整为大顶堆。

b）如果 max_size>min_size，那么为了保持两个堆元素个数的差不超过 1，此时需要把 maxHeap 堆顶的元素移动到 minHeap 中，接着把 data 插入到 maxHeap 中。同时通过对堆的调整分别让两个堆保持大顶堆与小顶堆的特性。

2）如果 maxHeap 堆顶元素≤data≤minHeap 堆顶元素，那么为了满足特性一，此时可以把 data 插入任意一个堆中，为了满足特性二，需要分以下几种情况讨论。

a）如果 max_size<min_size，那么显然需要把 data 插入到 maxHeap 中。

b）如果 max_size>min_size，那么显然需要把 data 插入到 minHeap 中。

c）如果 max_size= =min_size，那么可以把 data 插入到任意一个堆中。

3）如果 data>maxHeap 的堆顶元素，那么此时为了满足特性一，只能把 data 插入到 minHeap 中。为了满足特性二，需要分以下几种情况讨论。

a）如果 max_size≥min_size，那么把 data 插入到 minHeap 中。

b）如果 max_size<min_size，那么需要把 minHeap 堆顶元素移到 maxHeap 中，然后把 data 插入到 minHeap 中。

通过上述方法可以把 5 亿个数构建两个堆，两个堆顶元素的平均值就是中位数。

这种方法由于需要把所有的数据都加载到内存中，当数据量很大的时候，由于无法把数据一次性加载到内存中，因此这种方法比较适用于数据量小的情况。对于本题而言，5 亿个数字，每个数字在内存中占 4B，5 亿个数字需要的内存空间为 2GB 内存。当可用的内存不足 2GB 时，显然不能使用这种方法，因此下面介绍另外一种方法。

方法二：分治法

分治法的核心思想为把一个大的问题逐渐转换为规模较小的问题来求解。对于本题而言，顺序读取这 5 亿个数字。

1）对于读取到的数字 num，如果它对应的二进制中最高位为 1，那么把这个数字写入到 f1 中，如果最高位是 0，那么写入到 f0 中。通过这一步就可以把这 5 亿个数字划分成两部分，而且 f0 中的数字都大于 f1 中的数字（因为最高位是符号位）。

2）通过上面的划分可以非常容易地知道中位数是在 f0 中还是在 f1 中，假设 f1 中有 1 亿个数，那么中位数一定在文件 f0 中从小到大是第 1.5 亿个数与它后面的一个数求平均值。

3）对于 f0 可以用次高位的二进制的值继续把这个文件一分为二，使用同样的思路可以确定中位数是哪个文件中的第几个数。直到划分后的文件可以被加载到内存的时候，把数据加载到内存中后排序，从而找出中位数。

需要注意的是，这里有一种特殊情况需要考虑，当数据总数为偶数的时候，如果把文件一分为二后发现两个文件中的数据有相同的个数，那么中位数就是数据总数小的文件中的最大值与数据总数大的文件中的最小值的平均值。对于求一个文件中所有数据的最大值或最小值，可以使用前面介绍的分治法进行求解。

9.45 如何按照 query 的频度排序

题目描述：

有 10 个文件，每个文件 1GB，每个文件的每一行存储的都是用户的 query，每个文件的 query 都可能重复。要求按照 query 的频度排序。

分析与解答：

对于这种题，如果 query 的重复度比较大，那么可以考虑一次性把所有 query 读入到内存中处理，如果 query 的重复率不高，那么可用的内存不足以容纳所有的 query，就需要使用分治法或者其他的方法来解决。

方法一：hash_map 法

如果 query 的重复率比较高，那么说明不同的 query 总数比较小，可以考虑把所有的 query 都加载到内存中的 hash_map 中（由于 hash_map 中针对每个不同的 query 只保存一个键值对，因此这些 query 占用的空间会远小于 10GB，有希望把它们一次性都加载到内存中）。接着就可以对 hash_map 按照 query 出现的次数进行排序。

方法二：分治法

这种方法需要根据数据量的大小以及可用内存的大小来确定问题划分的规模。对于本题而言，可以顺序遍历 10 个文件中的 query，通过 hash 函数 hash(query)%10 把这些 query 划分到 10 个文件中，通过这样的划分，每个文件的大小为 1GB 左右，当然可以根据实际情况来调整 hash 函数，如果可用内存很小，那么可以把这些 query 划分到更多的小的文件中。

如果划分后的文件还是比较大，那么可以使用相同的方法继续划分，直到每个文件都可以被读取到内存中进行处理为止，然后对每个划分后的小文件使用 hash_map 统计每个 query 出现的次数，然后根据出现次数排序，并把排序好的 query 以及出现次数写入到另外一个单独的文件中。这样针对每个文件，都可以得到一个按照 query 出现次数排序的文件。

接着对所有的文件按照 query 的出现次数进行排序，这里可以使用归并排序（由于无法把所有的 query 都读入到内存中，因此这里需要使用外排序）。

9.46 如何找出排名前 500 的数

题目描述：

有 20 个数组，每个数组有 500 个元素，并且是有序排列好的，现在如何在这 20×500 个数中找出排名前 500 的数？

分析与解答：

对于求 top k 的问题，最常用的方法为堆排序方法。对于本题而言，假设数组降序排列，可以采用如下方法。

1）首先建立大顶堆，堆的大小为数组的个数，即 20，把每个数组最大的值（数组第一个值）存储到堆中。Python 中 heapq 是小顶堆，通过对输入和输出的元素分别取相反数来实现大顶堆的功能。

2）接着删除堆顶元素，保存到另外一个大小为 500 的数组中，然后向大顶堆插入删除的元素所在数组的下一个元素。

3）重复第 1、2 个步骤，直到删除个数为最大的 k 个数，这里为 500。

为了在堆中取出一个数据后，能知道它是从哪个数组中取出的，从而可以从这个数组中取下一个值，可以设置一个数组，数组中带入每个元素在原数组中的位置。为了便于理解，把题目进行简化：3 个数组，每个数组有 5 个元素且有序，找出排名前 5 的数。

```python
import  heapq

def  getTop(data):
    rowSize = len(data)
    columnSize = len(data[0])
    result3 = [None]* columnSize
    # 保持一个最小堆，这个堆存储来自 20 个数组的最小数
    heap=[]
    i=0
    while  i < rowSize:
        arr=(None,None,None)#数组设置 3 个变量，分别为数值、数值来源的数组、数值在数组中的次序 index
        arr=(-data[i][0],i,0)
        heapq.heappush(heap,arr)
        i +=1
    num = 0
    while  num < columnSize:
        # 删除顶点元素
        d = heapq.heappop(heap)
        result3[num] = -d[0]
        num +=1
        if  (num >= columnSize):
            break
        # 将  value  置为该数原数组里的下一个数
        arr=(-data[d[1]][d[2] + 1],d[1],d[2] + 1)
        heapq.heappush(heap,arr)
    return  result3

if  __name__=="__main__":
    data =[[29, 17, 14, 2, 1],[19, 17, 16, 15, 6],[30, 25, 20, 14, 5]]
    print  getTop(data)
```

程序的运行结果为：

```
30 29 25 20 19
```

通过把 ROWS 改成 20，COLS 改成 50，并构造相应的数组，就能实现题目的要求。对于升序排列的数组，实现方式类似，只不过是从数组的最后一个元素开始遍历。

参 考 文 献

[1] 张锋军. 大数据技术研究综述[J]. 通信技术，2014（11）：1240-1248.

[2] 孔康，汪群山，梁万路. L1正则化机器学习问题求解分析[J]. 计算机工程，2011，37（17）：175-177.

[3] 张海，王尧，常象宇，等. L_（1/2）正则化[J]. 中国科学：信息科学，2010，40（3）：412.

[4] 汪宝彬，汪玉霞. 随机梯度下降法的一些性质[J]. 数学杂志，2011，31（6）：1041-1044.

[5] 郭跃东，宋旭东. 梯度下降法的分析和改进[J]. 科技展望，2016，26（15）.

[6] 刘力银. 基于逻辑回归的推荐技术研究及应用[D]. 成都：电子科技大学，2013.

[7] 张良，朱湘，李爱平. 一种基于逻辑回归算法的水军识别方法[J]. 网络空间安全，2015（4）：57-62.

[8] 蔡晓妍，戴冠中，杨黎斌. 谱聚类算法综述[J]. 计算机科学，2008，35（7）：14-18.

[9] 张宏东，EM算法及其应用[D]. 济南：山东大学，2014.

[10] 王爱平，张功营，刘方. EM算法研究与应用[J]. 计算机技术与发展，2009，19（9）：108-110.

[11] 丁世飞，齐丙娟，谭红艳. 支持向量机理论与算法研究综述[J]. 电子科技大学学报，2011，40（1）：2-10.

[12] 祁亨年. 支持向量机及其应用研究综述[J]. 计算机工程，2004，30（10）：6-9.

[13] 刘小虎，李生. 决策树的优化算法[J]. 软件学报，1998，9（10）：797-800.

[14] 栾丽华，吉根林. 决策树分类技术研究[J]. 计算机工程，2004，30（9）：94-96.

[15] 姚登举，杨静，詹晓娟. 基于随机森林的特征选择算法[J]. 吉林大学学报（工学版），2014，44（1）：137-141.

[16] 于玲，吴铁军. 集成学习：Boosting算法综述[J]. 模式识别与人工智能，2004，17（1）：52-59.

[17] 李国正，李丹. 集成学习中特征选择技术[J]. 上海大学学报（自然科学版），2007，13（5）：598-604.

[18] 曹莹，苗启广，刘家辰，等. AdaBoost算法研究进展与展望[J]. 自动化学报，2013，39（6）：745-758.

[19] 杨立洪，白肇强. 基于二次组合的特征工程与XGBoost模型的用户行为预测[J]. 科学技术与工程，2018，v.18；No.447（14）：186-189.

[20] 杨伟，倪黔东，吴军基. BP神经网络权值初始值与收敛性问题研究[J]. 电力系统及其自动化学报，2002，14（1）：20-22.

[21] 张庆辉，等. 卷积神经网络综述[J]. 中原工学院学报，2017，28（3）：82-86.

[22] 卢宏涛，张秦川. 深度卷积神经网络在计算机视觉中的应用研究综述[J]. 数据采集与处理，2016，31（1）：1-17.

[23] 李彦冬，郝宗波，雷航，等. 卷积神经网络研究综述[J]. 计算机应用，2016，36（9）：2508-2515.

[24] 景晨凯，宋涛，庄雷，等. 基于深度卷积神经网络的人脸识别技术综述[J]. 计算机应用与软件，2018（1）：223-231.

[25] 杨丽，吴雨茜，王俊丽. 循环神经网络研究综述[J]. 计算机应用，2018，38（S2）：6-11.

[26] 李梅，宁德军，郭佳程. 基于注意力机制的CNN-LSTM模型及其应用[J]. 计算机工程与应用，2019（13）：20-27.

[27] 刘全，翟建伟，章宗长，等. 深度强化学习综述[J]. 计算机学报，2018，41（1）：1-27.

[28] 刘建伟, 高峰, 罗雄麟. 基于值函数和策略梯度的深度强化学习综述[J]. 计算机学报, 2019（6）: 1406-1438.

[29] 赵冬斌, 邵坤, 朱圆恒, 等. 深度强化学习综述: 兼论计算机围棋的发展[J]. 控制理论与应用, 2016（6）: 6-8.

[30] 梁晔, 刘宏哲. 基于视觉注意力机制的图像检索研究[J]. 北京联合大学学报 （自然科学版）, 2010, 24（1）: 30-35.

[31] KELVIN. Show attend and tell: Neural image caption generation with visual attention[C]. New York: International conference on machine learning. 2015.

[32] VASWANI A, SHAZEER N, PARMAR N, et al. Attention is all you need[C]. San Mateo: Advances in Neural Information Processing Systems. 2017: 5998-6008.

[33] CHOROWSKI J K, BAHDANAU D, SERDYUK D, et al. Attention-based models for speech recognition[C]. Denver: Advances in neural information processing systems. 2015: 577-585.

[34] SEO M, KEMBHAVI A, FARHADI A, et al. Bidirectional attention flow for machine comprehension[J]. arXiv preprint arXiv:1611.01603, 2016.

[35] SHAW P, USZKOREIT J, VASWANI A. Self-attention with relative position representations[J]. arXiv preprint arXiv:1803.02155, 2018.